金属塑性成型 CAE 技术

——DYNAFORM 及 DEFORM

孔凡新　吴梦陵　李振红　王　辛　主编

王　鑫　黄英娜　参编

電子工業出版社

Publishing House of Electronics Industry

北京 · BEIJING

内 容 简 介

本书为读者学习金属塑性成型 CAE 技术快速入门提供了良好的平台。本书共分 10 章，板料成型 CAE 技术主要包括 DYNAFORM 软件的主要特色和模块、DYNAFORM 软件的基本操作、模面工程和坯料排样技术、盒形件拉深成型过程分析、V 形件弯曲回弹过程分析，以及单动拉延成型技术。体积成型 CAE 技术主要包括 DEFORM 软件介绍及刚黏塑性有限元法基本原理，DEFORM-3D 软件的前处理、模拟计算及后处理，DEFORM-3D 模拟分析流程及分析案例。

本书适合于高等工科院校（含高职）材料成型及控制工程、汽车工程、机械设计制造及其自动化本、专科学生使用，也可供机械类其他专业选用，同时可作为模具企业有关工程技术、产品设计人员的参考书。本书主要章节配有范例的分析项目方案及视频文件，读者可登录华信教育资源网（www.hxedu.com.cn）注册后免费下载。

图书在版编目（CIP）数据

金属塑性成型 CAE 技术：DYNAFORM 及 DEFORM/孔凡新等主编. —北京：电子工业出版社，2018.2
普通高等教育“十三五”机电类规划教材
ISBN 978-7-121-33461-0

Ⅰ. ①金…　Ⅱ. ①孔…　Ⅲ. ①金属压力加工－塑性变形－计算机辅助分析－应用软件－高等学校－教材
Ⅳ. ①TG301-39

中国版本图书馆 CIP 数据核字（2018）第 002758 号

策划编辑：李　洁
责任编辑：康　霞
印　　刷：北京七彩京通数码快印有限公司
装　　订：北京七彩京通数码快印有限公司
出版发行：电子工业出版社
　　　　　北京市海淀区万寿路 173 信箱　邮编　100036
开　　本：787×1 092　1/16　印张：13.5　字数：345 千字
版　　次：2018 年 2 月第 1 版
印　　次：2024 年 12 月第 8 次印刷
定　　价：45.00 元

凡所购买电子工业出版社图书有缺损问题，请向购买书店调换。若书店售缺，请与本社发行部联系，联系及邮购电话：（010）88254888，88258888。

质量投诉请发邮件至 zlts@phei.com.cn，盗版侵权举报请发邮件至 dbqq@phei.com.cn。

本书咨询联系方式：lijie@phei.com.cn。

前　言

金属塑性成型就是利用金属材料的塑性，在工具及模具的外力作用下加工制件的少切削或无切削的工艺方法。金属塑性成型过程非常复杂，是一种典型的非线性问题，不单包含材料非线性，也有几何非线性和接触非线性。金属塑性成型 CAE 技术是以现代计算力学为基础，利用有限元法、有限差分法和（或）其他数学方法在计算机上仿真（虚拟实验）金属材料的成型过程。对未来模具的工作状态和运行行为进行模拟，及早发现设计缺陷。金属塑性成型 CAE 分析技术已经成为产品开发、模具设计及产品加工最有效的方法。

eta/DYNAFORM 是由美国工程技术联合公司（ENGINEERING TECHNOLOGY ASSOCIATES，INC.）开发的基于 LS-DYNA 的板料成型模拟软件包。是 LS-DYNA 求解器与 ETA/FEMB 前后处理器的完美结合，是当今流行的板料成型与模具设计的 CAE 工具之一。DYNAFORM 专门用于工艺及模具设计涉及的复杂板成型问题，如弯曲、拉深、成型等典型板料冲压工艺，液压成型、滚弯成型等特殊成型工艺，并可以预测成型过程中板料的裂纹、起皱、减薄、划痕、回弹，评估板料的成型性能，从而为板成型工艺及模具设计提供帮助。

DEFORM 系列软件是基于工艺过程模拟的有限元系统（FEM），可用于分析各种塑性体积成型过程中的金属流动以及应变、应力、温度等物理场量的分布，提供材料流动、模具充填、成型载荷、模具应力、纤维流向、缺陷形成、韧性破裂和金属微结构等信息，并提供模具仿真及其他相关的工艺分析数据。

全书共分 10 章。在介绍板料成型 CAE 技术和体积成型 CAE 技术的发展、国内外水平、发展趋势的基础上，详细介绍 DYNAFORM 软件和 DEFORM 软件的基本操作，网格前处理及实例分析。DYNAFORM 软件重点突出模面设计和毛坯尺寸估算。体积成型 CAE 技术主要介绍 DEFORM 软件及刚黏塑性有限元法基本原理，DEFORM-3D 软件的前处理、模拟计算及后处理，DEFORM-3D 分析案例。该书重点突出，在第 3、4、5 章详细介绍盒形件拉深成型分析过程、V 形件弯曲回弹分析过程以及单动拉延成型技术，第 10 章详细介绍 DEFORM-3D 分析案例。

本书内容全面，实例丰富，讲解详细，条理清晰。根据金属塑性成型软件 DYNAFORM 和 DEFORM 的实际操作界面，直接截取软件中的对话框、操作面板和按钮，使读者能直观、准确地操作软件、进行学习。

本书作者均具有一定的金属塑性成型 CAE 理论和实践操作能力。本书由南京工程学院孔凡新、吴梦陵、李振红和哈尔滨理工大学王辛担任主编。南京工程学院王鑫、黄英娜老师也参与了编写。同时，李柏男、陈静、谢亚晴等同学参与了本书的校稿工作，在此表示感谢。

在编写本书的过程中，得到电子工业出版社和 ETA 美国工程技术联合公司的关心和帮助，在此谨表谢意。同时也得到了南京工程学院及兄弟院校、有关企业专家，特别是南京康尼机电股份有限公司谢斌先生、陈有华先生，南京志翔科技有限公司张廷军先生的大力支持和帮助，在此一并表示感谢。感谢所引用文献的作者，他们辛勤研究的成果也使得本书增色不少。

本书部分章节范例零件、项目方案和部分范例的视频可在电子工业出版社华信教育资源网（www.hxedu.com.cn）免费注册下载，或可联系主编吴梦陵老师索取，索取邮箱：wmlzl@sina.com。

由于编者水平有限，书中难免有不当和错误之处，恳请使用本书的教师和广大读者批评指正。

编　者

2017年10月

目　录

Chapter 1

第1章 DYNAFORM 软件

1.1 DYNAFORM 软件概述

eta/DYNAFORM 是由美国工程技术联合公司（Engineering Technology Associates INC.）开发的一个基于 LS-DYNA 的板料成型模拟软件包，是 LS-DYNA 求解器与 eta/FEMB 前、后处理器的完美结合，是当今流行的板料成型与模具设计的 CAE 工具之一。在其前处理器上可以完成产品仿真模型的生成和输入文件的准备工作。eta/DYNAFORM 采用 LIVERMORE 软件技术公司（LSTC）开发的 LS-DYNA 作为核心求解器。LS-DYNA 作为世界上最著名的通用显式动力分析程序，能够模拟出真实世界的各种复杂问题，特别适合求解各种非线性的高速碰撞、爆炸和金属成型等动力冲击问题。目前，LS-DYNA 已经被应用到诸如汽车碰撞、乘员安全、水下爆炸及板料成型等许多领域。后处理器通过 CAD 技术生成型象的图形输出，可以直观地动态显示各种分析结果。

DYNAFORM 软件基于有限元方法建立，被用于模拟钣金成型工艺。DYNAFORM 的模块包含冲压过程仿真（Formability）、模面设计模块（DFE）、坯料工程模块（BSE）、精确求解器模块（LS-DYNA），几乎涵盖冲压模模面设计的所有要素，包括定最佳冲压方向、坯料的设计、工艺补充面的设计、拉延筋的设计、凸凹模圆角设计、冲压速度设置、压边力的设计、摩擦系数、切边线的求解、压力机吨位等。DYNAFORM 软件可应用于汽车、航空航天、家电、厨房卫生等不同行业。DYNAFORM 软件具有良好的工具表面数据特征，可以预测成型过程中板料的裂纹、起皱、减薄、划痕、回弹、成型刚度、表面质量，评估板料的成型性能，从而为板料成型工艺及模具设计提供帮助。DYNAFORM 软件设置过程与实际生产过程一致，操作上手容易。可以对冲压生产的全过程进行模拟：坯料在重力作用下的变形、压边圈闭合过程、拉延过程、切边回弹、回弹补偿、翻边、胀形、液压成型、弯管成型。

在板料成型过程中，一般来说模具开发周期的瓶颈往往是对模具设计的周期难以把握。eta/DYNAFORM 恰恰解决了这个问题，它能够对整个模具开发过程进行模拟，从而大大减少了模具的调试时间，降低了生产高质量覆盖件和其他冲压件的成本，并且能够有效地模拟板料成型过程中四个主要工艺过程，包括压边、拉延、回弹和多工步成型。这些模拟让工程师能够在设计周期的早期阶段对产品设计的可行性进行分析。

1．DYNAFORM 软件的主要特色

（1）集成操作环境，无须数据转换，完备的前、后处理功能，实现无文本编辑操作，所有操作在同一个界面下进行。

（2）求解器采用业界著名、功能最强的 LS-DYNA，是动态非线性显式分析技术的创始和领导者，解决最复杂的金属成型问题。

（3）工艺化的分析过程，囊括影响冲压工艺的 60 多个因素，以 DFE 为代表的多种工艺分析模块有好的工艺界面，易学易用。

（4）固化丰富的实际工程经验。

2．DYNAFORM 的功能介绍

1）基本模块

DYNAFORM 软件提供了良好的与 CAD 软件的 IGES、VDA、DXF、UG 和 Catia 等接口，以及与 NASTRAN、IDEAS、MOLDFLOW 等 CAE 软件的专用接口，以及方便的几何模型修补功能。

IGES 模型导入，自动消除各种孔，DYNAFORM 的模具网格自动划分与自动修补功能强大，用最少的单元最大限度地逼近模具型面，比通常用于模具网格划分的时间减少了 99%。初始板料网格自动生成器可以根据模具最小圆角尺寸自动确定最佳的板料网格尺寸，并尽量采用四边形单元，以确保计算的准确性。

Quick Set-up（快速设置）能够帮助用户快速地完成分析模型的设置，大大提高了前处理的效率。

与冲压工艺相对应的方便易用的流水线式模拟参数定义包括模具自动定位、自动接触描述、压边力预测、模具加载描述、边界条件定义等。用等效拉延筋代替实际的拉延筋，大大节省了计算时间，并可以很方便地在有限元模型上修改拉延筋的尺寸及布置方式。

多工步成型过程模拟、网格自适应细分可以在不显著增加计算时间的前提下提高计算精度。

eta/DYNAFORM 允许用户在求解不同的物理行为时在显式、隐式求解器之间进行无缝转换，如在拉延过程中应用显式求解，在后续回弹分析中则切换到隐式求解。三维动态等值线和云图显示应力应变、工件厚度变化、成型过程等，在成型极限图上动态显示各单元的成型情况，如起皱、拉裂等。

2）Formability Simulation（成型仿真模块）

成型仿真模块可以仿真各类冲压成型：板料成型、弯管、液压涨形，可以对冲压生产的全过程进行模拟：坯料在重力作用下的变形、压边圈闭合过程、拉延过程、切边回弹、回弹补偿、翻边、胀形、液压成型、弯管成型，还可以仿真超塑性成型过程、热成型等。适用的设备有单一动压力机、双动压力机、无压边压力机、螺旋压力机、锻锤、组合模具和特种锻压设备等。成型仿真模块在世界各大汽车公司、家电、电子、航空航天、模具、零配件等领域得到广泛应用。通过成型仿真模块，可以预测成型缺陷起皱、开裂、回弹、表面质量等，可以预测成型力、压边力、液压涨形的压力曲线、材料性能评估等。

本模块的主要功能特色如下。

（1）可以允许三角形、四边形网格混合划分，可以用最少的单元最大限度地逼近模具的形状，并可方便地进行网格修剪，如图1-1所示。

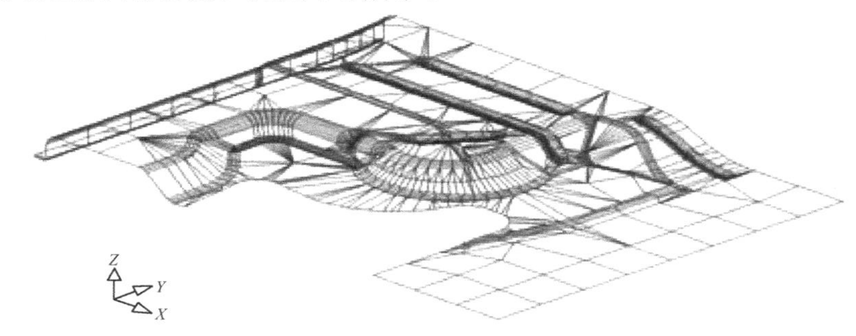

工具网格

图1-1 网格划分

（2）等效拉延筋的定义。

通过拾取凹模（或下压边圈）上的节点（线）生成拉延筋（多种截面），可以方便分段、合并、修改拉延筋及其阻力，同时可以参数化生成多种形状的拉延筋，自动生成配合的凸凹筋。

（3）AutoSetup建立分析模型。

在一次AutoSetup中，可以建立从自重、拉延、切边、翻边到回弹的整个过程。

（4）弯管成型分析快速建模。

可视化的操作界面、复杂的弯管成型工艺一目了然，建模方便快捷。

（5）准确分析起皱过程及最终起皱现象。

DYNAFORM的求解器可以准确地分析起皱和叠料的过程，并在后处理中真实再现起皱过程与最终结果。如图1-2所示。

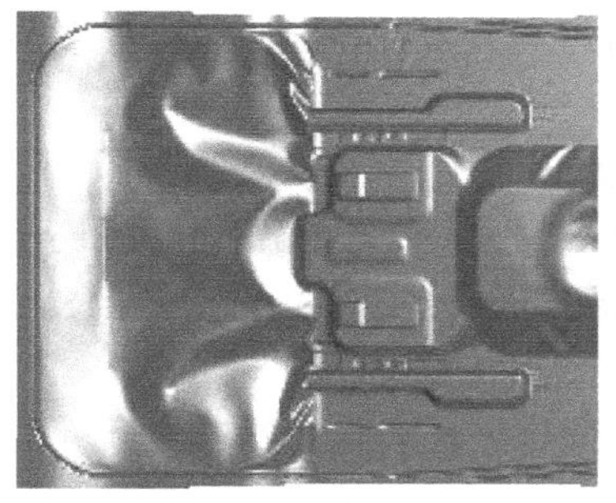

成型过程起皱

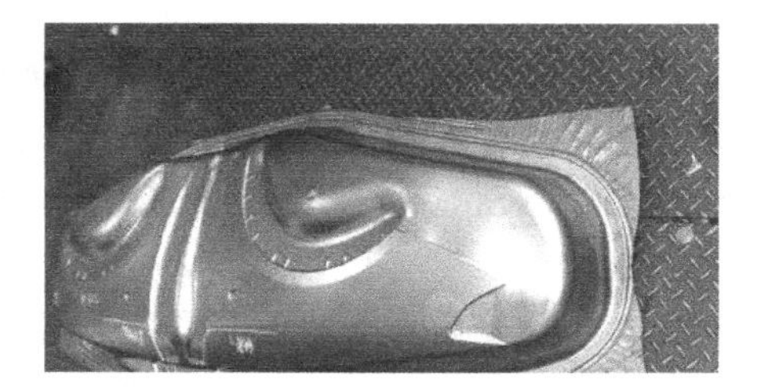

成型结束材料折叠

图1-2 起皱与折叠

（6）回弹量计算及回弹补偿。

DYNAFORM的求解器可以准确地计算回弹量。

（7）求解器 LS-DYNA。

LS-DYNA 的求解器为业界功能最强的 LS-DYNA，是动态非线性分析的领导者，实现无文本编辑操作，解决最复杂的金属成型问题。网格自适应划分功能可以由用户控制（重划分等级及间隔），能够提高求解的精度，而在回弹分析之前可以对网格进行粗化处理。

LS-DYNA 允许用户在求解不同的物理行为时，在显式、隐式求解器之间进行无缝转换，如在拉延过程中应用显式求解，在后续回弹分析中则切换到隐式求解。LS-DYNA 支持 140 余种金属及非金属材料的本构方程，对高强度钢成型、热成型等有专门的材料本构方程。

（8）DYNAFORM 支持体积单元的求解及分析、超塑性成型、热成型、液压涨形、拼焊板成型。

（9）后处理功能。

后处理中除了提供常规的厚度、应力应变、FLD 等动画功能分析外，还提供了专业分析工具，如材料流动分析、栅格分析、表面光照、石条分析、模具磨损分析等。

2）Die-Face-Engineer（DFE，模面工程模块）

模面工程模块的主要功能是：根据产品数模设计拉延模。求解最佳冲压方向，内外孔的填充、面的修补；拉延深度与负角检查；参数化的设计压料面，工艺补充面，拉延筋设计布置；对称设计，一模两件等。为产品工程师快速提供拉延模，进行产品成型性评估，为模具工艺设计师快速提供模面，以确定冲压工艺方案。DFE 整个过程生成的面都是 NURBS 曲面，不仅可以将生成面以 IGES 和 VDA 等通用格式输出，还可以直接以各种主流三维 CAD 软件（UG、Catia 等）的格式输出。

本模块的重要特色：压料面的多种编辑功能，可以方便地参数化修改压料面到用户所需的形状；参数化的工艺补充生成功能，可以设计出最复杂的工艺补充面，如汽车零件中的翼子板和侧围的工艺补充面。整个模面设计都有网格和几何曲面两套信息。所有曲面为 NURBS 曲面，可以以 IGES、VDA 及 UG、Catia 格式输出/输入。

3）Blank-Size-Engineer（BSE，坯料尺寸工程模块）

坯料尺寸工程模块的主要功能是：零件展开、精确求解下料尺寸、排样、模具报价；快速预估零件的成型性；零件局部展开、展在任意曲面上、专业的求解修边线功能。本模块可以减少废料，提高材料的利用率，可以进行模具报价，在模具工艺设计工程中，提取修边线，产品可行性分析。

该功能的主要特色：快速分层产品，一步算法可以展开复杂产品，可以分多步展开，获得每步的边界线、应力应变分布、厚度分布。

4）Die-System-Analysis（DSA，模具系统分析模块）

DSA 模块主要包含三个子模块：模具结构疲劳强度分析（Die Structure Integrity）、冲压线产品移动及运输分析（Sheet Metal Transferring &Handling）、废料去向分析（Scrap Shedding &Removal）。

（1）DSI 模块分析模具的结构强度及疲劳寿命。通过显式和隐式的方式分析结构上的载荷及载荷次数，分析结构的完整性，结构的强度，以及结构的疲劳寿命。

（2）SSR 模块分析冲压系统中切边或冲孔后的废料去向。在自动冲压线中，导致冲压线停止的原因大多数来自于废料去向不正确，导致冲压不能顺利进行。在切边模具结构设计阶段，引入仿真方法，可以预测设计不合理。通过 SSR 模块，用户可以在冲模具结构中方便地分出废料、切边模具、流道、切边产品。在本模块用户界面下，切边操作及废料分析建模方便快捷。

（3）SMTH 模块主要分析板料或产品在运动过程中的变形状态及这些状态对产品本身、运输系统造成的影响。

5）材料库介绍

DYNAFORM 软件中的材料库有美国、日本、欧洲、中国的常用金属板材，共 350 余种，模拟分析时，可以直接调用。用户也可以在库中添加自己的材料，建立自己的材料库。

DYNAFORM 软件的材料库提供了丰富的编辑、修改功能，如可以直接导入应力/应变曲线，直接编辑曲线、各种不同的应力/应变公式等。

DYNAFORM 软件可以对复合材料进行分析，如不等厚拼焊板成型分析、不同材料重叠冲压成型分析等。

6）数据接口

DYNAFORM 软件能够直接导入绝大部分主流 CAD、CAE 数据格式，如 IGES、STL、UG、Catia、Pro/E、AutoCAD、DAT 等。

同时也能将在 DYNAFORM 中产生的 CAD 数据导出成 IGS、UG、Catia、DAT 等格式，供其他 CAD、CAE 软件读取。

3. eta/DYNAFORM5.7 新增功能

本教材以 eta/DYNAFORM 5.7 版本为讲解内容。eta/DYNAFORM 5.7 新增功能主要包括以下几方面。

1）面向实际工艺过程的自动设置模块

自动设置（AutoSetup）模块中的多工步模拟设置为解决工程问题提供了一套完整的方案，用户可以在自动设置用户界面一次性将所有工步设置完毕，然后进行提交计算。多工步设置友好的用户界面、简洁的设计风格、全面的功能等都会令用户耳目一新。此模块从实际工艺过程出发，帮助用户快速、简单地设置各种类型的成型分析。自动设置模块既具有传统设置功能强大的优点，又具有快速设置简单易用的优点，而且它克服了传统设置复杂难用、快速设置功能单一的缺点，使功能和操作达到了完美的结合。

自动设置模块允许用户自定义冲压方向、拼焊板成型模拟、液压成型模拟、简单的多工序模拟及修边操作。此外，超塑性成型模拟和热成型模拟也增加到自动设置模块中。自动设置模块中改进的材料库更加方便、易用，更符合 Windows 用户的使用习惯，它允许用户增加企业内部的标准材料库到程序界面中，方便用户选择常用材料。

2）回弹补偿模块（SCP）模块

回弹补偿模块是用于零件回弹补偿计算的模块。回弹问题已经越来越成为板料成型相关工业所面临的一个重要课题。基于有限元技术的回弹补偿技术可以较好地解决这一难题，它从计算得到的回弹量中反过来修改原始模具的形状，从而使回弹后的零件更加接近初始设计零件。eta/DYNAFROM 提供了方便、实用的工具帮助用户快速对补偿后的模面进行修改，提高了模面设计的效率。

3）拉延筋模块

拉延筋模块是 eta/DYNAFORM5.7 中改进较大的一个模块，包括等效拉延筋和真实拉延筋，等效拉延筋和真实拉延筋之间可以非常方便地相互转换。在 eta/DYNAFORM5.7 版本中，重新设计了等效拉延筋的用户界面，整个界面风格简洁明了，用户可以通过选择、导入及创建的方式定义拉延筋曲线，可以通过三种方式定义拉延筋的锁定阻力，其中通过几何截面形状计算拉延筋阻力的方式非常方便，定义的截面形状与真实拉延筋相关联，等效拉延筋可以导入导出，使用方便。定义等效拉延筋的所有操作，包括拉延筋属性定义、拉延筋修改、投影等功能，都非常方便易用。真实拉延筋用于根据定义的截面形状创建真实的拉延筋网格。真实拉延筋会自动读取等效拉延筋的信息用于创建真实的网格模型，当然用户也可以直接导入曲线定义真实拉延筋。真实拉延筋在生成网格模型的同时能够生成高质量的曲面。

4）更加强大的模面工程模块（DFE）

eta/DYNAFORM5.7 对模面工程模块进行了较大的改进，为用户提供了更简洁、更易操作的用户界面。此外，增加了许多新功能，大大地满足了用户对模面设计的要求。通过 DFE 模块，用户可以导入产品零件的数模，快速完成一个完整的工艺设计过程。更新的内容包括如下几个方面。

（1）改进了准备界面。将准备界面中的功能进行了重新整合，并增加了许多功能，更加符合工艺操作流程。

（2）全新的网格导圆角（Fillet Mesh）功能，满足各种倒圆角的需求。

（3）全新的冲压方向调整（Tipping）功能，支持一般零件冲压方向的调整（General Tipping）和一模两件冲压方向的调整（Double Attach Tipping），增强了自动调整冲压方向（Auto Tipping）的功能，并能够记录调整冲压方向的全部操作过程。

（4）改进了局部光顺（Local Smooth）功能，允许用户编辑局部光顺的区域，并通过添加控制线修改光顺的结果。

（5）增加了一模两件间隙填充（Double Fill）功能。通过在填充区域添加控制线，用多张曲面来填充一模两件的间隙，保证了填充的质量。

（6）全新的端头补充（Side Step）功能。允许用户延长零件的边界，做出台阶状的特征，并通过编辑控制线的形状，创建出复杂形状的端头补充。

（7）增强了压料面修改功能（Binder Modify）。对于对称零件，此功能支持在压料面上对称同步添加控制线和对称同步修改控制线。

（8）增加了裁剪零件（Die Trim）功能。此功能一方面用于多次拉延时为不同的工步设计不同的拉延深度；另一方面，当设计的压料面穿过零件时，裁剪压料面以下的零件区域，保留压料面以上区域，有利于拉延工艺补充面的创建。

（9）增加了接触检查（Contact Check）功能。此功能将压料面等同于板坯，检查在拉延过程中，该参考板坯与凸模的接触情况，从而在未进行模拟计算前，修改压料面，使压料面的设计更加符合实际工艺要求。

（10）增强了工艺补充面模块。通过设置控制截面线（Control Profile），用户可以更加方便地编辑工艺补充面，并对工艺补充面算法进行改进和优化，使用户可以设计出各种形状的工艺补充面。

5）增强的坯料工程模块（BSE）

在 eta/DYNAFORM5.7 中，新增了快速展料、批量展料和批量排样模块，方便用户对多个零件进行快速批量处理，并提供了输出报告的功能。改进了一步法求解器（MSTEP），使用户能够在得到轮廓线的同时，在零件设计阶段就可以评估成型性能。增强了修边线求解模块，能够快速得到复杂零件的修边线。增强了排样功能，并对排样结果进行了优化，用户界面更加友好，操作更加方便。对于一些复杂的零件，程序自动排样计算出来的结果更加符合实际，同时得到的材料利用率会更高。

6）弯管模块

弯管模拟设置是用于管材弯曲分析的快速设置模块。该模块完全按照实际工艺过程进行分析设置。软件界面友好，同时具有强大的建模功能，用户可以直接在该模块中快速得到管坯和各种工具的网格模型，自上而下即可完成整个分析设置并提交计算。

1.2 DYNAFORM 软件界面介绍

图 1-3 为 DYNAFORM 的主界面，包含 7 个区域：标题栏、菜单栏、工具栏、对话框显示区、图形显示区、显示控制选项和消息提示区。

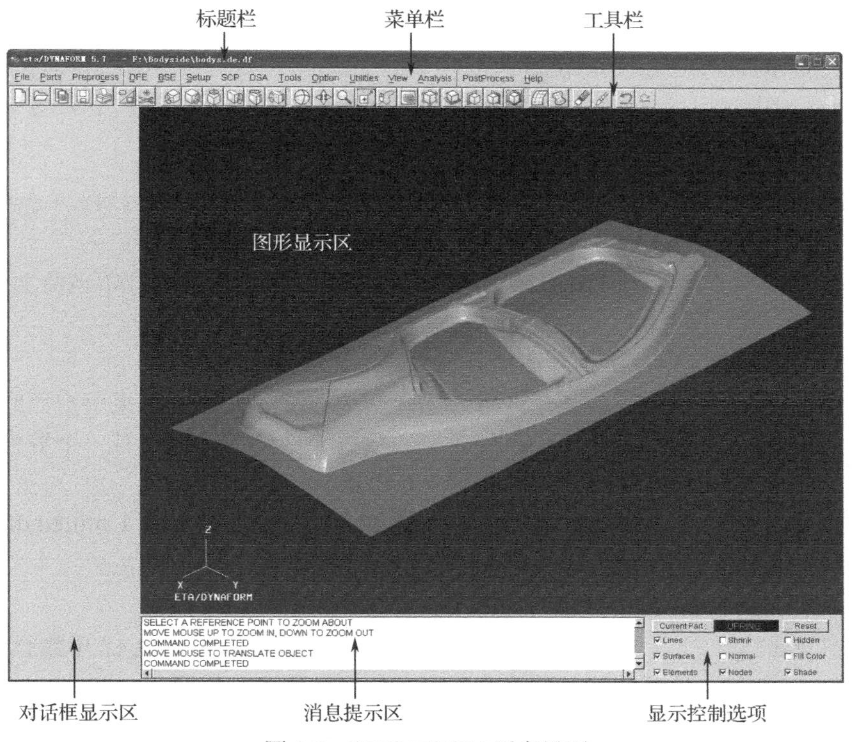

图 1-3　DYNAFORM 用户界面

（1）标题栏：为该软件图标，其后文字指明了当前所用软件版本信息为 eta/DYNAFORM 5.7，以及当前项目的位置和名称。

（2）菜单栏：包含文件管理、零件层的控制、前处理、模面设计、坯料工程、成型模拟设置、回弹补偿、模具系统分析、工具定义、选项、辅助工具、视图选项、分析、后处理和帮助菜单。菜单栏是我们和 DYNAFORM 交互操作的主要方式。

（3）工具栏：包含菜单选项中一些常用的操作命令，如模型的显示方式、图形视区的变换、坯料生成器等命令。用户只要单击图标就能激活这些功能，而不用在菜单中查找。

（4）图形显示区：显示所用分析模型、网格划分情况等信息。

（5）对话框显示区：用户一旦选择了菜单栏里的命令，相应的对话框就会显示出来，对话框里有各种相应功能。

（6）消息提示区：显示当前操作命令的提示信息、操作命令结果等信息。

（7）显示控制选项：用来控制图形显示区中线、曲面、单元和节点的显示隐藏和模型的渲染等。

使用 eta/DYNAFORM 对产品进行模拟分析，主要通过菜单栏、图标栏和对话框显示区的操作来完成，而对话框的显示与菜单的选择相关。下面对这两部分内容进行详细讲解。

1.3 DYNAFORM 软件的菜单

图 1-4 所示为 DYNAFORM 菜单栏。用鼠标单击菜单可以实现大部分 DYNAFORM 的功能，下面简要介绍 DYNAFORM 的功能。

图 1-4　DYNAFORM 菜单栏

1.3.1 文件管理

文件管理（File）菜单中的选项可用来打开、保存、导入、导出和打印当前文件，如图 1-5 所示。

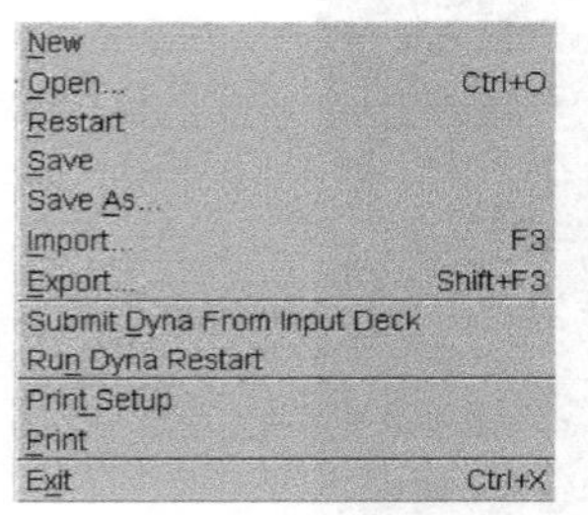

图 1-5　文件管理

1）创建新文件（New）

本功能允许用户创建新的数据库文件。如果用户已经打开了一个数据库文件，在创建新的数据库文件前，将会有一个警告对话框提示用户保存文件，如图 1-6 所示。

保存完当前数据库文件后，一个新的名为 Untitled.df 的空数据库文件被自动创建。

2）打开文件（Open）

本功能用于打开数据库文件。如果已经打开数据库文件，则 eta/DYNAFORM 将会提示用户保存当前数据库文件，如图 1-7 所示。

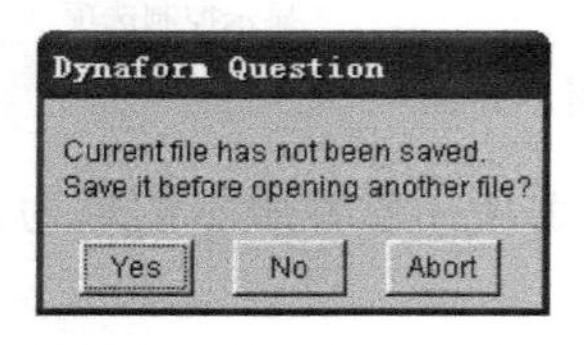

图 1-6　新文件提示

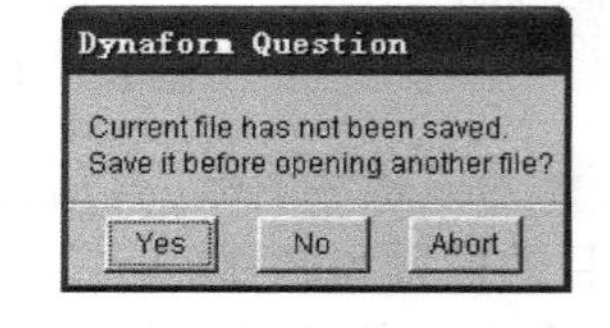

图 1-7　保存文件提示对话框

用户在打开的文件对话框中选择文件名来打开 eta/DYNAFORM 数据库文件。打开的数据库对话框如图 1-8 所示。

3）重新开始（Restart）

本功能允许将当前数据库文件更新到该文件最近的保存点，DYNAFORM 将会提示用户保存当前的数据库文件，如图 1-9 所示。

单击“Yes”按钮，以另一个文件名保存当前数据文件；单击“No”按钮，不保存当前数据文件，任何未保存的数据将会丢失；单击“Abort”按钮，取消重新开始操作。

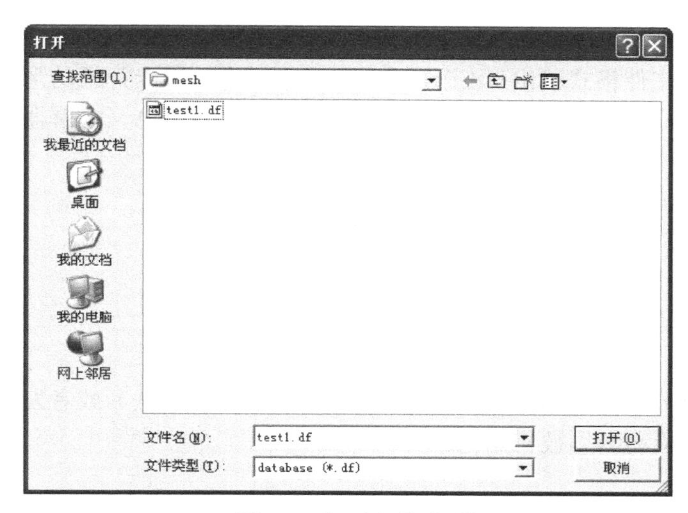

图 1-8　打开文件对话框

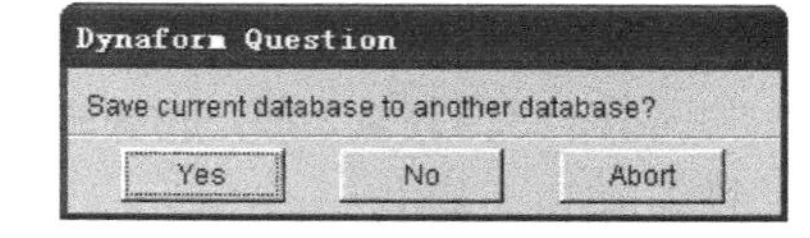

图 1-9　保存当前文件

4）保存（Save）

将当前数据库保存到本地的数据文件中。

5）另存为（Save As）

将当前数据库另存为一个新的数据库文件。

6）导入文件（Import）

导入 CAD 数据或者模型数据，如图 1-10 所示。选择合适的文件格式，可导入的文件格式如下。

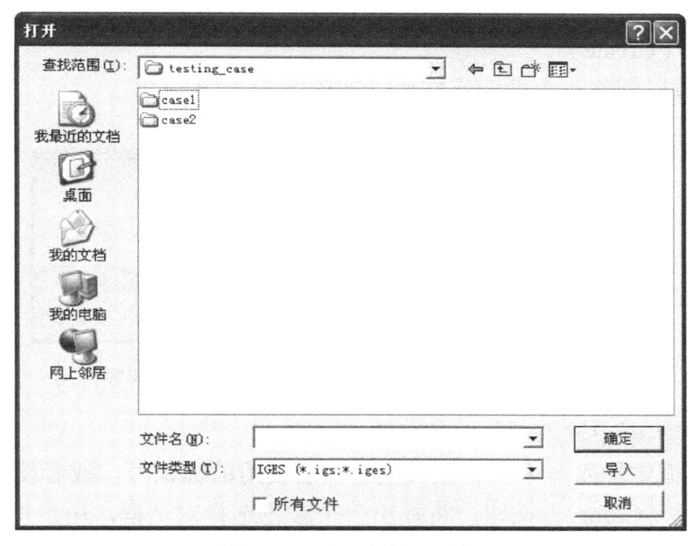

图 1-10　导入文件对话框

（1）模型数据格式（MODEL DATA FORMAT）：LS-DYNA、NASTRAN 和 ABAQUS。

（2）CAD 数据文件（CAD DATA FILE）：LINE DATA、IGES、VDA、DXF、STL、ACIS、Catia、NX PART、STEP、Pro/E、INVENTOR、PARASOLID、SolidWorks 多工步文件（MULTISATGE FILE）：DYNAIN。

如果选择显示所有文件选项，则所有类型的文件都将显示在窗口中。

7）导出文件（Export）

将 DYNAFORM 当前数据以其他文件格式输出，该选项和导入文件类似。以卡片组的形式提交到 DYNA（Submit Dyna From Input Deck），此功能提交输入文件至 LS-DYNA（求解器）并且自动设置 LS-DYNA。

8）运行 LS-DYNA 重启（Run Dyna Restart）

此功能提交 DYNA 重启文件至 LS-DYNA 并且自动开始执行 LS-DYNA。

9）打印设置（Print Setup）

本功能允许用户为打印定义默认设置参数。

10）打印（Print）

此功能建立一个显示区域的 postscript 文件，并将此文件发送到打印机（默认）或者发送到一个文件。在打印之前，postscript 驱动必须被初始化。

11）退出（Exit）

此功能允许用户退出程序，DYNAFORM 将提示保存当前数据库。

1.3.2 零件层控制

在 DYNAFORM 数据文件中，零件层是一系列线、面及网格单元的组合体。每个零件层都有一个唯一的零件层标识号（PID）。零件层的名称由不多于 8 个字符的字符串组成。目前，用户最多可以在一个数据库文件中创建 1000 个不同的零件层，零件层菜单的功能选项如图 1-11 所示，用户可以通过其所提供的功能对线、面及网格单元进行操作，包括零件层的开关、编辑、删除、分离、信息、透明显示及当前零件层设置等。

1）创建零件层（Create）

此功能使用户可以创建一个新的零件层，如图 1-12 所示。

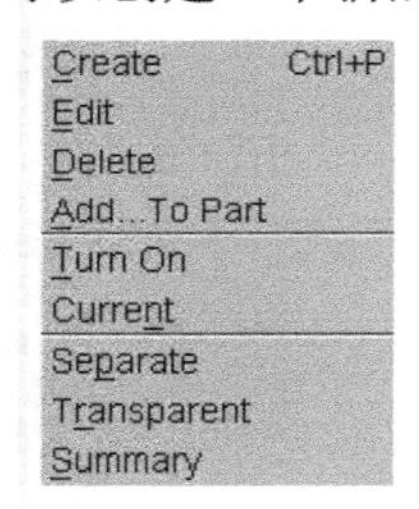

图 1-11 零件层控制菜单

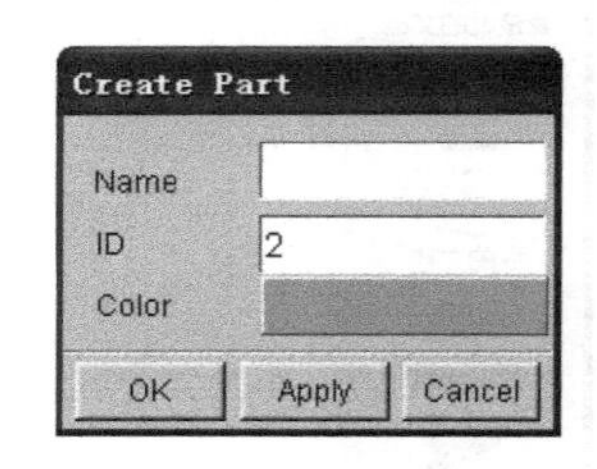

图 1-12 创建零件层

（1）在 Name 文本框中输入零件层的名称。

（2）在 ID 文本框中输入一个没有被其他零件层使用的标识号，或者使用默认的标识号。

（3）单击“颜色（Color）”按钮，将弹出一个颜色选择对话框，用户可以选择所提供的颜色作为零件层的颜色。

（4）单击 OK 确认命令执行并退出对话框，单击 Apply 执行命令但不退出对话框，单击 Cancel 取消命令执行，退出对话框。

2）编辑零件层（Edit）

此功能使用户可以修改（Modify）或删除（Delete）一个零件层，包括改变零件层的颜色、名称及标号。如图 1-13 所示。

3）添加数据到零件层（Add…To Part）

此功能允许用户将线（Line(s)）、单元（Element(s)）或曲面（Surface(s)）从一个零件层移到另一个零件层中。如图 1-14 所示。

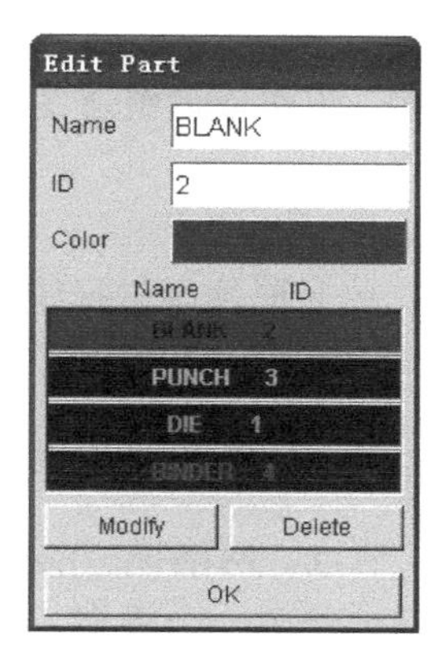

图 1-13　编辑零件层

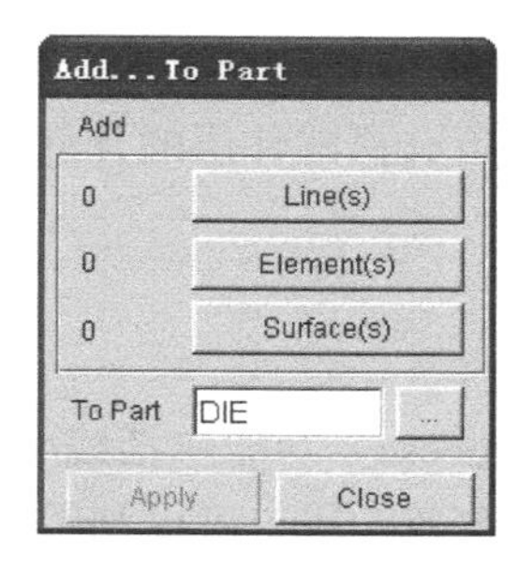

图 1-14　添加数据至零件层

4）打开零件层（Turn On）

本功能使得用户可以打开或关闭零件层，如果 Turn On（打开）菜单项被选中，将弹出“Part Turn On/Off（开关零件）”对话框，如图 1-15 所示。一个零件层可以通过选择其上的一条线、一个单元或者一张曲面来关闭，也可以通过单击 Select by name（按名称选择）列表上的各个按钮来实现。如果选中 Only Select On（只打开选中的），将只打开选中的零件层。单击 All On，打开所有零件层。单击 All Off，关闭所有的零件层。单击 Reverse，反向零件层的显示状态，即打开的零件层将被关闭，关闭的零件层将被打开。单击 Undo 则撤销前一步操作。

5）设置当前零件层（Current）

本功能使得用户可以改变当前零件层。所有新创建的线、曲面及网格单元被自动添加到当前零件层中，如图 1-16 所示。当前零件层的名称显示在屏幕的右下角（在 DISPLAY OPTIONS 窗口中，也可以通过单击该区域来改变当前零件层）。

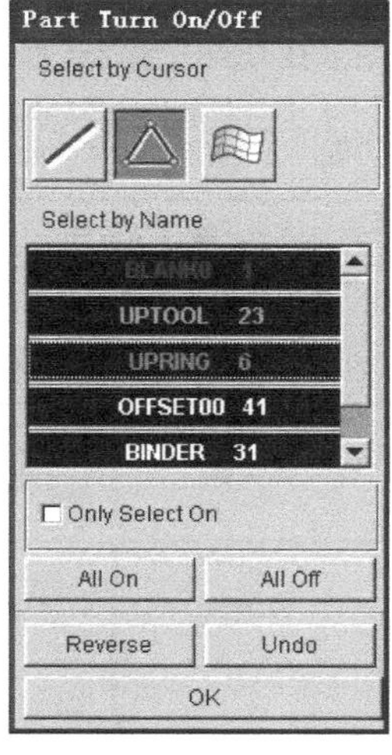

图 1-15　零件层开/关

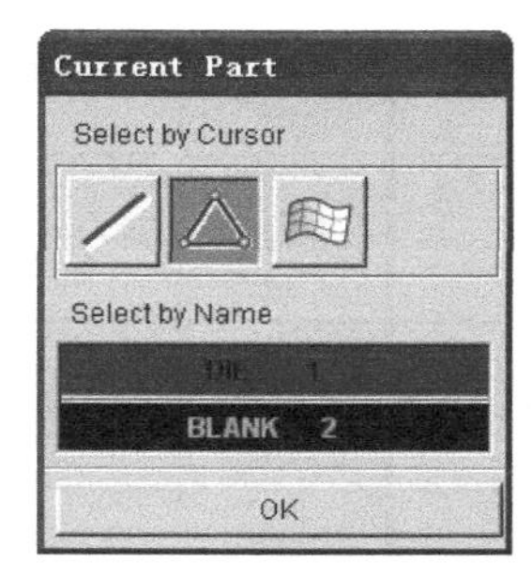

图 1-16　当前零件层

6）分离零件层（Separate）

分离零件层功能可以快速将有共同节点的零件层分离。一旦这些零件层被分离，每一个共同的节点将会变成几个节点，每一个零件层都分别有一个节点，且这些节点位于同一位置上。

7）透明处理（Transparent）

透明处理功能可以使得被选择的零件层在渲染时透明，也可以调整透明程度，透明程度对所有零件层的透明程度影响是相同的。

8）统计小结（Summary）

该功能可以对所选择零件层的几何信息、材料信息、单元属性等进行统计。

1.3.3 前处理

前处理（Preprocess）功能包括线/点、曲面、单元、节点、网格模型的检查和修复功能，以及边界条件的设置等。用户可以利用前处理菜单来构造或修改一个模型，或者产生带有单元的模型，也可以检查或添加边界条件，前处理菜单如图 1-17 所示。

1）点、线（Line/Point）

本功能用来处理点、线数据，对话框如图 1-18 所示，与对话框对应的每个图标的功能如表 1-1 所示。

Line/Point	Ctrl+L
Surface	Ctrl+S
Element	Ctrl+E
Node	Ctrl+N
Mesh Repair	Ctrl+R
Model Check	Ctrl+M
Boundary Condition	Ctrl+U
Node/Element Set	Ctrl+V

图 1-17 前处理菜单

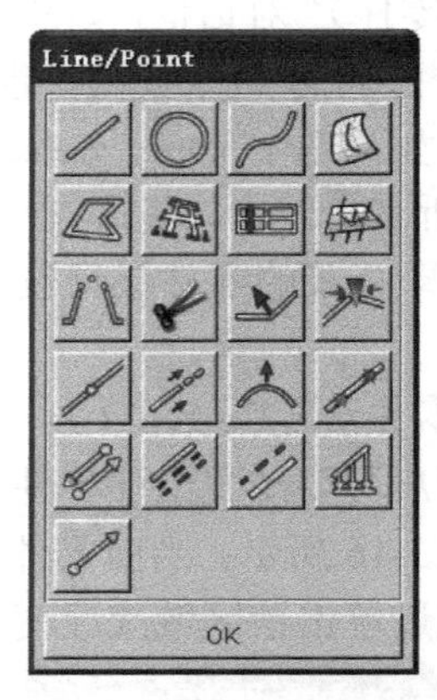

图 1-18 点、线对话框

表 1-1 点线对话框图标功能

图 标	功 能	图 标	功 能	图 标	功 能	图 标	功 能
	创建直线		创建圆弧		样条曲线		最短曲线
	边界线		S 线		截面线		通过线生成截面
	桥接线		删除线		修改线		分割线
	合并线		延长线		编辑线		重新分布线上的点

续表

图　标	功　能	图　标	功　能	图　标	功　能	图　标	功　能
	颠倒线方向		变换线		偏置线		投影线
	显示线						

2）曲面（Surface）

本功能用来处理曲面数据，对话框如图 1-19 所示，与对话框对应的每个图标的功能如表 1-2 所示。

图 1-19　曲面对话框

表 1-2　曲面对话框图标功能

图　标	功　能	图　标	功　能	图　标	功　能	图　标	功　能
	通过 2 条线创建曲面		通过 3 条线创建曲面		通过 4 条线创建曲面		旋转曲面
	扫掠曲面		创建蒙皮曲面		生成中间曲面		分离曲面
	网格到曲面		曲面相交		分割曲面		删除曲面
	修剪曲面		还原裁剪曲面		延伸曲面		变换曲面
	重新设置曲面 U-V 线		曲面法线反向		删除曲面上的孔		生成边界线
	检查重叠曲面		检查曲面		显示曲面		

3）单元（Element）

本功能用来处理网格单元数据，对话框如图 1-20 所示，与对话框对应的每个图标的功能如表 1-3 所示。

图 1-20　单元对话框

表 1-3　单元对话框图标功能

图　标	功　能	图　标	功　能	图　标	功　能	图　标	功　能
	两线网格划分		三线网格划分		四线网格划分		曲面网格划分
	用线来划分梁单元		2 线点网格		拉伸网格		创建单元
	删除单元		修剪单元		缝合单元		粗化单元
	分割单元		投影单元		变换单元		偏置单元
	修改单元		自动修补网格		自动重新划分网格		反向网格
	改变编号		网格重新编号		识别单元		查找单元

4）节点（Node）

本功能用来处理节点数据，其中包括创建节点、在两个节点、点间添加节点、复制节点、删除自由节点、移动节点、比例缩放节点坐标、投影节点、检查重合节点、检查节点和零件层的关系、压缩节点、改变节点编号、重新编号所有节点、测量节点/点间的距离、查找节点等功能。

5）网格修补（Mesh Repair）

本功能可以用来进行网格修补，它集合了 Node（节点）、Element（单元）和 Modelcheck（模型检查）菜单中大多数常用的方法来高效地进行网格修补。

6）模型检查（Model Check）

本功能用来进行模型检查，其中包括自动翻转法线，边界线显示，检查长宽比，检查内角，检查单元重叠，法向检查，检查单元尺寸，检查锥度，检查翘曲变形、特征线、锁模、时间步长、截面线等功能。

7）边界条件（Boundary Conditions）

本功能用来处理边界条件，其中包括加载操作（Loading Options）、单点约束选项（Constraints）、初始速度（Initial Velocity）、刚性制动器（R.B.Stopper）和导出（Export）等功能。如图 1-21 所示。

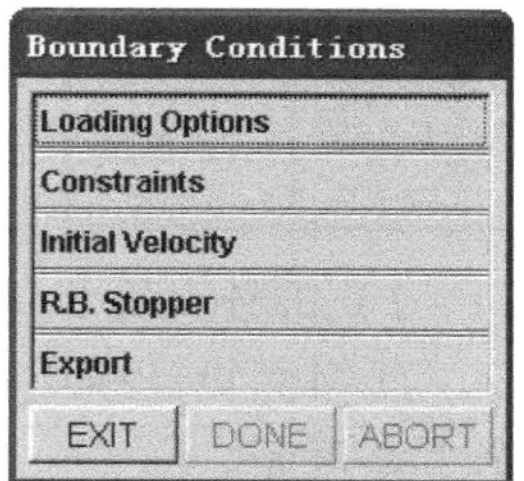

图 1-21　边界条件

8）节点、单元集合（Node/Element Set）

本功能用来处理节点和单元集合。节点和单元集合可以方便地组织输出数据。

1.3.4　模面设计

模面设计（Die Face Engineering）模块提供了在模具设计的早期阶段生成工艺补充面和压料面的工具，同时包含模型的修补、冲压方向的调整等辅助功能。其功能菜单如图 1-22 所示。

模面设计的功能包含如下方面。

1）准备（Preparation）

本功能主要用来进行一些与零件准备相关的操作，以便开始模面设计工序，如图 1-23 所示，与对话框定义（Define）标签对应的每个图标的功能如表 1-4 所示。其余三个标签可以完成对称（一模二件）(Symmetry/Double Attach)、冲压方向调整（Tipping）、边界填充（Boundary Fill）等功能。

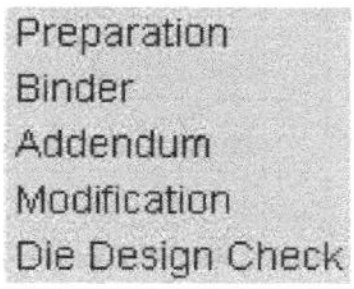

Preparation
Binder
Addendum
Modification
Die Design Check

图 1-22　模面设计菜单

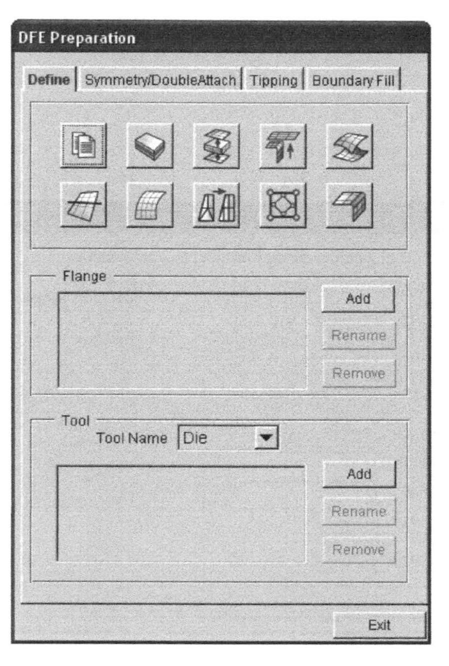

图 1-23　准备界面

表 1-4　模面设计准备界面图标功能

图　标	功　能	图　标	功　能	图　标	功　能	图　标	功　能	图　标	功　能
	导入		抽取中面		分离曲面		展开法兰		编辑曲面
	分割曲面		曲面网格划分		模型检查修补		拓扑修补		网格圆角

2）压料面设计（Binder）

压料面设计模块提供创建各种形状压料面的工具。如图 1-24 所示，压料面界面中包含 6 个主要页面。

（1）创建压料面（Create）：用来生成各种类型的压料面。

其中包括两线压料面、平压料面、锥形压料面、边界线压料面、法兰压料面和自定义压料面等功能。

（2）修改压料面（Modify）。

（3）法兰压料面（Flange on binder）。

（4）蝶形压料面（Butterfly）。

（5）裁剪零件（Die Trim）。

（6）高级（Advanced）功能。

3）工艺补充面设计（Addendum）

如图 1-25 所示，本功能提供了在成型面上创建过渡曲面和网格的工具，包括主截面线设计、创建工艺补充面、创建截面线等。在进行工艺补充面产生操作之前要求压料面已经定义。当工艺补充面菜单第一次启动时，程序将在数据库中创建四个零件层，名字分别为 PROFILE、CTRLPRF、POP_LINE 和 ADDENDUM。

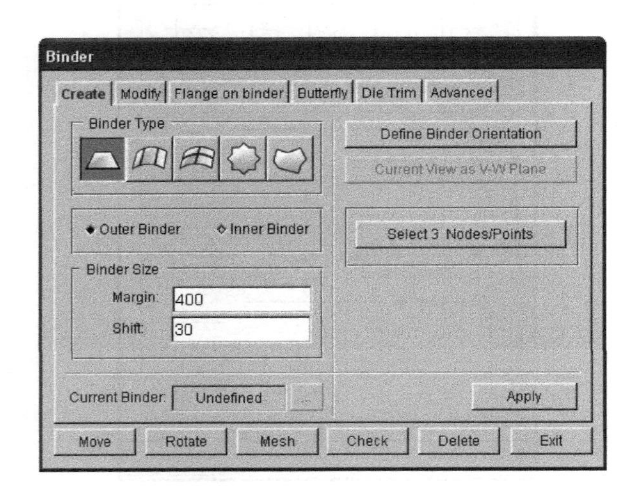

图 1-24　压料面

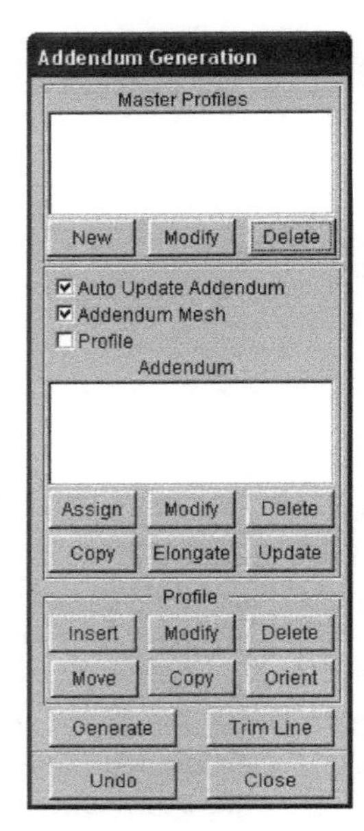

图 1-25　工艺补充面设计

4）修改（Modification）

本功能通过修改线、曲面和单元来完善模面设计，包括线变形、曲面变形、单元变形、拉深筋、裁剪拉深筋、激光切割、压料面裁剪等功能。

5）凹模设计检查（Die Design Check）

此功能允许用户根据裁剪方向、冲压深度来直观地检查凹模。

1.3.5　坯料工程

坯料工程（Blank Size Engineering，BSE）模块是 DYNAFORM 新增加的一个子模块，其中包括快速求解模块，用户可以在很短的时间内完成对产品可成型性分析，大大缩短了计算时间。此外，BSE 还可以用来精确预测毛坯的尺寸和帮助改善毛坯外形。如图 1-26 所示，BSE 包含快速展料（Quick Unfold）、准备（Preparation）、快速求解（MSTEP）、多步展开（Unfold）、毛坯开发（Development）、批量快速求解（Batch Mstep）和批量排样（Batch BSE）子菜单。

1）快速展料（Quick Unfold）

快速展料是 eta/DYNAFORM 中新增的功能，便于用户在短时间内快速求解并估算出产品的坯料轮廓，界面如图 1-27 所示。

2）准备（Preparation）

单击准备菜单，弹出如图 1-28 所示的对话框，与其对应的每个图标的功能如表 1-5 所示。在此阶段主要完成展开毛坯的准备工作。

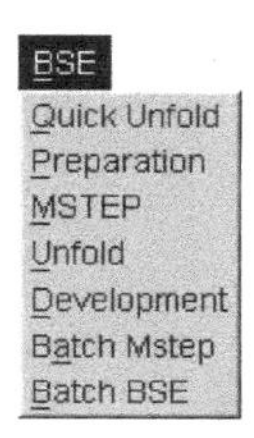

图 1-26　坯料工程菜单

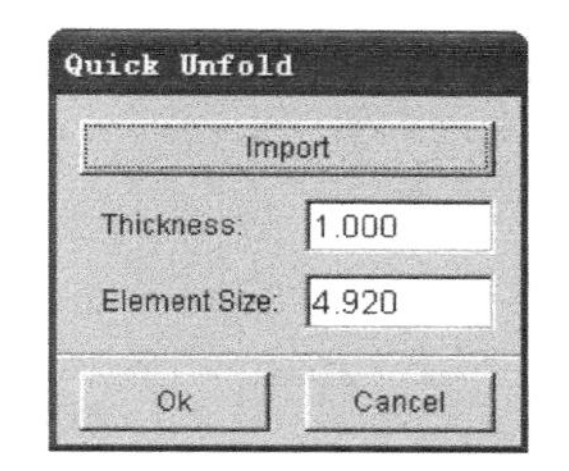

图 1-27　Quick Unfold 对话框

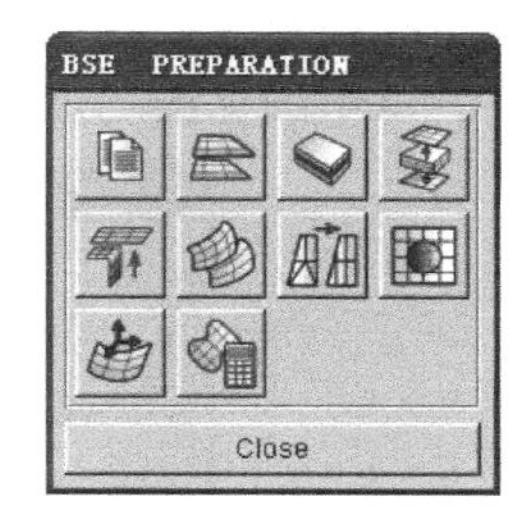

图 1-28　BSE 准备对话框

表 1-5　BSE 准备界面图标功能

图　标	功　能	图　标	功　能	图　标	功　能	图　标	功　能	图　标	功　能
	文件导入		检查重叠曲面		抽取中面		分离曲面		展开法兰
	零件网格划分		模型检查/修补		内部填充		调整冲压方向		毛坯尺寸估算

3）一步求解器（MSTEP）

一步求解器（MSTEP）是 DYNAFORM 新增加的基于有限元逆算法的快速求解器，它可以用来在精确模拟零件成型过程之前，对零件成型进行快速计算，得到零件的可成型性分析结果，同时还可以得到毛坯的最初轮廓形状，如图 1-29 所示。

4）多步展开（Unfold）

多步展开是用于将复杂零件展开的一种求解器。多步展开的特点是允许用户对选择的法兰单元进行展开，程序能够自动添加约束信息，并且压料面为可选项。多步展开对话框如图 1-30 所示。

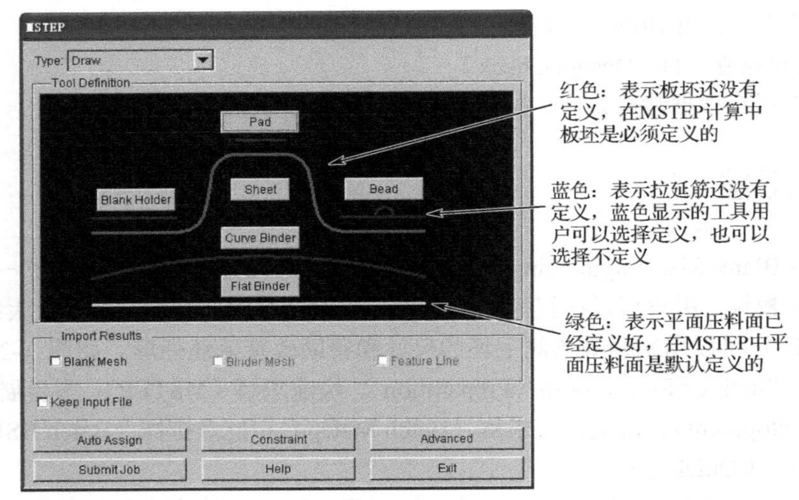

图 1-29　一步求解器（MSTEP）的主界面

5）毛坯开发（Development）

得到估算后的毛坯轮廓后，毛坯开发对话框让用户能够为后续的毛坯排样、成本估计和成型模拟等应用进行必要的毛坯轮廓外形调整工作，其中包括毛坯网格生成、外部光顺、矩形拟合、输出板坯轮廓估算报告和输出、零件优化排样等功能，如图 1-31 所示。与毛坯开发对话框对应的每个图标的功能如表 1-6 所示。

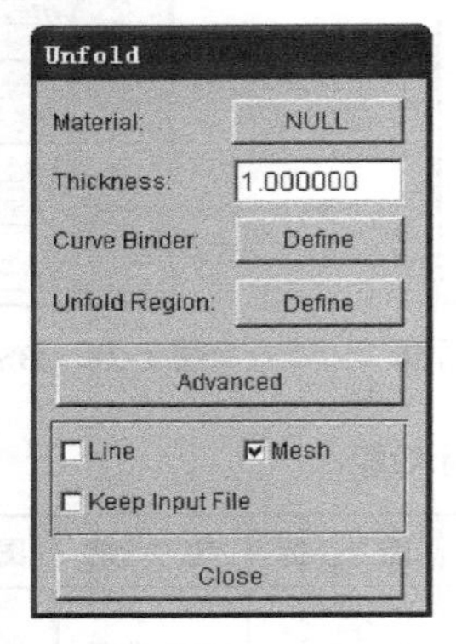

图 1-30　多步展开对话框

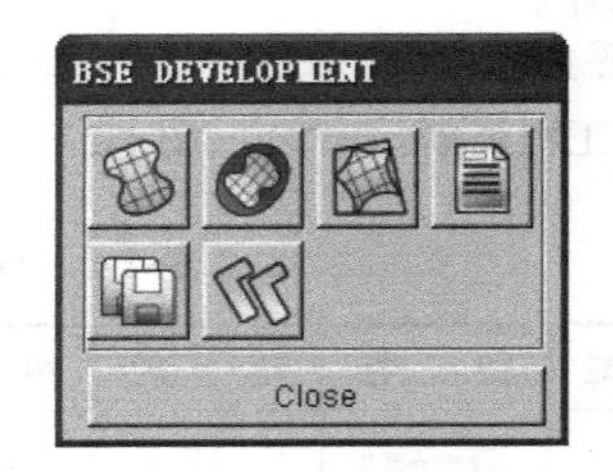

图 1-31　毛坯开发对话框

表 1-6　毛坯开发界面图标功能

图　标	功　能	图　标	功　能	图　标	功　能	图　标	功　能
	板坯生成器		光顺边界		板坯形状拟合		BSE 报告
	报告输出		板坯排样				

6）批量快速求解（Batch Mstep）

批量快速求解（Batch Mstep）是 eta/DYNAFORM 新增加的功能，用户可以批量导入多个模型文件，调用一步求解器（MSTEP）来快速获得产品成型性分析的准确评估和坯料轮廓，同时程序自动调用后处理程序，用户可以方便地查看成型分析结果。模型求解后的毛坯轮廓线以 IGS 格式输出，后处理结果以 html 格式的报告输出。整个界面如图 1-32 所示。

7）批量排样（Batch BSE）

批量排样（Batch BSE）是 eta/DYNAFORM 新增加的功能，可以实现导入批量模型零件快速展开和排样计算。用户只需导入单个或多个模型零件并提交计算，就可以快速得到零件的排样结果。整个界面如图 1-33 所示。

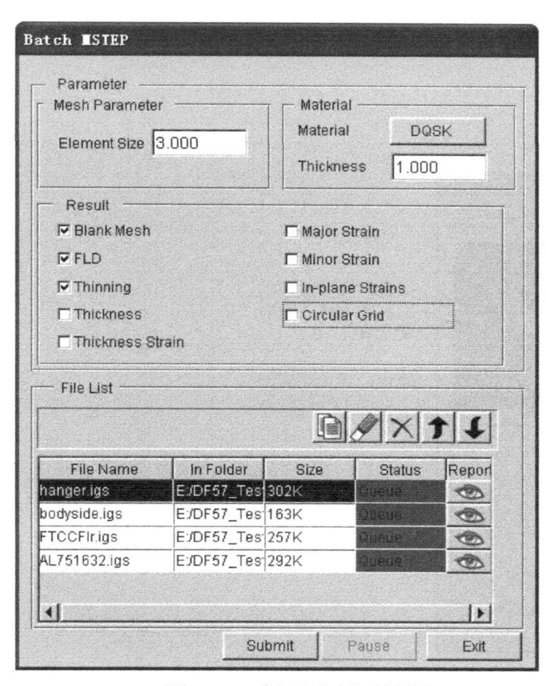

图 1-32　批量求解对话框

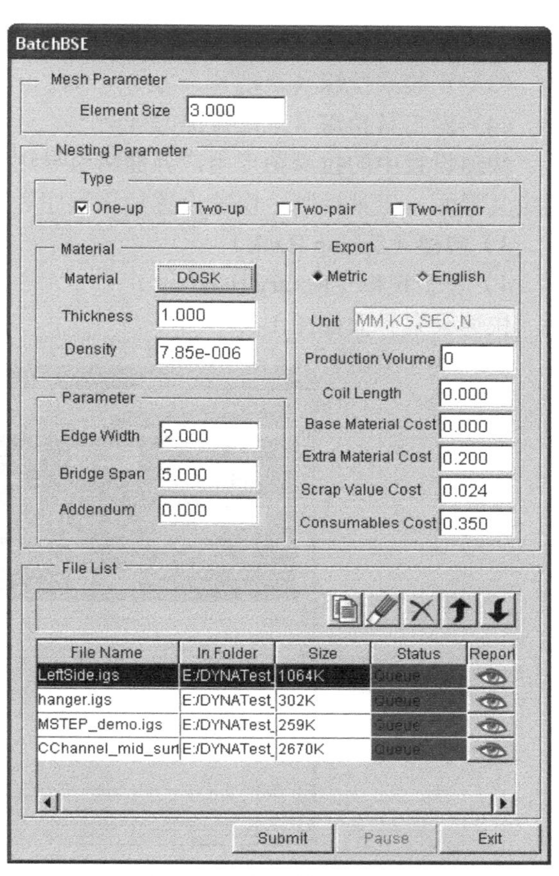

图 1-33　批量排样对话框

1.3.6　模拟设置

模拟设置（Setup）菜单主要包含了两种类型的设置：一种为快速设置（Quick Setup），另一种为自动设置。其菜单界面如图 1-34 所示。快速设置通过一个统一的图形界面来帮助用户快速设置成型模拟，而自动设置模块从实际工艺出发，帮助用户一步一步地完成设置过程。

Setup
Gravity Loading
Draw Die
Spring Back
Rotary Bending
AutoSetup

图 1-34　模拟设置菜单

DYNAFORM 的快速设置图形界面是一个流线型、用户友好的、完全自动的设置界面。在冲压模拟过程中，快速设置接口提供了等距偏移接触算法，这种算法能够消除几何模型在网格等距过程中将发生的潜在错误。与模型等距功能得到的模型结果相比，“快速设置”在没有明显降低精度的情况下，为用户提供了一个更加快速的冲压模拟结果。

快速设置菜单支持的标准成型工序如下。

1）重力加载（Gravity Loading）

其中包括：工具定义图形界面，毛坯参数，快速设置/重力加载工序等功能。

2）拉深（Draw Die）

（1）无压边成型。

（2）倒装式拉深（单动）。

（3）正装式拉深（双动）。

（4）四工具拉深（双动拉深）。

快速设置中的拉深图形用户界面将引导用户一步一步地对拉深模拟进行设置。其中包括工具定义界面，工具控制，快速设置拉深程序等功能。

3）回弹（Spring Back）

4）弯管模拟（Rotary Bending）

快速设置界面如图 1-35 所示。

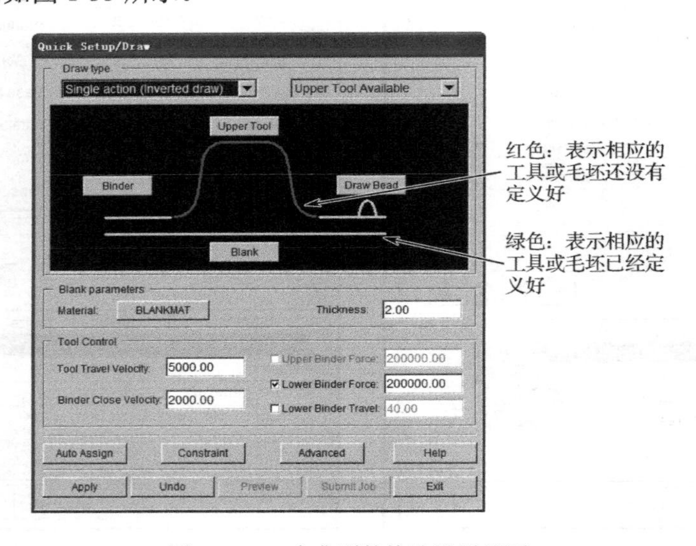

图 1-35　一个典型的快速设置界面

1.3.7 回弹补偿模块

回弹补偿模块（SCP）是一个用于工具回弹补偿计算的模块。通过使用诸如铝合金、高强度钢及超高强度钢之类的高级板料，既减轻了车体的重量，又保证了汽车的安全性能。随着高级板料被越来越多应用到车体制造中，金属冲压工业领域也涌现出若干新课题。其中一个重要的课题就是成型后由于板料弹性恢复和不均匀的应力分布导致的回弹现象。

SCP
Compensation
Result Check
Topology Repair
Morphing
Surface Mapping
Best Fit
Deviation Check

图 1-36　回弹补偿菜单

在 eta/DYNAFORM 中，回弹补偿菜单如图 1-36 所示。包括回弹补偿模块（Compensation）、补偿结果检查（Result Check）、网格拓扑结构修复（Topology Repair）、变形（Morphing）、曲面映射（Surface Mapping）功能、模型匹配（Best Fit）和偏差检查（Deviation Check）。

1.3.8　模具系统分析

在生产线及模具设计过程中，有限元分析方法能够有效地预测并解决模具生产线上很多冲压相关的问题。模具系统分析（Die System Analysis，DSA）模块包括结构强度分析，废料跌落模拟和板料传送模拟。在 DSA 模块的所有分析过程中，程序提供了简单的图形界面，引导用户进行复杂的准备和模拟过程。在 eta/DYNAFORM 中，模具系统分析菜单如图 1-37 所示。包括结构强度分析（Die Structural Integrity），废料跌落模拟（Scrap Shedding/ Removal）以及板料传送模拟（Sheet Metal Transferring/Handling）。

1.3.9　工具

工具（Tools）菜单提供的功能如图 1-38 所示，用户可以对工具、材料和属性、加载曲线、接触面、拉深筋等进行定义，定位工具，查看所定义工具的运动以及修改变形的毛坯形状等操作。工具菜单如图 1-38 所示。

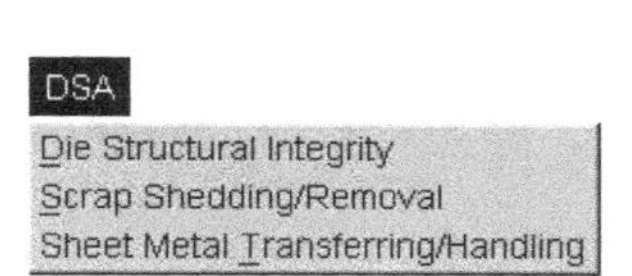

图 1-37　模具系统分析菜单

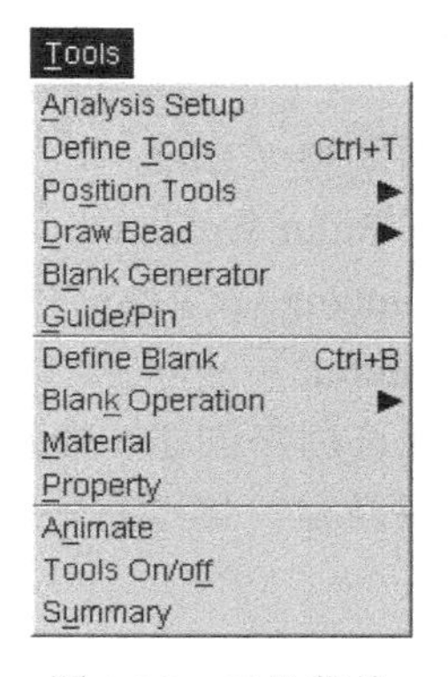

图 1-38　工具菜单

1）分析设置（Analysis Setup）

此功能让用户能够为 LS-DYNA 分析设置参数。

2）定义工具（Define Tools）

在 DYNAFORM 中，有 3 个标准的工具：凹模、凸模和压料面。用户同时也可以为任何模拟创建足够多所需要的工具，包括工具设置、添加、删除和显示、定义接触、定义加载曲线、生成配合工具等功能。

3）定位工具（Position Tools）

定位工具菜单包含一个子菜单，如图 1-39 所示，子菜单提供了以下操作：

（1）自动定位（Auto Position）。

（2）移动工具（Move Tool）。

（3）测量最小距离（Min. Distance）。

4）拉深筋（Draw Bead）

拉深筋菜单（图 1-40）中的功能用来创建、修改和指定拉深筋，其中包括拉深筋显示，设置拉深筋颜色，新建和删除拉深筋，锁定拉深筋到零件层，编辑拉深筋属性，设置拉深筋阻力等。

Auto Position
Move Tool
Min. Distance

图 1-39　定位工具子菜单

Line Bead　Ctrl+D
Geometry Bead

图 1-40　拉伸筋子菜单

5）毛坯生成器（Blank Generator）

此功能主要用来对平整毛坯进行网格划分。

6）定义毛坯（Define Blank）

此功能允许用户定义冲压模拟的毛坯材料和属性。

7）毛坯操作（Blank Operation）

此子菜单包含 8 个不同的菜单，见图 1-41，包括操作毛坯的几何形状、查看板坯结果、映射板坯结果等，子菜单如下：

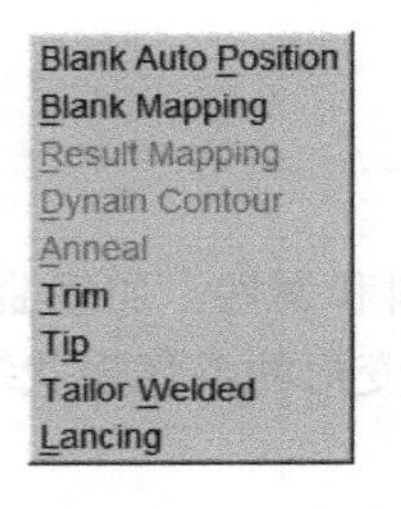

图 1-41　毛坯操作子菜单

（1）毛坯自动定位（Blank Auto Position）。

（2）毛坯映射（Blank Mapping）。

（3）结果映射（Result Mapping）。

（4）DYNAIN 文件等值线云图（Dynain Contour）。

（5）裁剪（Trim）。

（6）冲压方向调整（Tip）。

（7）焊接缝（Tailor Welded）。

（8）切缝（Lancing）。

8）材料（Material）

材料对话框允许用户创建、修改及删除材料定义。此外，用户还可以输入、输出任何定义的材料，其中包括新建、修改材料，删除材料，导出、导入材料库，应变/应力曲线，成型极限曲线等功能。

9）属性（Property）

属性菜单中的功能用来定义和修改毛坯的物理属性，其中包括新建、修改和删除功能。

10）动画（Animate）

动画功能用来演示所有被定义过的、具有速度或唯一加载运动曲线工具的运动情况，但是用户不能看到具有力曲线的工具运动。

11）工具开关（Tools On/off）

此功能允许用户打开或关闭单个或所有的工具。

12）摘要（Summary）

此功能让用户能够从“选择工具”对话框了解每个工具的统计信息。

1.3.10　选项菜单

选项（Option）菜单主要包含 eta/DYNAFORM 网格剖分默认参数设置、文件对话框风格、DYNAFORM 语言选择以及默认材料库类型等一些基本参数设置，如图 1-42 所示。

选项菜单的功能如下所述。

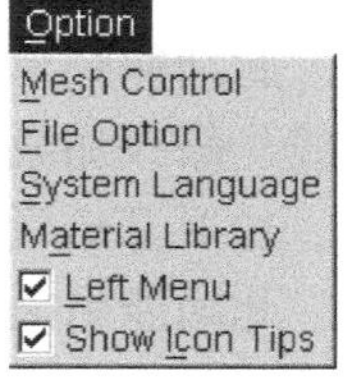

图 1-42　选项菜单

1）网格控制（Mesh Control）

此功能让用户能够控制网格参数，包括控制点，边界偏置网格，角偏置网格，平板单元类型，线网格方法等功能。

2）文件选项（File Option）

此功能让用户能够设定“对话框风格”（Windows 或 UNIX）和“自动备份”文件保存功能（备份文件名称和备份间隔时间）。

3）系统语言（System Language）

此功能允许用户改变屏幕显示的菜单、提示信息和图标提示的语言。

4）显示图标提示（Show Icon Tips）

显示图标提示勾选后，将显示对话框中每个图标的显示信息，帮助用户理解其功能。

1.3.11　辅助工具

辅助（Utilities）工具菜单中的功能构成了 DYNAFORM 的工具箱，其中许多功能在其他菜单也能找到，但是辅助工具菜单为用户提供了进入这些功能的方便途径，如图 1-43 所示。

Utilities
Angle Between Lines
Distance Between Pt./Nd.
Radius Through 3Pts/3Nds
Area of Seleted Elements
Length of Line
Section Cut
Draw Arrow
Define Title
Label Dimension
Identify Pt./Nd.
Identify Elements
Find Element
Find Node
Load Curve
Show Line
Coordinate System
Database Statistics

图 1-43　辅助工具菜单

辅助工具菜单的功能如下所述。

1）线间夹角（Angle Between Lines）

此功能能够让用户测量两个所选矢量之间的夹角（单位：度）。

2）点/节点间距离（Distance Between Points/Nodes）

此功能允许用户测量两点或两节点，或一个节点和一个点之间的距离。

3）经过三点/三节点的半径（Radius Through 3Pts/3Nds）

此功能用来测量经过三个点或三个节点圆的半径（单位：mm）

4）所选单元的面积（Area Of Selected Elements）

此功能用来计算所选单元的面积。

5）绘制箭头（Draw Arrow）

此功能允许用户在屏幕上某个特定区域绘制一个箭头。

6）定义标题（Define Title）

此功能允许用户在屏幕的任何位置输入一个标题或文本。

7）识别点或节点（Identify Node/Point）

此功能允许用户识别任何点或节点的编号及点或节点在全局坐标下的坐标值。

8）识别单元（Identify Element）

此功能允许用户识别单元的编号及相应节点的编号。

9）寻找单元（Find Element）

此功能允许用户通过输入单元的编号来寻找或识别单元。

10）寻找节点（Find Node）

此功能允许用户通过输入节点的编号来获得指定节点的位置（坐标）。

11）加载曲线（Load Curve）

此功能菜单中的选项用来生成或修改加载曲线，包括创建曲线，删除加载曲线，列出加载曲线，修改加载曲线，读取曲线数据，重编号加载曲线，重命名曲线，显示加载曲线等功能。

12）显示线（Show Line）

此功能用来识别任何已存在的线及其方向。

13）坐标系（Coordinate System）

此功能菜单的作用是使用户能够创建和修改局部坐标系，包括创建坐标系，删除坐标系，复制坐标系，修改坐标系，当前坐标系，识别坐标系等功能。

14）数据库统计（Database Statistic）

此功能允许用户查看 DYNAFORM 数据库中几何模型、单元模型、材料属性等相关的信息。

1.3.12 视图选项

视图（View）选项菜单中的功能用来调整 DYANFORM 显示区域各个项目的显示，如图 1-44 所示。

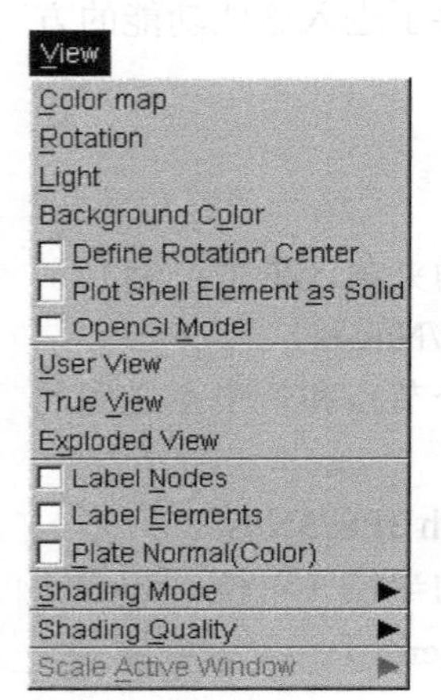

图 1-44 视图选项菜单

视图菜单的功能如下所述。

1）色彩图（Color Map）

改变默认的颜色表。

2）旋转（Rotation）

此功能让用户能够在显示区域绕全局坐标的（或虚拟的）X、Y 和 Z 轴旋转目标。

3）光照（Light）

等强度均匀地移动一个方向光源。左右箭头按钮分别用来在 X 轴的正负方向上移动光源，上下箭头按钮分别用来在 Y 轴的正负方向上移动光源。

4）用户视图（User View）

此功能用来在当前数据库中保存或存储一个所希望的视图，并且可以再次查看任何以前保存的视图。

5）真实视图（True View）

此功能让用户能够以真实视图显示一个对象，即从局部坐标系的 W 轴投影到局部坐标系的 UV 平面的法向视图。

6）标记节点（Label Nodes）

切换节点标记开关。选择复选框后，程序会显示屏幕中所有节点的编号。

7）标记单元（Label Element）

切换单元标记开关。选择复选框后，程序会显示屏幕中所有单元的编号。此外，在“前处理/单元”中也有这个功能。

8）平面法向（Plate Normal）

此功能让用户用不同的颜色显示单元的不同法向方向。

9）渲染模式（Shading Mode）

渲染模式为渲染零件或模型提供了 3 个选项，如图 1-45 所示。光滑渲染模式（Smooth

Shading）是默认的模式，其法向是基于节点算法得到的，而平面渲染的法向是基于单元算法的。平面渲染可分为带边平面渲染（Flat Shading with Edge）和不带边平面渲染（Flat Shading without Edge）。

10）渲染质量（Shading Quality）

程序提供了 3 种渲染质量，如图 1-46 所示。高（High）模式是渲染质量最好的一种方法，但是它花费更多的 CPU 时间；常规（Normal）模式是默认方式；低（Low）模式是渲染质量最差的，但是渲染速度最快。用户可以根据机器的速度和对图形质量的要求来决定渲染级别。

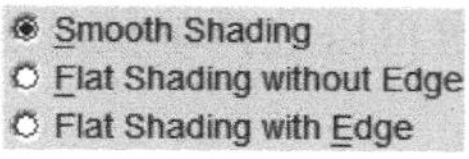

Smooth Shading
Flat Shading without Edge
Flat Shading with Edge

图 1-45　渲染模式子菜单

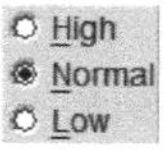

High
Normal
Low

图 1-46　渲染质量子菜单

11）缩放活动窗口（Scale Active Window）

此功能让用户通过下拉菜单给出的比例系数来缩放一个活动窗口。

1.3.13　分析

用户在前处理中设置好所有的模型参数和加载条件之后，就可以进入分析（Analysis）菜单进行最后的设置并提交计算或者输出 DYNA 计算所需的关键字文件。分析菜单如图 1-47 所示，用户可以提交基于 LS-DYNA 增量法的成型模拟，也可以提交基于有限元逆算法（一步法）的模拟。

Analysis
LS-DYNA　Ctrl+A
Mstep

图 1-47　分析菜单

分析菜单的功能如下所述。

1）LS-DYNA

此功能采用 LSTC 公司的 LS-DYNA 求解器进行求解计算。分析输出有两种类型。

（1）LS-DYNA 输入文件：输出 LS-DYNA 格式的文件，用于运算求解。

（2）直接运行 LS-DYNA：此功能输出一个 LS-DYNA 计算所需的输入文件并直接提交 LS-DYNA 进行计算，而且计算工作将在后台运行。

2）MSTEP

此功能采用一步法求解器进行求解计算。一步法求解器（MSTEP）是 DYNAFORM 新增加的基于有限元逆算法的快速成型求解器，可以用来在精确模拟零件成型过程之前，对零件成型进行快速计算，并得到零件的可成型性分析结果。

1.3.14　后处理

1．后处理功能简介

后处理（PostProcess）菜单为用户提供了丰富的后处理显示功能，帮助用户快速方便地从计算结果中分析问题所在。

单击菜单栏中的 PostProcess（后处理）进入 DYNAFORM 后处理程序，选择 File/Open 菜单项，弹出如图 1-48 所示的对话框。

打开 d3plot、d3drlf 或 dynain 格式的结果文件，其中 d3plot 文件是成型模拟的结果文件，包含拉深、压边等以及回弹过程的模拟结果；d3drlf 文件是模拟重力作用的结果文件；dynain 文件是板料变形的结果文件，用于多工序中。

选择 d3plot 文件，单击 Open 按钮，打开模拟结果。打开后在程序右边会出现一些功能选项，如图 1-49 所示。

1）绘制厚度变化过程和成型极限图

分别单击按钮，可以绘制成型过程中毛坯厚度的变化过程和工件的成型极限图（如图 1-50 所示）。同时可在图 1-49 所示对话框的 Frames（帧）下拉列表框中选择 All Frames 选项，然后单击播放按钮，采用动画显示过程的变化，也可以选择单帧对过程中的某步进行观察，根据计算数据分析成型结果是否满足工艺要求。

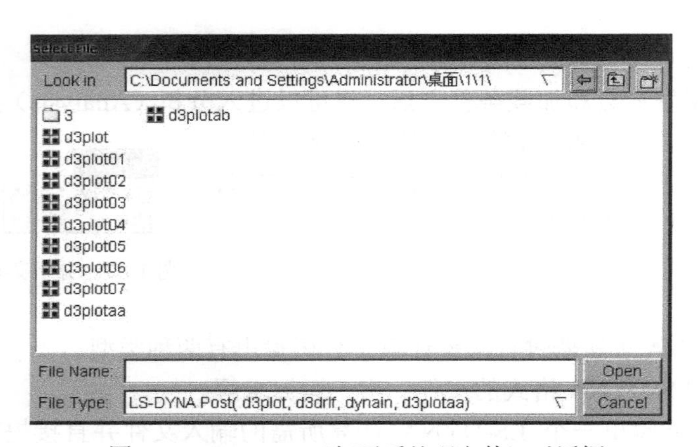

图 1-48 SelectFile（打开后处理文件）对话框

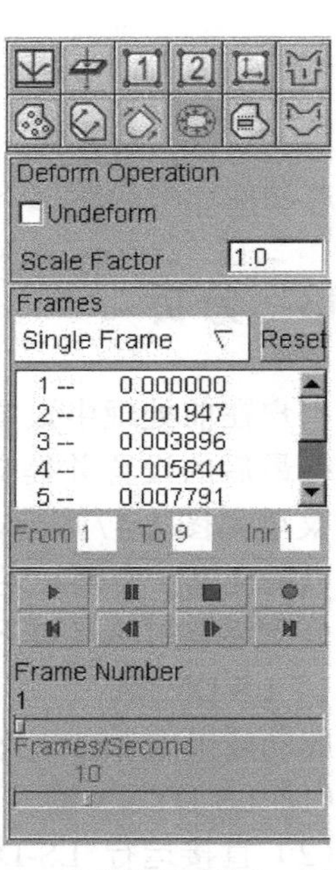

图 1-49 “后处理功能”工具栏

图 1-50 中的不同颜色表示毛坯变形所处的不同状态：绿色表示安全状态，红色表示破裂状态，黄色表示破裂危险点，橙色表示严重变薄区域，灰色表示无形变区域，蓝色表示有起皱趋势区域，粉色表示起皱区域。

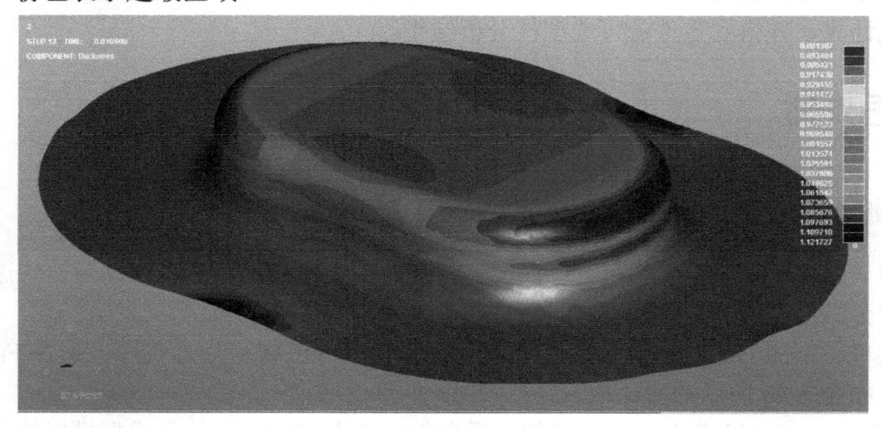

图 1-50 成型极限图

2）Thickness（变薄检查）工具

单击按钮，该功能可以用不同颜色显示在成型过程中毛坯厚度的变化，通过变薄量的变化可以得知毛坯在成型过程中发生的破裂、起皱等缺陷，如图 1-51 所示。可在观察毛坯厚度变化时，单击工具栏中的打开、关闭零件层工具按钮，弹出如图 1-52 所示的对话框。只保留毛坯零件层，关闭其他所有工具，被关闭工具层的颜色变为白色，选择完成后单击 Exit 按钮退出。还可以单击 List Value 来选择危险区域的节点数据，通过具体数据对成型工艺进行优化分析，如图 1-53 所示。

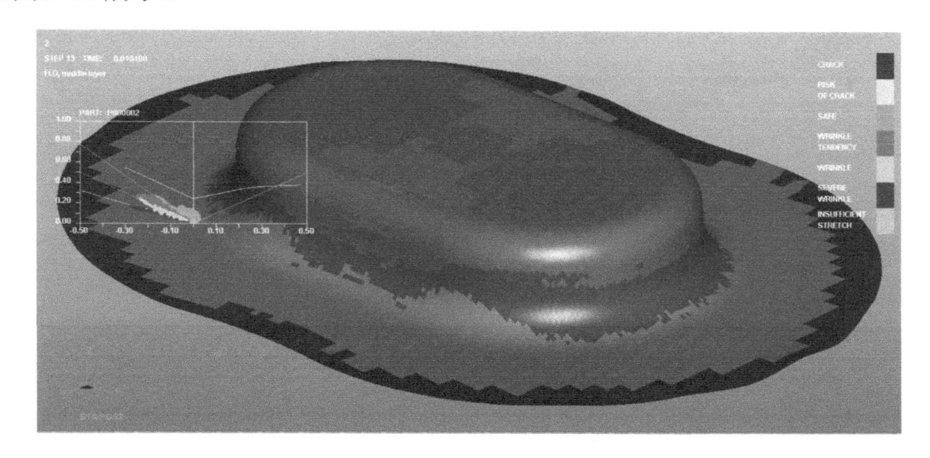

图 1-51　毛坯壁厚变化 FLD 图

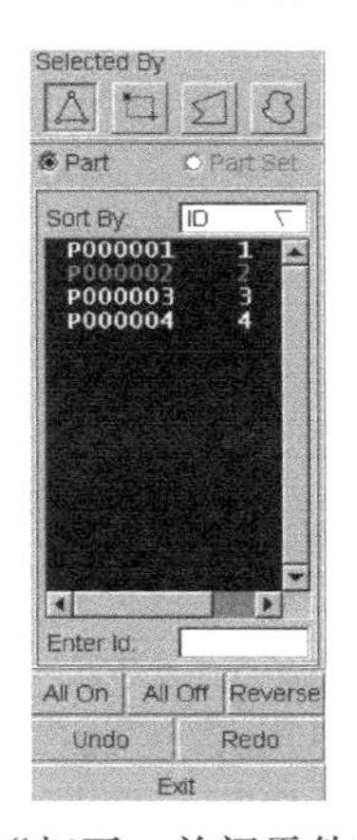

图 1-52　“打开、关闭零件”对话框

3）应变工具

Major strain（最大主应变）工具按钮，Minor Strain（最小主应变）工具按钮，In-plane Strain（平面应变）工具按钮这三个选项分别描述成型过程中毛坯上应变分布。在观察结果时，可以通过选择 Frame（帧）下拉列表框中的不同类型进行观察，如图 1-54 所示。用户可以通过不同的需要选择不同帧类型。

为了达到最好的观察效果，可以通过设置屏幕右下角的光照选项以达到最好的观察效果，如图 1-55 所示。

在后处理分析过程中，不仅可以观察整个毛坯在成型过程中的 FLD 变化过程、厚度变化过程以及应变/应力等物理量的分布，还可以观察某一个截面上的 FLD 变化过程、厚度变化过程以及应变/应力等物理量的分布，其操作如下所述。

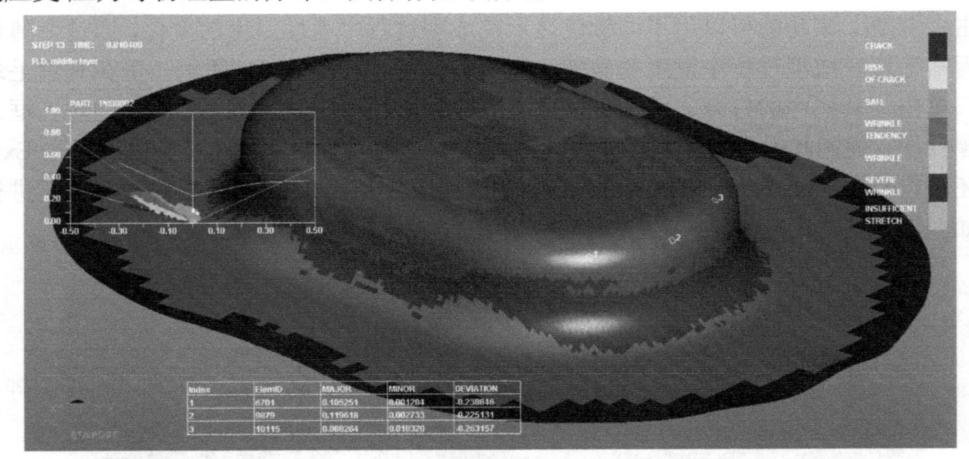

图 1-53　工件危险区域节点厚度数值

选择 Tool/Select cut 菜单项，弹出 1-56 所示的对话框。

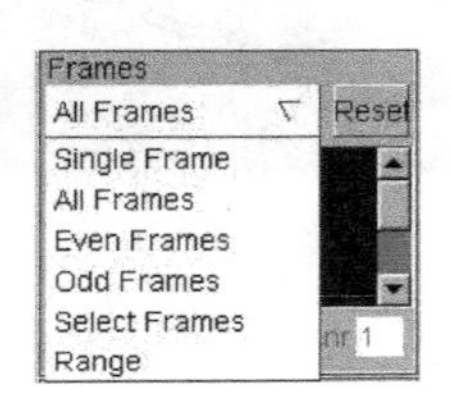

图 1-54 “帧类型”下拉列表框

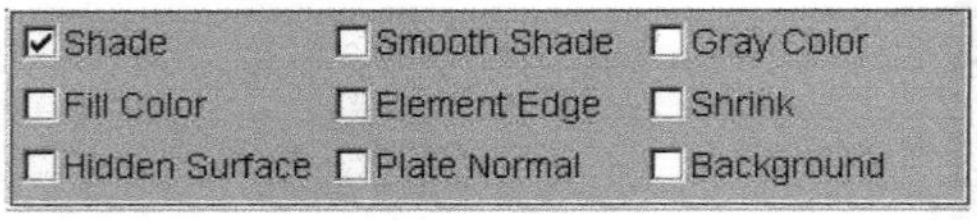

Shade　Smooth Shade　Gray Color
Fill Color　Element Edge　Shrink
Hidden Surface　Plate Normal　Background

图 1-55　光照选项

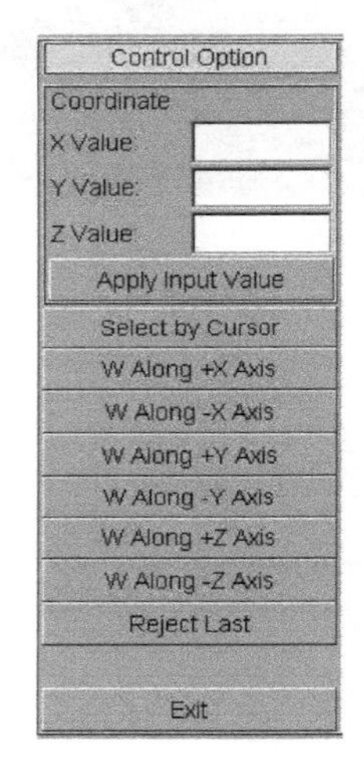

图 1-56　选择截面方式对话框

通过“选择截面方式”对话框列出的选择截面类型，先在工件上选取一点，在单击 W Along+X Axis，即从此点沿 X 方向选取截面，弹出对话框询问是否接受所选截面，如图 1-57 所示。Accept 选项表示接受所选截面，Cancel 选项表示返回重新选择，Exit 选项表示退出，如图 1-58 所示。选择完成后，可以对所选截面进行 FLD 变化过程、厚度变化过程以及应变/应力等物理量分布的操作，如图 1-59 所示。

2．动画制作

后处理具有通过对动画窗口的捕捉自动创建电影文件和 E3D 文件的功能。

选择 Frames 下拉列表框中的 All Frames 类型，单击“开始”按钮，如图 1-60 所示，然后单击 Record（录制）按钮，弹出如图 1-61 所示的对话框。选择保存录制动画的保存路径，单击 Save 按钮后，弹出选择压缩格式（Select compression format）对话框，如图 1-62 所示。选择不同的压缩程序，一般选择 Microsoft video 1，单击“确定”按钮保存文件，开始捕捉屏幕动画，并保存成为文件。

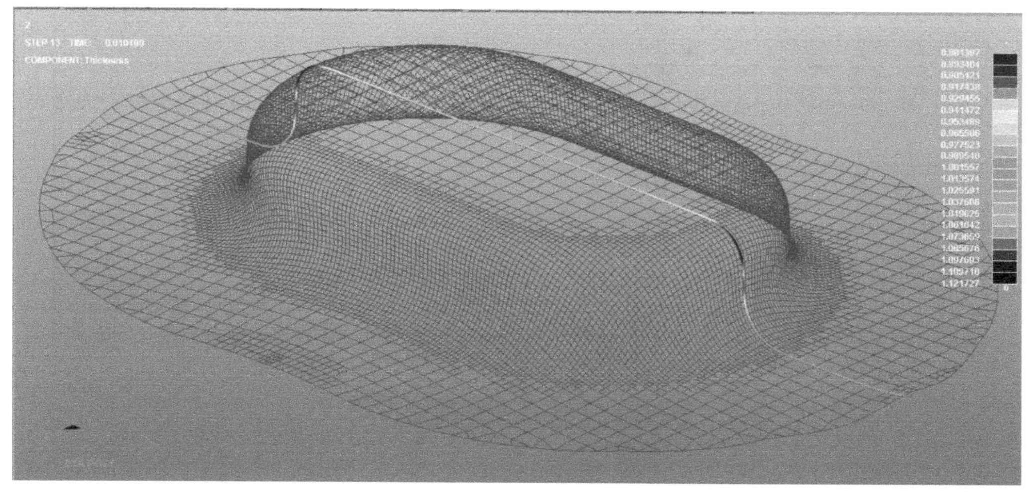

图 1-57 沿 X 方向选取的界面

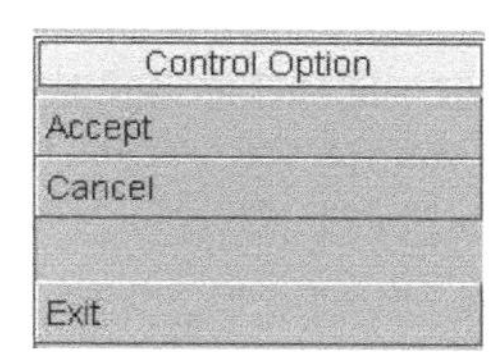

图 1-58 询问选择对话框

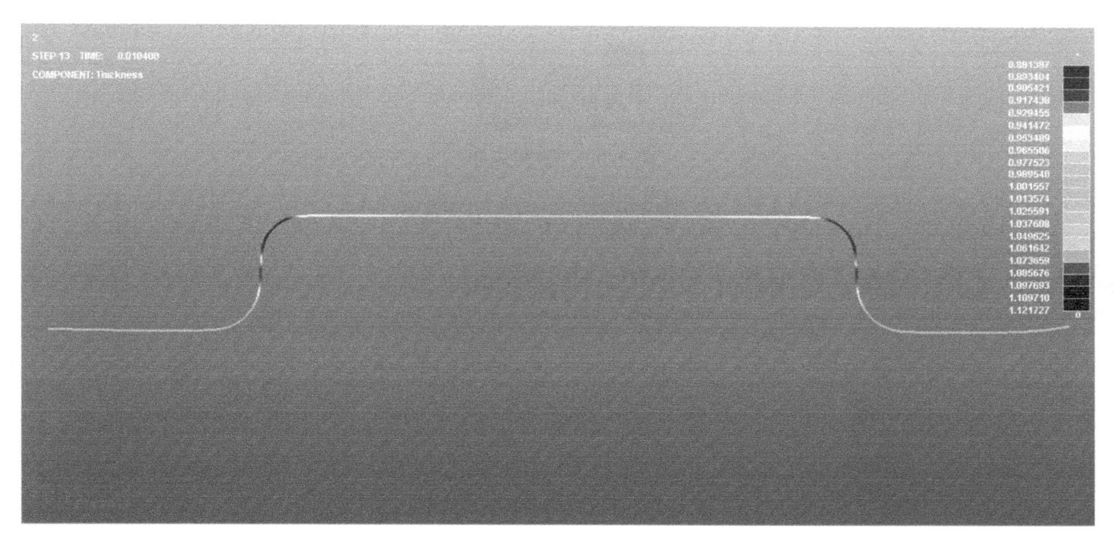

图 1-59 确定截面线所在的位置

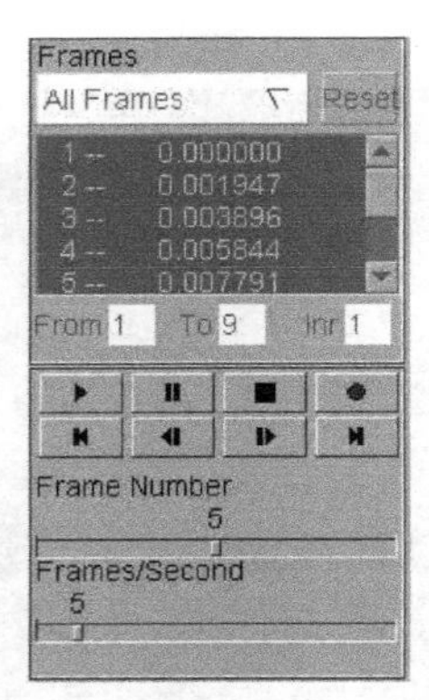

图 1-60　全选帧操作

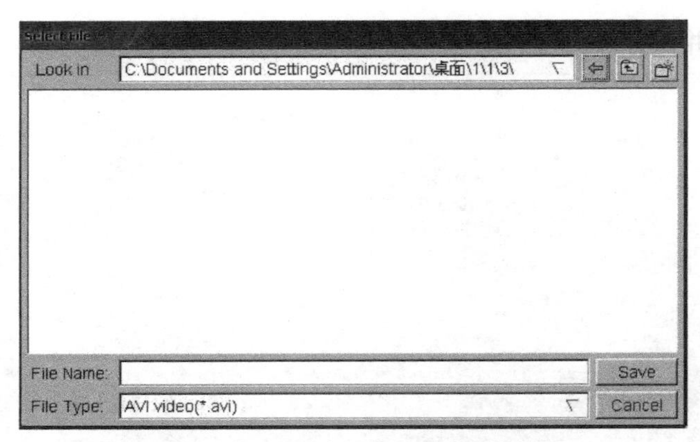

图 1-61　录制电影保存路径对话框

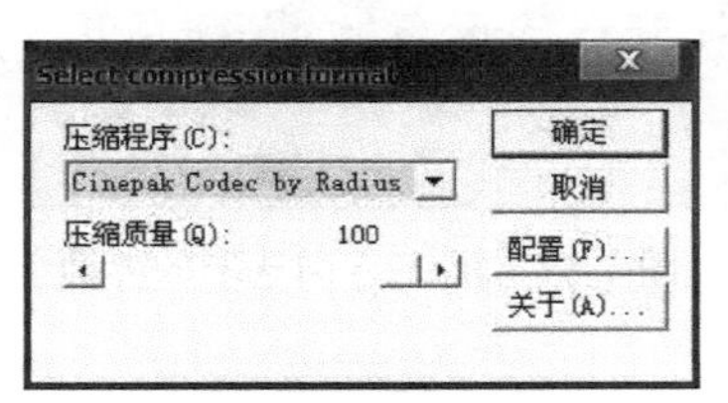

图 1-62　选择压缩格式对话框

1.3.15　帮助

帮助（Help）菜单提供在线帮助（Online Help），检查更新（Check Update）和版本信息（Version），如图 1-63 所示。

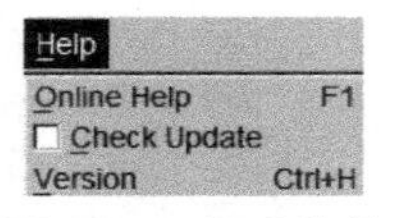

图 1-63　帮助菜单

1.4　DYNAFORM 软件的图标

如图 1-64 所示为 DYNAFORM 的图标栏，此栏是为了让用户在 DYNAFORM 中可以方便地使用一些常用的功能。用户只要单击图标就能激活这些功能，而不用在菜单中查找。

图 1-64　DYNAFORM 图标栏

1）NEW（新建）按钮

允许用户创建一个新的数据库文件。

2）OPEN（打开）按钮

允许用户打开一个已有的数据库文件。

3）IMPORT（导入）按钮

允许用户导入文件，如 IGES、VDA 等到当前的数据库中。

4）SAVE（保存）按钮

保存当前数据库。

5）PRINT（打印）按钮

生成一个显示区域的 postscript 文件，然后把该文件发送到打印机上（默认）或文件中。打印之前，必须初始化 postscript 驱动程序，使之适应 DYNAFORM 软件。

6）PART ON/OFF（打开/关闭零件层）按钮

打开或关闭零件层，单击该项，显示 PART TURN ON/OFF 对话框。

7）DELETE ALL UNREFERENCED NODES（删除所有的自由节点）

删除所有的自由节点，这些节点没有与之相关的网格单元。

8）VIRTUAL X ROTATION（绕 X 轴旋转）按钮

允许用户动态地旋转模型，随着光标的上下移动，模型绕全局 X 轴旋转。

9）VIRTUAL Y ROTATION（绕 Y 轴旋转）按钮

允许用户动态地旋转模型，随着光标的上下移动，模型绕全局 Y 轴旋转。

10）VIRTUAL Z ROTATION（绕 Z 轴旋转）按钮

允许用户动态地旋转模型，随着光标的上下移动，模型绕全局 Z 轴旋转。

11）SCREEN X　ROTATION（绕屏幕 X 轴旋转）按钮

允许用户动态地旋转模型，随着光标的上下移动，模型绕屏幕 X 轴旋转。

12）SCREEN Y　ROTATION（绕屏幕 Y 轴旋转）按钮

允许用户动态地旋转模型，随着光标的上下移动，模型绕屏幕 Y 轴旋转。

13）ACTIVE WINDOW（窗口局部显示）按钮

为了更详细地观察或编辑，此命令允许用户分离出一部分几何实体/模型。通过拖动窗口在需要分离的部位定义分离区域，DYNAFORM 显示并激活在这个窗口内的单元、直线和曲面，其他物体不显示并处于非激活状态。

14）SCREEN Z　ROTATION（绕屏幕 Z 轴旋转）按钮

允许用户动态地旋转模型，随着光标的上下移动，模型绕屏幕 Z 轴旋转。

15）FREE ROTATION（自由旋转）按钮

此功能是 SX 与 SY 结合。上下移动鼠标就是操作 SX，左右移动鼠标就是操作 SY，沿着对角线移动鼠标是这两种命令的结合。单击鼠标左键旋转停止，同时按住 Ctrl 键和鼠标左键此功能又会被激活。

16）PAN（平移）按钮

此命令能够让用户移动光标来移动模型。如果光标移出屏幕，光标会重现在屏幕中间。单击鼠标左键命令停止，同时按住 Ctrl 和鼠标中键又会被激活。

17）CURSOR ZOOM（指针缩放）按钮

用户首先选一个缩放基点，以此为中心的模型随着光标上下移动而放大或缩小。按住 Ctrl 键与鼠标右键会激活此功能。

18）WINDOW ZOOM（窗口缩放）按钮

用户首先在屏幕上通过鼠标选取窗口的一个角点，然后按住鼠标左键沿对角线拖动光标到想要的窗口尺寸。释放左键，窗口显示的部位就会全屏显示出来。

19）FREE HAND ZOOM（自由缩放）按钮

在显示区域内单击并一直按住鼠标左键，在此区域内画一个自由区域定义缩放窗口的区域，释放左键，所包含的区域就会全屏显示。

20）FILL（全屏显示）按钮

改变模型比例，包含所有属于打开零件层的实体，全屏显示自动缩放使之适合屏幕可视范围。

21）TOP VIEW（俯视图）按钮

从 TOP（上方）或 *XY* 平面显示模型。

22）LEFT VIEW 按钮

在 *XZ* 平面中自动显示模型。

23）RIGHT VIEW 按钮

在右面或 *YZ* 平面中显示模型。

24）ISOMETRIC VIEW（等轴视图）按钮

从等轴平面显示模型。

25）曲面网格划分（SURFACE MESH）按钮

在选定曲面上创建自动生成的网格。

26）坯料生成器（BLANK GENERATOR）按钮

通过边界线和曲线对平整毛坯进行网格划分，同时也可以生成管液压成型或者弯曲成型时的初始管状毛坯。

27）CLEAR（清除屏幕）按钮

清除屏幕上高亮的实体，如由 SHOW LINE、BOUNDARYCHECK、ID ELEMENTS、DEFINE TITLE 等命令生成实体。

28）REDRAW（重绘）按钮

允许用户刷新屏幕区域。目前 DYNAFORM 通常在每个命令之后刷新屏幕。有时一些特殊命令要求图形在更新的同时还有一些附加的操作，例如，当前用户在操作动态缩放时，同时显示单元的法向量，激活重画命令，将调整表示单元法向量的箭头大小。

29）UNDO（取消）按钮

取消最近操作。如果无内容取消，图标为灰色。

30）REDO（重做）按钮

重做最近操作。如果无内容可重新操作，图标为灰色。

1.5 DYNAFORM 软件的其他功能

1.5.1 显示控制选项

显示控制选项（Display Options）窗口位于屏幕右下角，如图 1-65 所示，显示当前零件层，并包含下列一些常用功能。

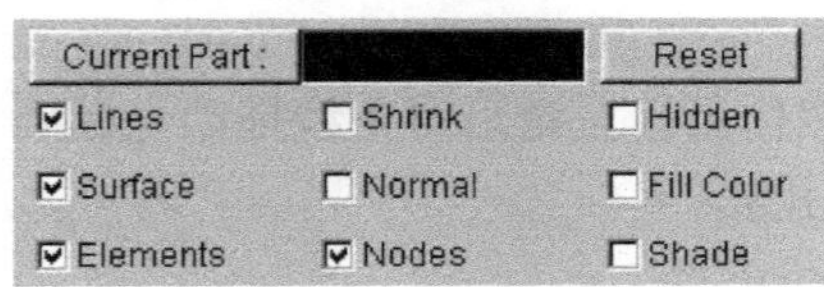

图 1-65　DYNAFORM 显示选项

1）重新设置（Reset）

恢复所有的选项至默认值。在默认情况下，显示控制参数中，线（Lines）、曲面（Surface）、单元（Elements）和节点（Nodes）参数都处于被选中状态，其他选项都处于非选中状态。

2）线（Lines）

开/关线显示。

3）曲面（Surface）

开/关曲面显示。

4）单元（Elements）

开/关单元显示。

5）收缩单元（Shrink）

收缩单元创建一单元图可减少 20%的尺寸。收缩单元在壳中或实体结构中对于查找任何少的单元也同样有效，如图 1-66 所示。

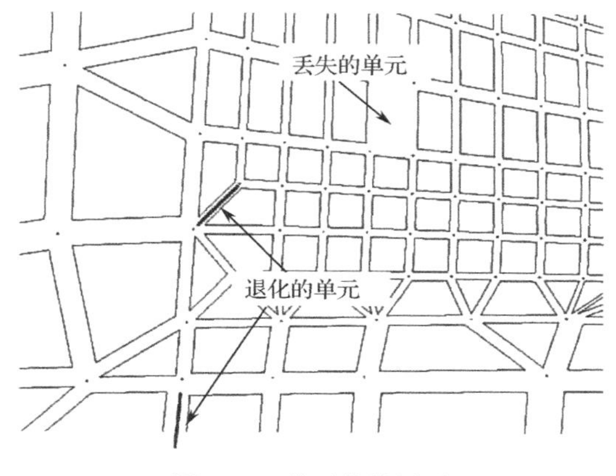

图 1-66　单元收缩显示

6）法线（Normal）

此功能可使用户用箭头来显示单元法线方向，箭头位于单元的中心并且垂直于单元曲面。对于一实体单元，箭头点对着单元曲面的底部。

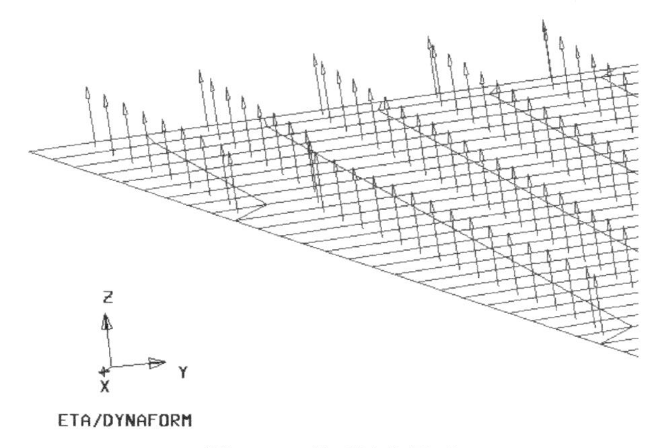

图 1-67　单元法向显示

7）节点（Nodes）

开/关节点显示。

8）隐藏（Hidden）

此功能提高了模具的三维模拟的完整性。当使用 Shading 和 Hidden Surface 命令时，用户可按下隐藏线 On/off，创建不透明的单元，可以防止背景中的物体显示通过前景中的物体。

9）填充色选项（Fill Color）

填色功能满足了指定色显示单元。当单独使用时，此功能不能够显示模具的深度透视图，零件层可显示弯曲或相互穿透。但是，当结合 Hide Plot 选项使用时，填色命令显示了零件层精确的三维透视图。

10）渲染（Shade）

显示的网络单元就好像是被灯光照射似的，没有直接暴露在灯光下的单元被阴影化，以模拟实际的阴影效果。

1.5.2 鼠标功能

DYNAFORM 的大多数功能通过鼠标左键来实现。在选择某一功能时，用户可通过鼠标指向某一按钮，然后单击鼠标左键来选择此功能。有时也利用鼠标中键去实现一些功能，例如，创建线、选择节点和单元等；鼠标上的 3 个键可分别与 Ctrl 键组合来进行旋转、平移和缩放。

1.5.3 规格

DYNAFORM 标准版是以 PC 和 Linux/UNIX 为基础的工作站，每个数据库都有如下限制：

150000	线
900000	点
8000	曲面
600000	边缘点（曲面）
600000	边界线（曲面）
500000	单元
500000	节点
1000	属性
1000	材料
1000	零件层
1000	局部坐标系
8	零件层，材料，属性名的长度

1.5.4 几何数据

DYNAFORM 可以直接读取 IGES、VDA 以及 DYNAFORM/FEMB 的几何数据（线和面），它同样可以在本地库中直接读取 CATIA 以及 UG 零件。

1.5.5 推荐命名规范

在 DYNAFORM 中命名规范包括在文件名后添加扩展名以标识文件类型，适合的文件名列在文件对话框的选择区域。DYNAFORM 使用文件的扩展名如下所述。

（1）DYNAFORM 数据库文件名：filename.df。
（2）DYNAFORM 几何数据文件名：filename.lin。
（3）IGES 几何数据文件名：filename.igs 或 filename.iges。
（4）VDA 曲面数据文件名：filename.vda 或 filename.vdas。
（5）AutoCAD 数据交换文件名：filename.dxf。
（6）STL 文件名：filename.stl。
（7）ACIS 文件名：filename.sat。
（8）CATIA4 数据库文件名：filename.model。
（9）CATIA5 数据库文件名：filename.CATIAart。
（10）STEP 文件名：filename.stp。
（11）UG 数据库文件名：filename.prt。
（12）NASTRAN 导入格式文件名：filename.nas 或 filename.dat。
（13）LS-DYNA 导入格式文件名：filename.dyn。
（14）LS-DYNA 模拟文件名：filename.mod。
（15）LS-DYNA 导入格式文件名：filename.k。
（16）LS-DYNA 导入格式文件名：dynain。
（17）ABAQUES 导入格式文件名：filename.inp。

当读取 line 数据文件时，eta/DYNAFORM 会提示输入 line 数据文件名目录里的文件名，即带有.lin 的文件名都列在选择区域，用户可以选择适当的文件名。如果希望在同一目录下导入多个文件，则可以在选择了文件名后单击 IMPORT。对话框将会一直打开直到单击了 OK 或 CANCEL 按钮。命名规范有利于更方便地选择文件名，组织用户的工作目录。

1.5.6 对话框

在整个程序中，DYNAFORM 综合运用不同的对话框（Dialog Boxes）来实现各种功能。对话框底部有执行、取消、重置或者关闭对话框的按钮，按钮功能如下所述。

1）退出（Abort）

中断当前操作，退出对话框。

2）应用（Apply）

执行当前操作，不退出对话框。

3）返回（Back）

返回到前一对话框。

4）取消（Cancel）

取消当前操作。

5）关闭（Close）

关闭当前对话框。

6）完成（Done）

结束对话框当前步骤，继续下一步骤。

7）退出（Exit）

退出当前对话框。

8）确定（OK）
接受对话框数据，继续下一步骤。
9）撤销（Undo）
取消上一步所做的操作。
10）拒绝（Reject）
取消前一个选择。

1.5.7 属性表

DYNAFORM 允许用户在表格里输入材质、单元、拉深筋等各种属性，表格里的数据项可以用不同的方式编辑。用户单击鼠标能够在数据域里的特定点插入数据；单击并拖动光标可高亮被选择的部分；双击可高亮该项数据，用键盘输入新的有效值。表格保存改变的值一直到下次重新设置。大部分参数被组织分为两类：标准参数与高级参数。屏幕上只显示标准参数（如图 1-68 所示）。表格底部的确定（OK）、高级（Advanced）、默认（Default）、重置（Reset）和取消（Cancel）按钮允许用户接受或者拒绝数据，具体如下所述。

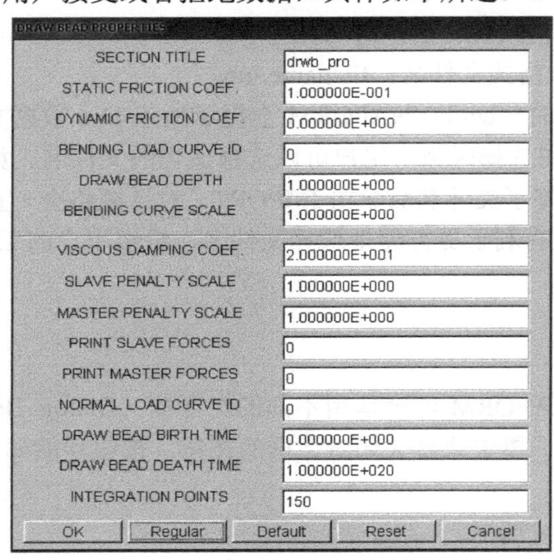

图 1-68 属性表

1）确定（OK）
接受当前显示值并退出属性表。
2）高级（Advanced）
激活高级参数。高级参数一旦被激活，高级（Advanced）标签就变成标准（Regular）。
3）默认（Default）
将所有数据项恢复设置为默认值。
4）重置（Reset）
将新的设置恢复到前一状态。
5）取消（Cancel）
退出，不改变任何输入。

Chapter 2

第2章 模面工程和坯料排样

2.1 模面工程

2.1.1 导入零件几何模型并保存

（1）打开软件窗口，在安装目录或开始菜单中单击可执行文件 Dynaform.exe，进入前处理界面。

（2）导入零件几何模型，单击菜单 DFE（模面工程）→Preparation（准备），弹出 DFE Preparation（DFE 准备）对话框，进行导入，如图 2-1 所示。

（3）在弹出的对话框中更改文件类型为 IGES（*.igs，*.iges），选择文件 momian.igs 并双击，则文件就被导入 DYNAFORM 中。

（4）单击菜单 File（文件）→Save As（另存为），在弹出的对话框中输入文件名 momian.df，然后单击保存按钮，保存数据库。

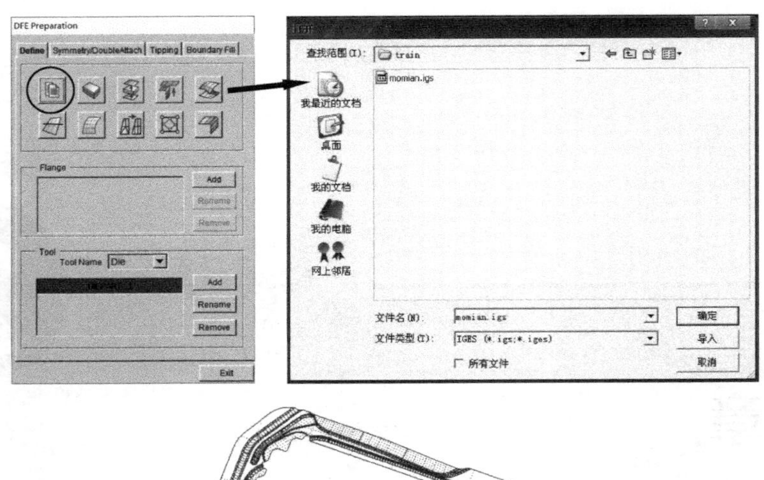

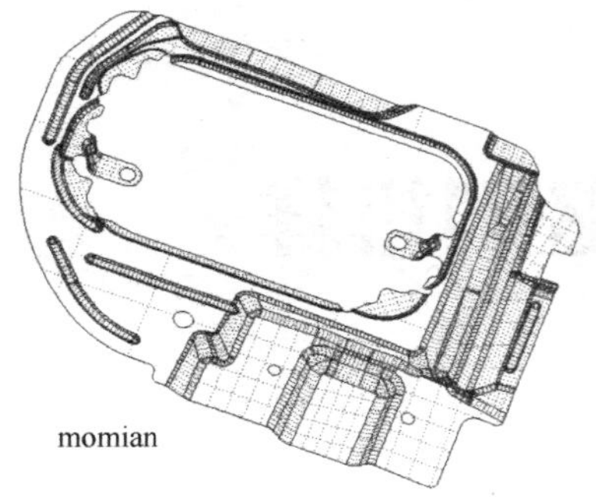

图 2-1　导入文件

2.1.2　划分网格

（1）创建一个新零件，首先选择菜单 Parts（零件）→Creates（创建），在弹出的对话框名称栏输入 DIE，单击 Apply（应用）按钮，就创建了一个新零件，并自动设为当前零件。

（2）在菜单 DFE 的 Preparation（准备）子菜单中选择 Mesh Tool（网格工具）选项，弹出 Surface Mesh（曲面网格）对话框，单击 Select Surface（选择曲面）按钮，在弹出的对话框中选择 Displayed Surf（显示曲面）选项，这样在屏幕区域的曲面将被全部选中，如图 2-2 所示。

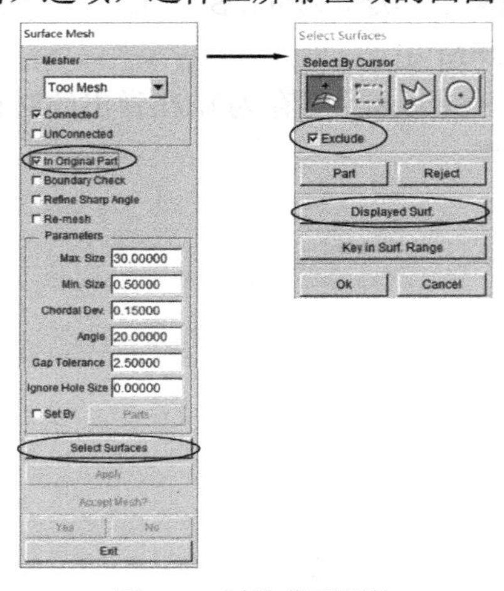

图 2-2　划分曲面网格

（3）在 Select Surface（选择曲面）对话框中选中 Exclude（排除），然后选择两处凸缘面，如图 2-3（a）所示，则所选曲面将被排除在选择集之外。

（4）单击 OK 按钮，返回如图 2-2 所示的曲面网格对话框并修改网格最大尺寸为 20，单击 Apply（应用）按钮接受网格，划分好的网格如图 2-3（b）所示。

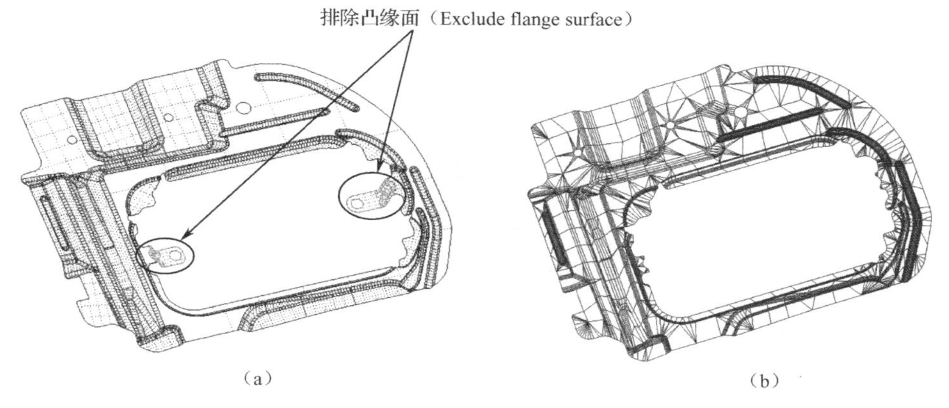

图 2-3　选择曲面

2.1.3　检查并修补网格

在 Preparation 的菜单中选择 Model Check/Repair（模型检查/修补）选项，如图 2-4 所示，在弹出的对话框中，依次选择 Boundary Display（边界显示）、Overlap Element（重叠单元）、Plate Normal（平板反向）等按钮，检查不合格的单元（可以让鼠标在按钮上停留片刻，则会出现相应图标的提示）。

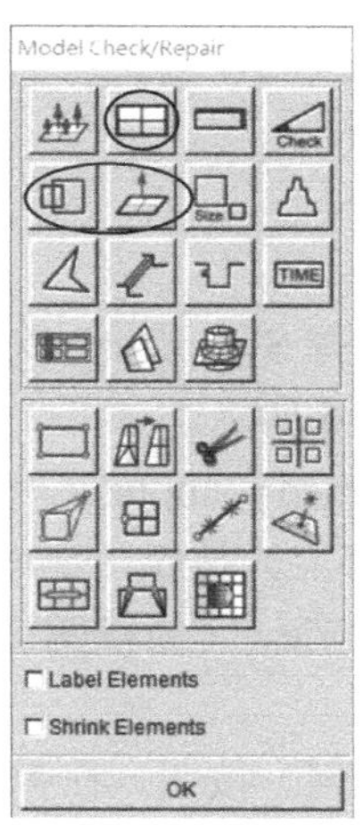

图 2-4　模型检查/修补对话框

在 Preparation 的菜单中选择 Mesh Repair（网格修补）选项，对不合格的网格进行修补。

2.1.4　冲压方向调整

（1）在 Preparation 的菜单中选择 Tipping（冲压方向调整）选项，弹出如图 2-5（a）所示的对话框。

（2）单击 Add（添加）按钮，添加当前零件为凹模。

（3）在弹出的对话框中，选择 Undercut 选项，如图 2-5（a）所示，则屏幕区域显示如图 2-5（b）所示。

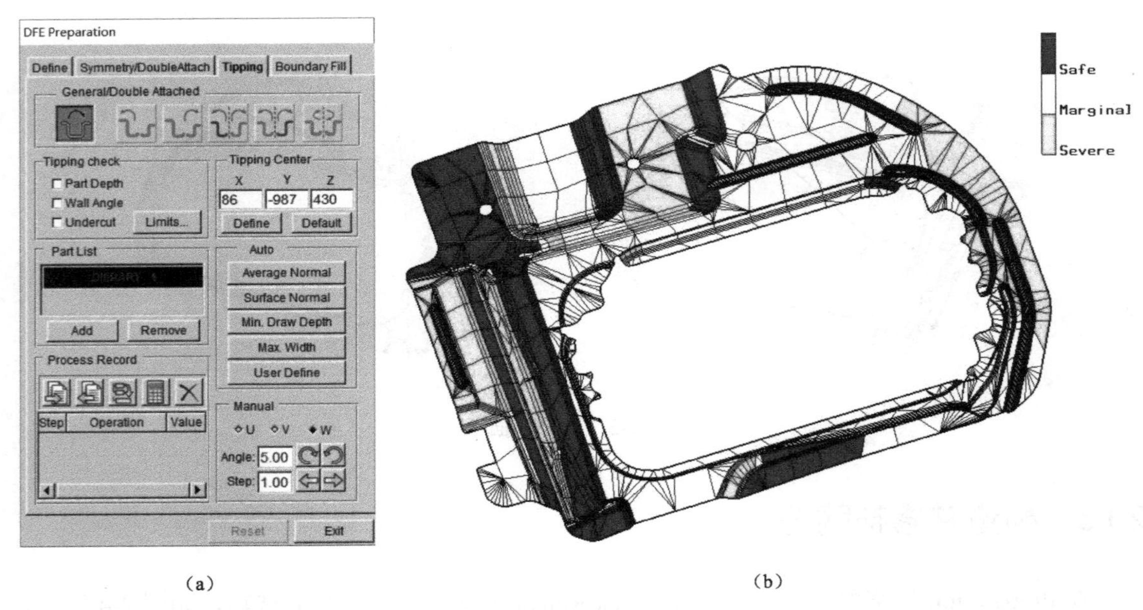

（a） （b）

图 2-5 冲压方向调整

Undercut 选项用来检查凹模中是否存在冲压负角的地方，绿色区域为安全区域，红色区域标识拉延角度小于 0° 的区域。

（4）因为本零件的方向合适，不需要进行调整，所以单击 Exit 按钮退出 Tipping。

2.1.5 镜像网格

（1）依然在 Preparation 的菜单中选择 Symmetry（对称）选项，弹出 Symmetry 对话框，单击 reset（重置）命令按钮，结果如图 2-6 所示。

（2）在对话框中选择 Half Symmetry Input（一半对称输入）选项，对称类型设为 Two-xy-Points，单击 Select Points（选择点）按钮，在网格的对称面上选择两点作为对称轴。

（3）选好两点后，把视图设为 Top View（俯视图），结果显示如图 2-7（a）所示，横向箭头表示对称轴方向。

（4）单击 Mirror Geometry（镜像几何）按钮，在弹出的对话框中选择 DIE 零件，单击 OK 按钮，则程序自动把原来网格的对称网格生成出来，如图 2-7（b）所示。

（5）单击 Exit 按钮退出 Preparation 对话框，单击 Save 按钮保存数据库。

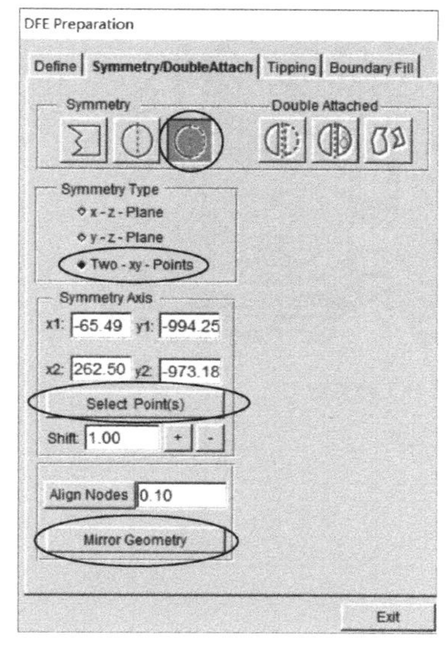

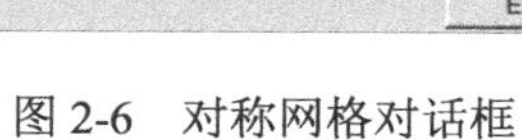

图 2-6　对称网格对话框

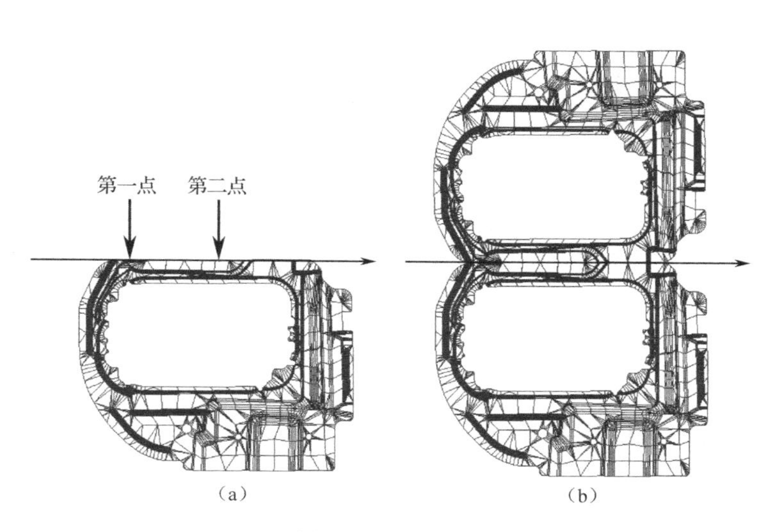

图 2-7　镜像结果

2.1.6　内部填充

（1）首先创建一个新零件，单击 Parts→Create，输入名称 FILL，单击 OK 按钮。

（2）选择菜单 DFE→Preparation，在 BoundaryFill（边界填充）选项卡中选择 INNER（内部填充）选项，如图 2-8 所示。

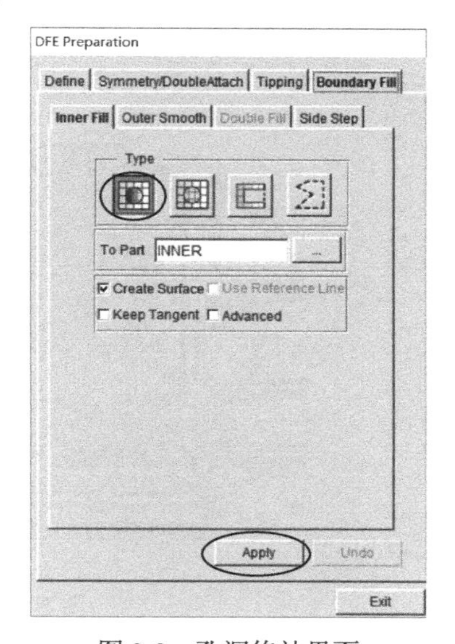

图 2-8　孔洞修补界面

（3）单击 Auto Fill（自动填充）按钮，并单击 Apply，单击鼠标中键则在网格中的空白区域将自动填充网格，如图 2-9 所示。

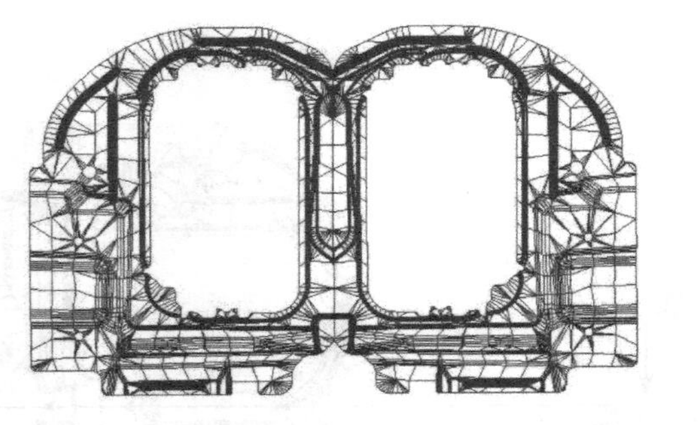

（a）填充前

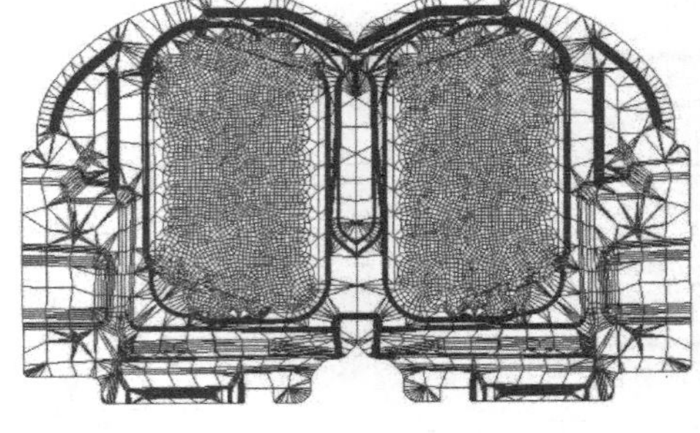

（b）填充后

图 2-9 填充结果

2.1.7 外部光顺

（1）在 Preparation 的下拉菜单中单击 Outer Smooth（外部光顺）选项，保留弹出对话框中默认的 Roller（滚动）选项，保留零件名称为 DIE_SMH，并把自动生成的网格放在其中。

（2）在 Roll Radius（滚动半径）栏中输入 300.00，如图 2-10 所示。

（3）单击 Create Boundary（创建边界）按钮，完成后 Fill Boundary（填充边界）按钮被激活，单击它，则填充的图形如图 2-11 所示。

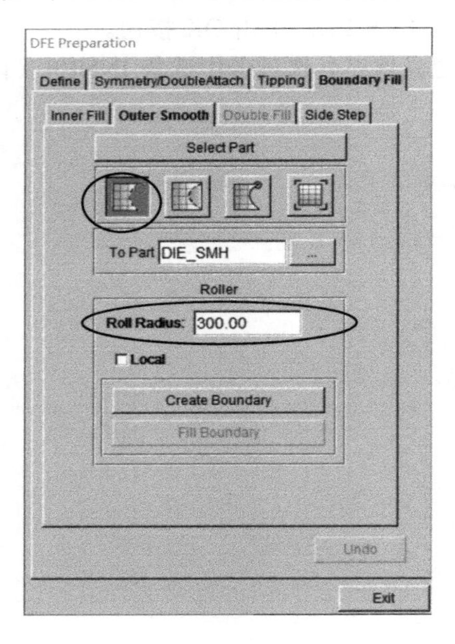

图 2-10 外部光顺对话框

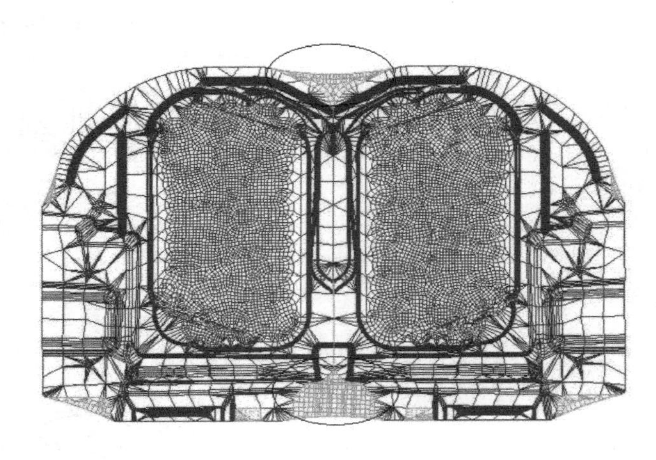

图 2-11 光顺结果

2.1.8 创建压料面

（1）选择菜单 DFE→Binder（压料面），弹出如图 2-12（a）所示的对话框。

（2）单击 Flat Binder（平压料面）按钮，设定压料面类型为平压料面。

（3）确定压料面尺寸。在 Margin 栏中输入 400，在 Shift 栏中输入 100。

（4）单击 Define Binder Orientation（定义压料面方向）按钮，屏幕区域的图形显示如图 2-12（b）所示，此时单击鼠标中键确认。

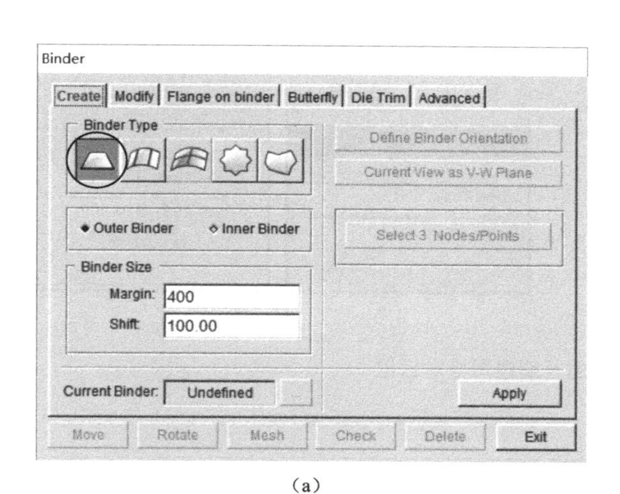

（a）

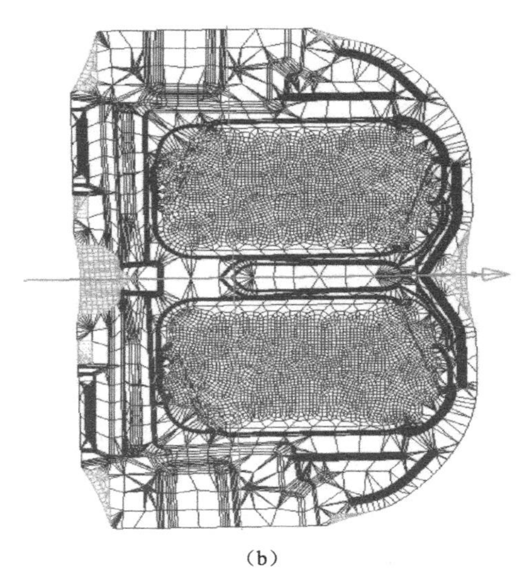

（b）

图 2-12　创建压料面

（5）单击 Create（创建）按钮，则压料面被创建出来，如图 2-13 所示。

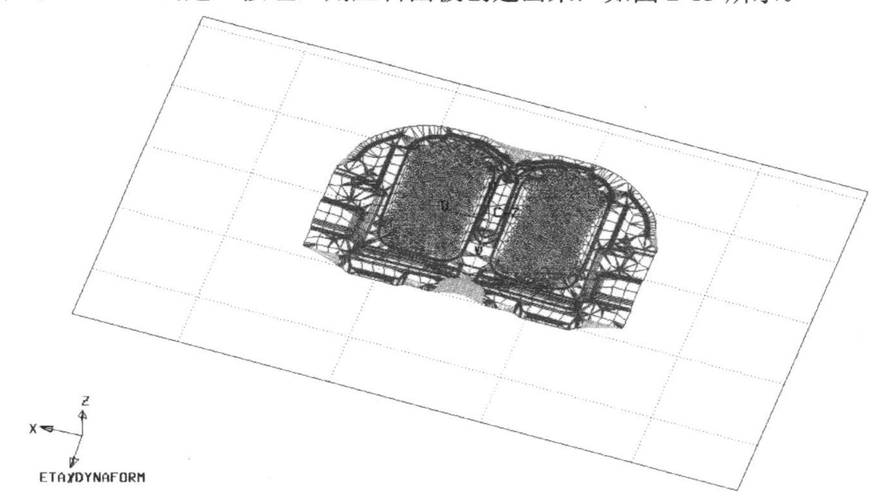

图 2-13　压料面

（6）单击 Mesh（划分压料面网格）按钮，弹出 Element Size（单元尺寸）对话框，如图 2-14（a）和（b）所示，在最大和最小尺寸栏中输入 20，单击 OK 按钮，生成压料面网格，如图 2-15 所示。

（7）单击 Move Binder（移动压料面）按钮，弹出 UVW Increments（UVW 增量）对话框，在运动方向（Move Direction）项目中选择 W 方向，并在文本域中输入 60，如图 2-14（b）所示，单击 Apply 按钮，则压料面就向 W 正方向移动了 60mm。

（8）单击 Save 按钮保存数据库。

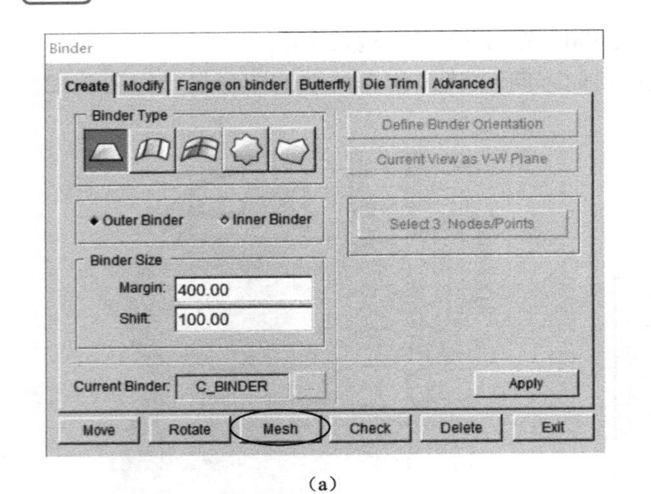

（a）

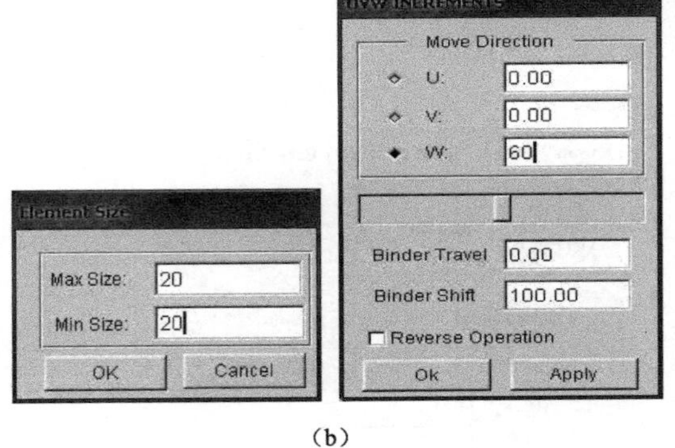

（b）

图 2-14　移动压料面及创建网格对话框

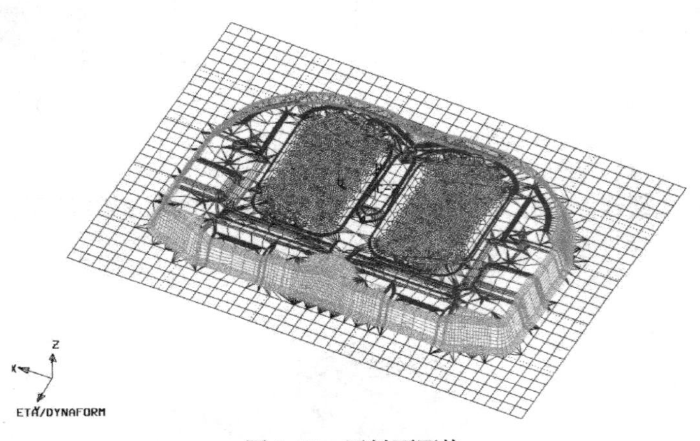

图 2-15　压料面网格

2.1.9　创建过渡面

（1）单击 DFE，在其下拉菜单中选择 Addendum（过渡面）选项，弹出 Addendum Generation（过渡面生成）对话框。

（2）单击 New 按钮，弹出 Master（主轮廓）窗口，在 Profile Type（轮廓类型）中选择 type2（类型 2），单击 OK 按钮，则在主轮廓文本域中就显示刚刚选择的主轮廓，命名为 Master1（type2），如图 2-16 所示。

（3）创建过渡面。单击 Assign（指定）按钮，弹出 Insert Addendum（插入过渡面）对话框。默认选择 Outer（外部）选项，如图 2-17 所示。

（4）程序自动设置零件 C_BINDER 为压料面零件，单击 Apply 按钮，自动生成过渡面，如图 2-18 所示。如果希望分段生成过渡面，则可以选择 By Segment（通过分段），程序提示选择该段过渡面的起点和终点位置。对于内过渡面，则可以选择过渡面的类型为 Inner（内过渡面），对于特殊界面拐角的部位，可选择过渡面类型为 Corner（拐角）自动生成。

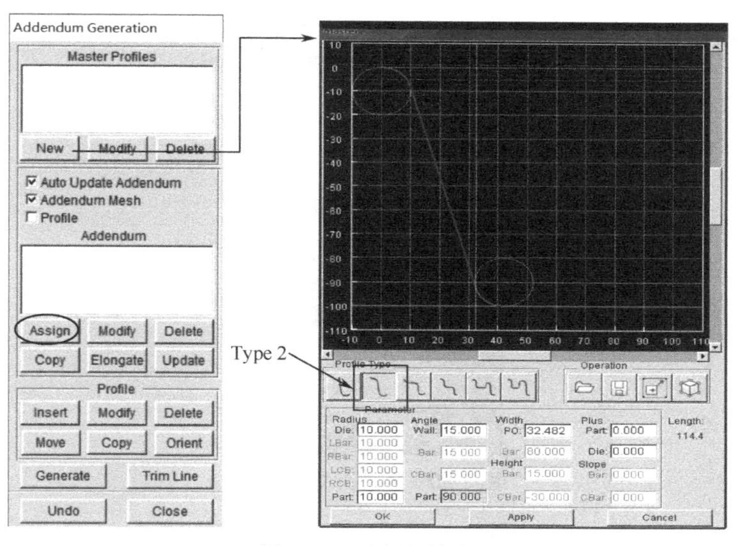

图 2-16　选择主轮廓

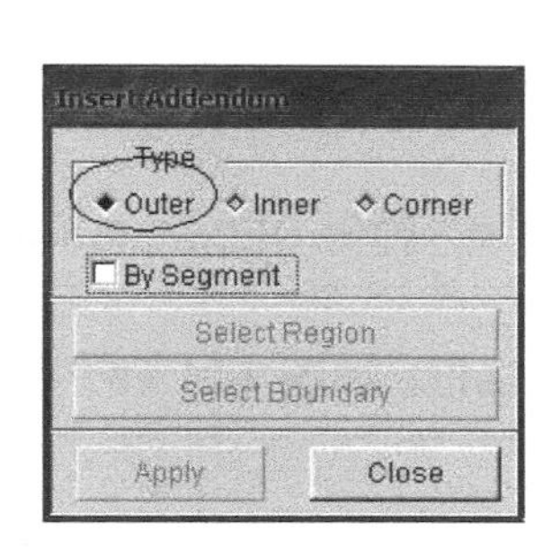

图 2-17　插入过渡面

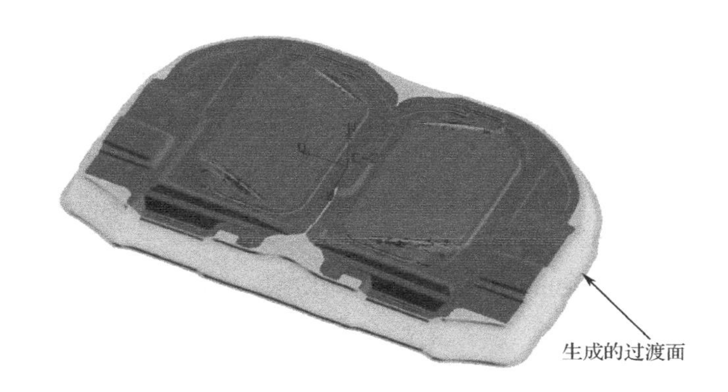

图 2-18　生成的过渡面

（5）创建过渡面曲面。在图 2-16 所示的创建过渡面对话框中，单击 Surface 按钮，则自动生成过渡面曲面，如图 2-19（b）所示。

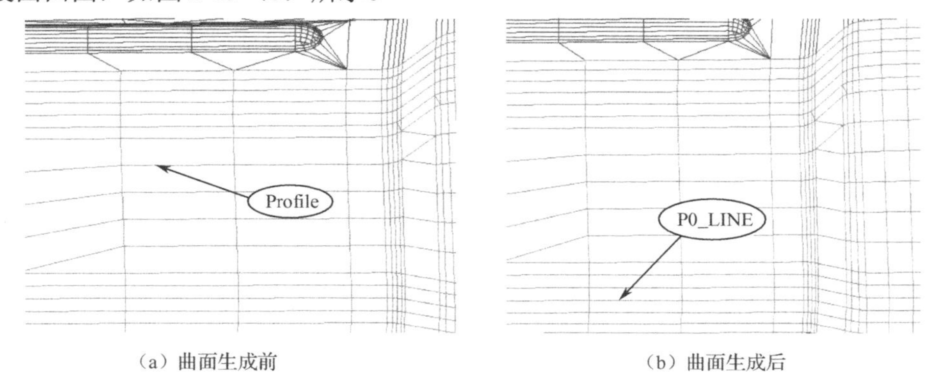

（a）曲面生成前　（b）曲面生成后

图 2-19　过渡面曲面

（6）单击 Close（关闭）按钮，退出创建过渡面对话框。

（7）单击工具条中零件开关按钮，弹出 Part Turn On/Off（显示/隐藏零件层）对话框，可以发现程序自动生成了 PROFILE、POP_LINE 和 ADDENDUM 3 个零件，如图 2-20 所示。

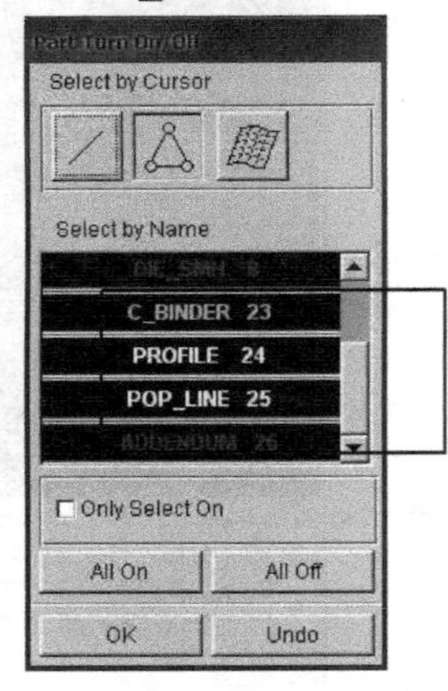

图 2-20　零件开关对话框

（8）单击 Isometric View（等角视图）按钮，并选择右下角 Shade（渲染）选项，查看一下生成的过渡面。

（9）单击 Save 按钮保存设置。

2.1.10　切割压料面

（1）选择菜单 DFE，在下拉菜单中选择 Modification（修改）选项，弹出 DFE Modification 对话框，如图 2-21（a）所示。

（2）选择 Binder Trim（压料面切割）选项，弹出 Binder Trim 对话框，如图 2-21（b）所示。

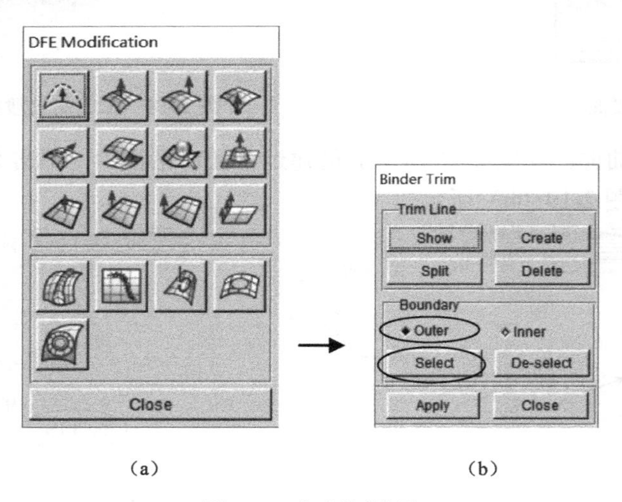

（a）　（b）

图 2-21　切割压边圈

注意：此时程序生成了一个临时零件 BNDTRIML 并被设为当前零件，如图 2-22 所示，而且在过渡面的边缘自动生成一条线。

（3）选中 Outer（外部）选项，单击 Select（选择）按钮，弹出 Select Line（选择线）对话框，如图 2-23 所示。

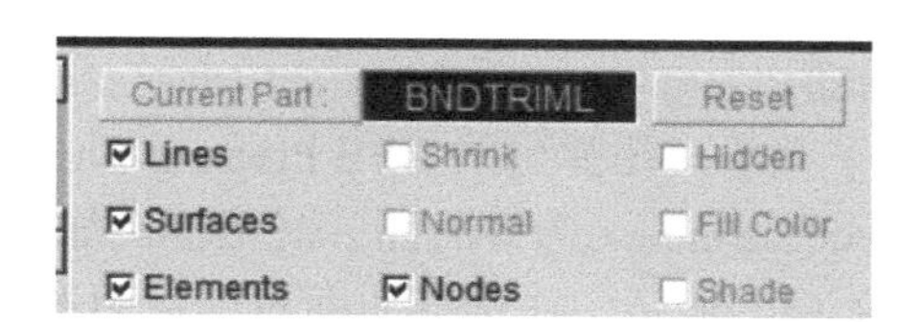

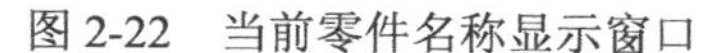
图 2-22　当前零件名称显示窗口

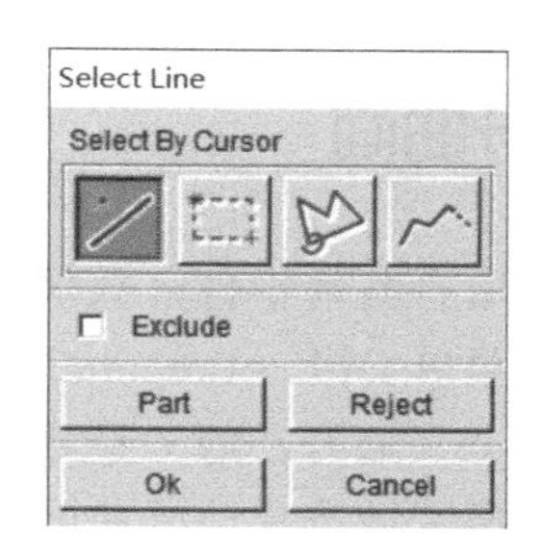

图 2-23　选择线对话框

（4）在屏幕区中选择自动生成的线，选中后曲线以白色显示，如图 2-24 所示，单击 OK 按钮，返回 Binder Trim 对话框。

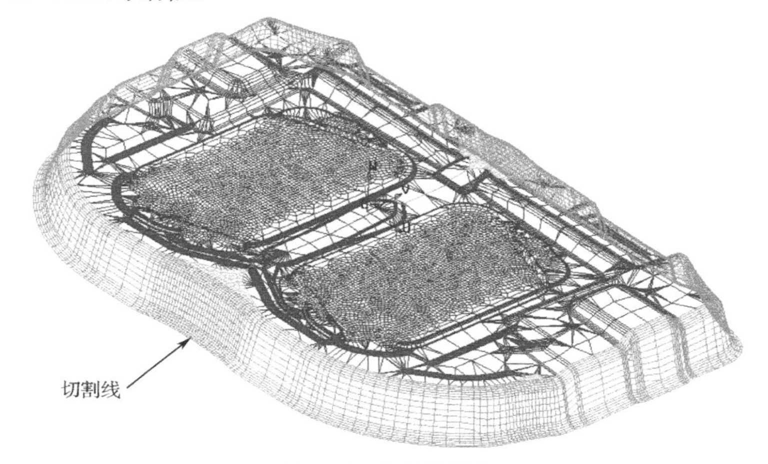

图 2-24　选择切割线

（5）单击 Apply 按钮，弹出一个 Dynaform Question（Dynaform 问题）对话框，询问是否用显示的线来切割压料面。

（6）单击 Yes 按钮，则完成了压料面的切割，切割后的压料面如图 2-25 所示。

（7）单击 Save 按钮保存设置。

（8）显示所有的零件，并选择 shade（渲染），则生成的模面如图 2-26 所示。

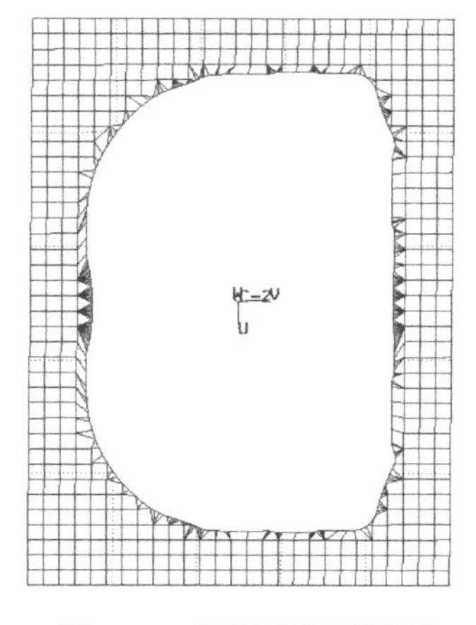

图 2-25　切割后的压料面

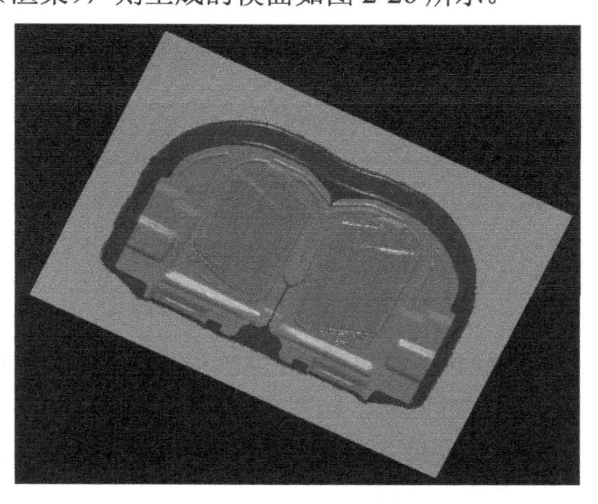

图 2-26　生成的模面

2.1.11　展开曲面

（1）关闭所有其他零件，只保留初始的曲面。

（2）选择菜单 DFE→Preparation（准备）子菜单，在弹出的 DFE Preparation 对话框中，选择 Unfold Flange（展开凸缘）选项，弹出 Select Surface（选择曲面）对话框，如图 2-27 所示。

（3）在屏幕区域选择凸缘曲面，如图 2-28（a）所示，在选择曲面对话框中单击 OK 按钮，则程序自动计算出基线并以粗线条显示，如图 2-28（b）所示。

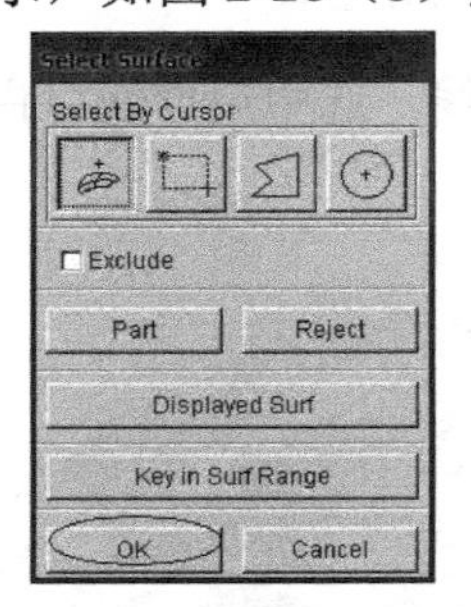

图 2-27　选择曲面对话框

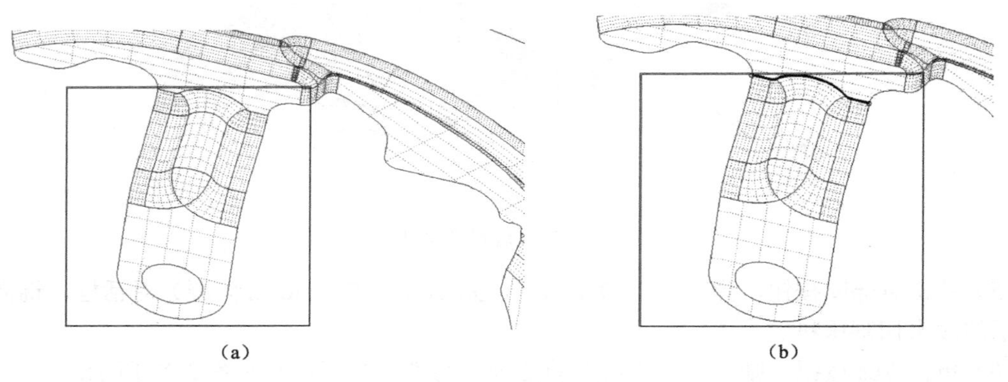

（a）　　（b）

图 2-28　凸缘曲面

（4）在 Select Option（选择选项）对话框中选择 Accept（接受）菜单，弹出 Input Bent Angle（输入弯曲角）对话框，如图 2-29 所示。

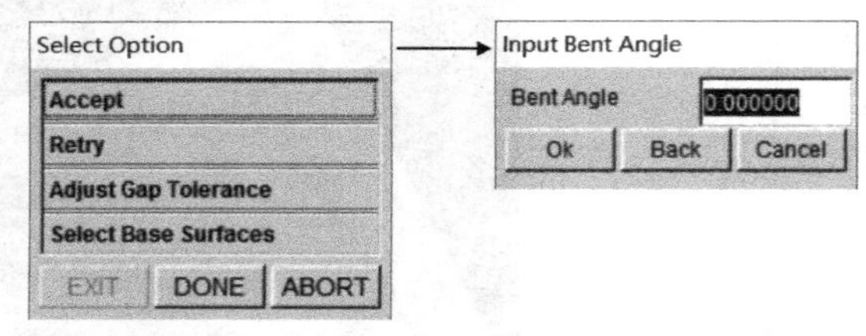

图 2-29　选择选项及弯曲角设置对话框

（5）保留默认值，单击 OK 按钮，则凸缘曲面被展平，如图 2-30（a）所示，弹出 Control Keys（控制键）对话框，如图 2-30（b）所示。

（6）选择 Unfold Another Flange（展开其他凸缘）选项，按照相同的方法展开其他凸缘，完成后单击 DONE 按钮，结束曲面展开工作。

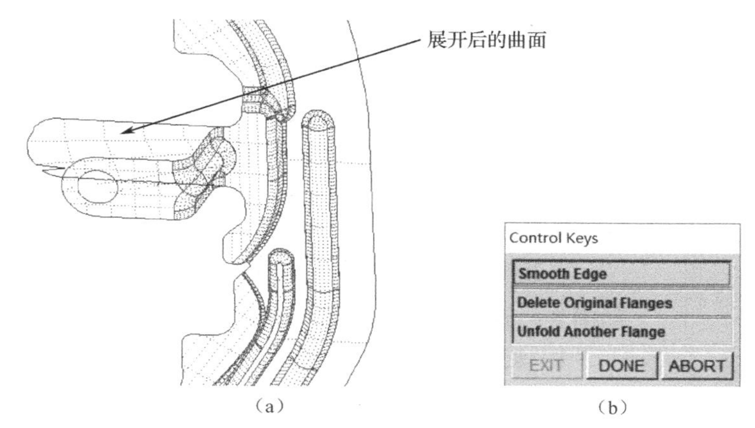

（a）　（b）

图 2-30　展平结果及控制键对话框

（7）单击 EXIT 按钮退出 DFE Preparation 对话框。

（8）单击 Save 按钮，保存数据库。

2.2 毛坯的排样

选择 BSE/Development（改善）菜单项，如图 2-31 所示，弹出 Development 对话框，如图 2-32 所示。单击 Blank Nesting（毛坯排样）对话框选项，弹出 Blank Nesting（毛坯排样）对话框，如图 2-33 所示。其中排样操作有单排、对排、对称排、双排以及混排五种类型，如图 2-34 所示。

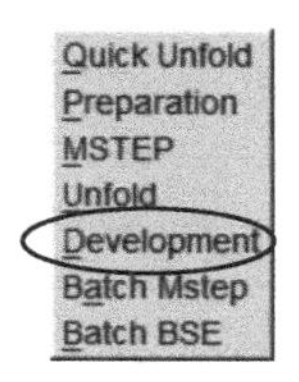

图 2-31　BSE 下拉菜单

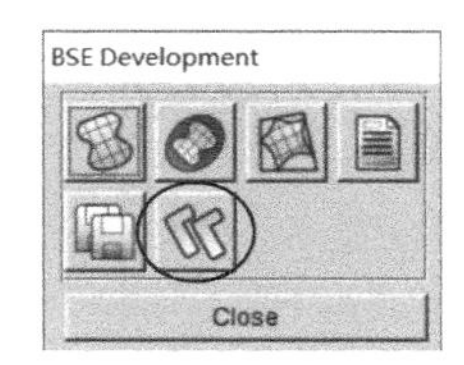

图 2-32　BSE Development 对话框

图 2-34　毛坯排样类型

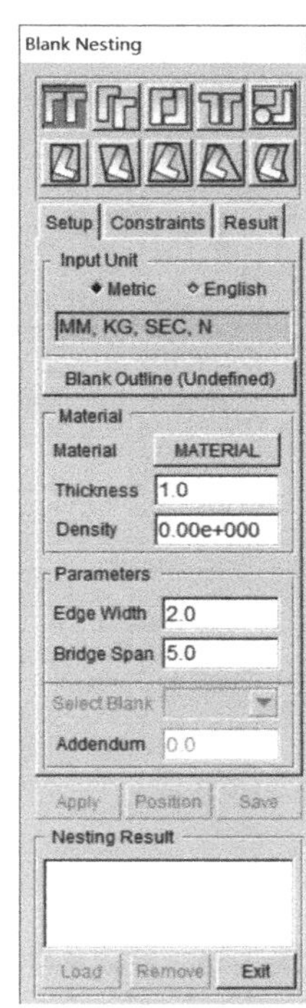

图 2-33　Blank Nesting 对话框

下面将对这些排样类型的具体操作进行说明。

1．单排（One-up Nesting）工具按钮

此排样类型可以在带料上进行排样。如图 2-33 所示，单击 Profile（Not Defined）（轮廓未定义）按钮，弹出 Select Line（选择线）对话框，如图 2-35 所示。从提供的选择线方式中选择一条封闭曲线定义板坯的轮廓。

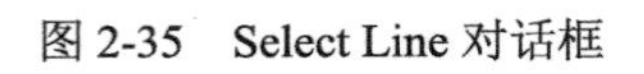

图 2-35 Select Line 对话框

选择完成后，图 2-35 中 Profile 按钮后面的 Not Define 字符自动消失，这表示毛坯轮廓线定义完成。

1）Setup（设定）选项卡

单击图 2-33 中的 Setup（设定）标签，会出现如图 2-36 所示的 Setup 选项卡，可以进行参数及材料属性定义。

（1）在 Parameters（参数）选项区域中，可以设置参数来控制排样过程中的搭边值大小和尺寸缩放余量。

Coil Edge（条料搭边）：定义零件与设置条料边缘间的搭边值大小。

Part Bridge（工件搭边）：定义零件与零件之间的搭边大小。

（2）在 Addendum（扩大补充量）选项区域中的数值是用来定义毛坯零件的尺寸放大余量大小。

（3）在 Material（材料）选项区域中，可以定义材料的属性。定义完成后，材料厚度和密度会显示在下面的文本中。

2）Constraints（约束）选项卡

单击 Constraints（约束）标签，会显示如图 2-37 所示的 Constraints 选项卡，用来对毛坯排样进行约束控制，包括对条料的宽度约束以及零件在条料上的角度约束。

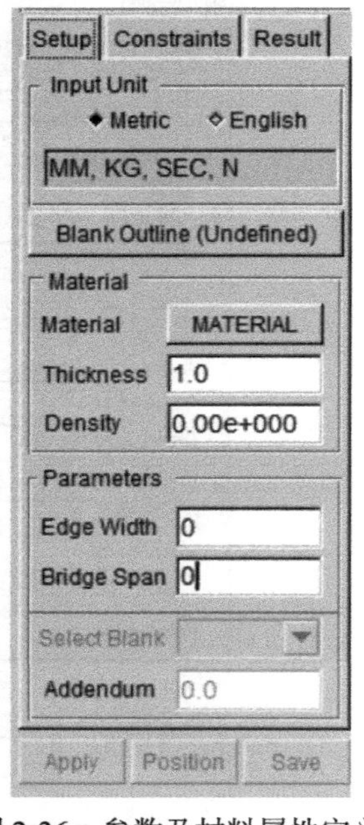

图 2-36 参数及材料属性定义

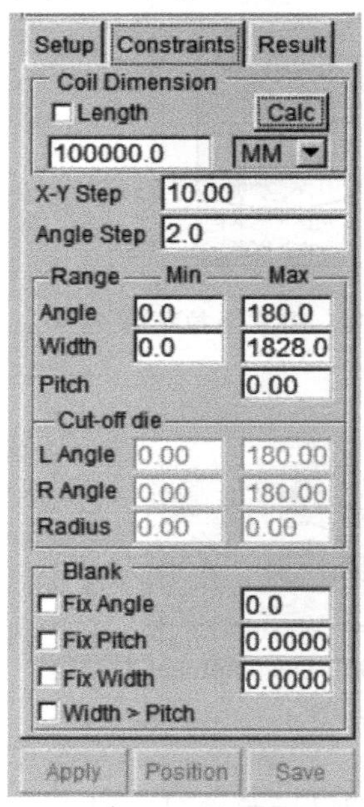

图 2-37 约束定义

（1）在 Dimension（尺寸）选项区域中，Width（宽度）用来约束条料的宽度。可以通过选择输入宽度的最小值和最大值约束条料宽度；或者通过选择 Fix（固定），固定条料宽度进行排样约束。单击 Length（长度）复选项，通过给定条料长度来对条料进行约束。

（2）在 Angle（角度）选项区域中可以通过输入角度最小值和最大值来对零件进行角度约束；或者单击 Fix 复选框，通过输入角度来对零件在条料上的角度进行约束并排样。

单击 Apply（执行）按钮，程序将自动计算出排样结果并在屏幕上显示出来，如图 2-38 所示。

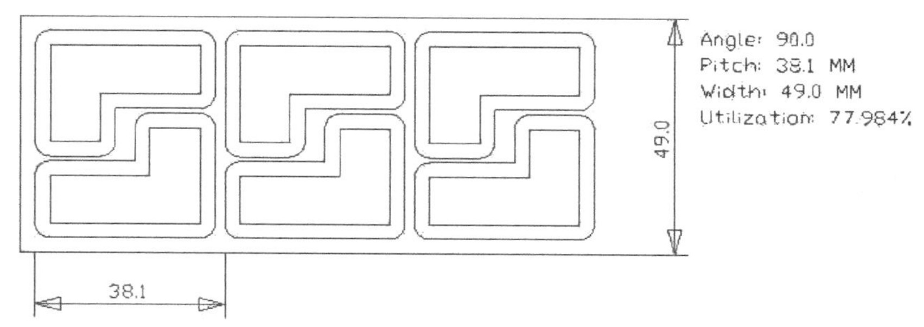

图 2-38 自动计算出的排样结果

3）Result（结果）选项卡

单击 Result（结果）标签，选项卡如图 2-39 所示。程序将会提供一系列可能满足约束条件的排样结果。单击其中任一结果，所选中的结果会高亮显示，并且对应的约束条件将在提示框中显示。单击 Output Nest Report（输出排样结果）按钮，可以生成包含排样结果信息的 html 格式文件。

2．对排（Two-pair Nesting）工具按钮

此排样类型可以将零件相对地按两行排列在条料上，其搭边值及约束设置操作同单列操作类似。在对排操作中，有 Position（定位）按钮，用来进行零件定位操作。单击 Position 按钮，弹出如图 2-40 所示的对话框。

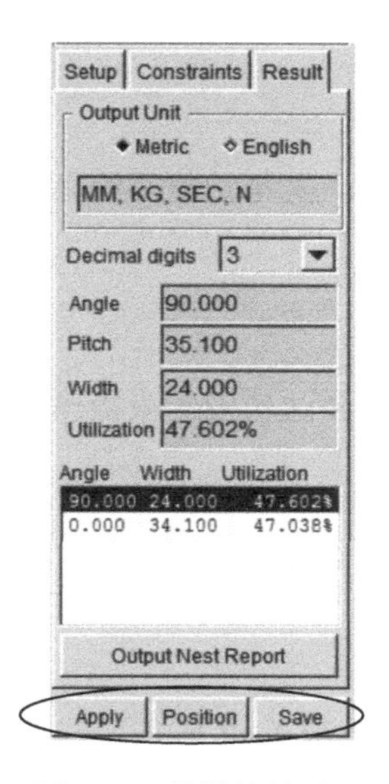

图 2-39 排样结果显示

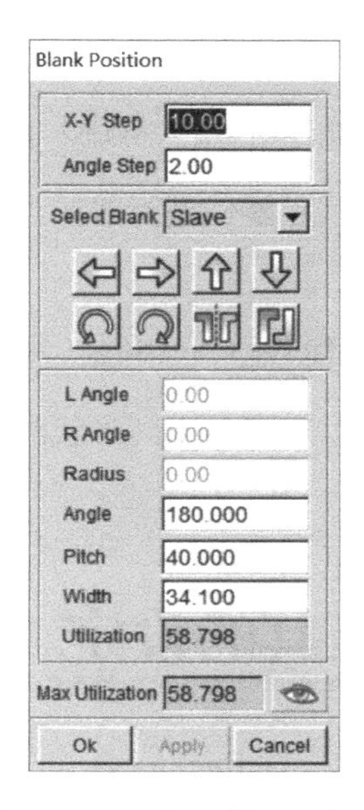

图 2-40 定位操作对话框

定位操作还可以进行手动调整，通过平移或转动零件来调整零件排样位置。单击 Manual（手动）复选框，平移和转动按钮激活，在 Step 及 Angle 文本框中输入增量值，可以进行手动调整。当单击移动按钮或者旋转按钮时，零件就会以给定的增量值向该方向移动或者旋转。

使第二个零件的轮廓线向上平移给定的增量。

使第二个零件的轮廓线向左平移给定的增量。

使第二个零件的轮廓线向下平移给定的增量。

使第二个零件的轮廓线向右平移给定的增量。

使第二个零件沿着顺时针旋转一个角度。

使第二个零件沿着逆时针旋转一个角度。

调整完成后，单击 Apply 按钮，得到调整后的排样图，如图 2-41 所示。单击 Exit 按钮退出“定位操作”对话框。

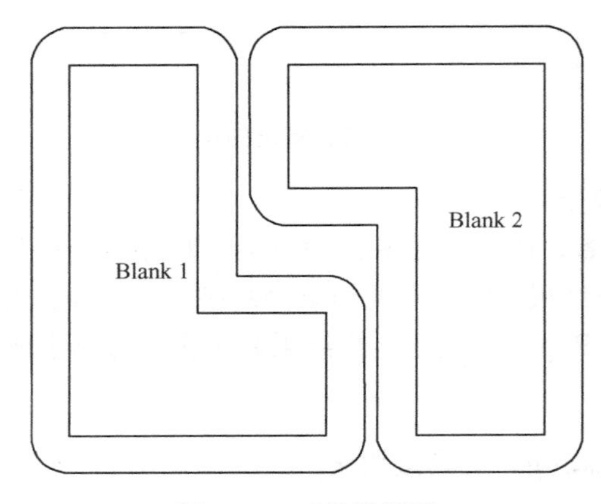

图 2-41 对排排样图

3. Mirror Nesting（对称排）

该功能可以对零件进行对称排，其搭边值及约束操作设置与对排操作类似。

4. Two-up Nesting（双排）

该功能可以对零件进行双排，两排零件的方向保持相同，其搭边值及约束操作设置同对排操作类似。

5. Two-different Nesting（两行混排）

该功能可以对两种不同形状的零件进行两行混拍排，其搭边值及约束操作设置与单排和双排操作相似。

2.3 工具的设定

选择 Tools→Define tools（定义工具）菜单项，弹出如图 2-42 所示对话框。可以直接在图 2-42 中单击 Standard Tools（标准工具）复选框，从 Tool Name（工具名称）选项区域中选择 Punch（凸模）、Die（凹模）或 Binder（压边圈），然后单击 Add 按钮添加要定义的零件。

也可以自己定义工具。单击 User Define Tools（自定义工具）复选框，然后单击 New 按钮添加要定义的工具名称，弹出如图 2-43 所示的对话框。输入工具名称，单击 OK 按钮，完成自定义工具的创建；单击 Add 按钮，弹出对话框以选择零件，如图 2-44 所示。选择完成后，Include Parts List（零件清单）列表里会显示所选择的零件。

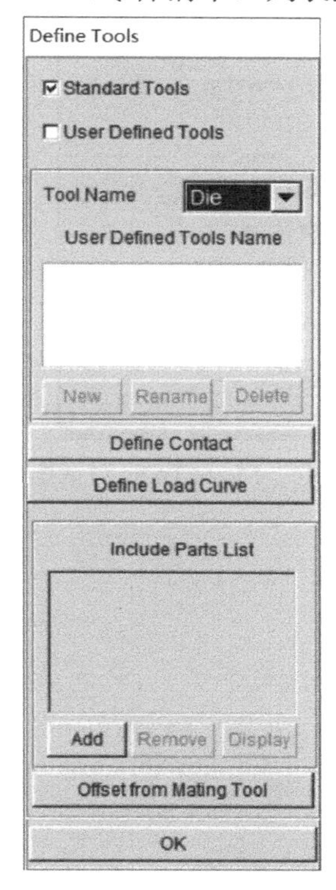

图 2-42　Define Tools 对话框

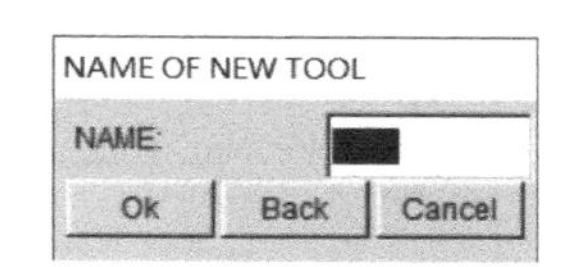

图 2-43　NAME OF NEW TOOL 对话框

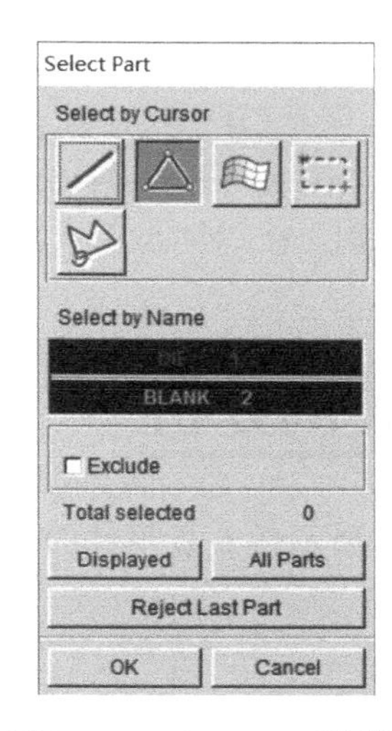

图 2-44　Select Part 对话框

可以在图 2-42 中单击 Offset from Mating Tool（由对应工具偏移）按钮，弹出如图 2-45 所示的对话框，完成从对应工具生成新工具的功能。通过复制或偏移单元等操作，创建零件和添加零件到当前的工具定义中。

在图 2-45 中，选中 Include In Current Part（包含在当前零件）复选框，则新复制或偏移的单元将包含在当前的零件中，并且当前的零件被包含在当前的定义工具中；如果没有选择此选项，则自动创建一个新的零件并添加到当前的定义工具中。选中 Normal Offset（法向偏移）复选框，则沿法向偏移单元。在 Thickness（厚度）文本框中可以输入偏移厚度。单击 Select Elements（选择单元）按钮，选择要复制或偏移的单元，选中后，单击 Apply 按钮，完成单元的复制或偏移。

选择 Tools→Position Tools（位置工具）菜单项，弹出如图 2-46 所示对话框。用户可以从 Tools List（工具列表）中选择要移动的工具，并在 Distance（距离）文本框中输入移动的距离后，单击 Apply 按钮，完成移动操作。

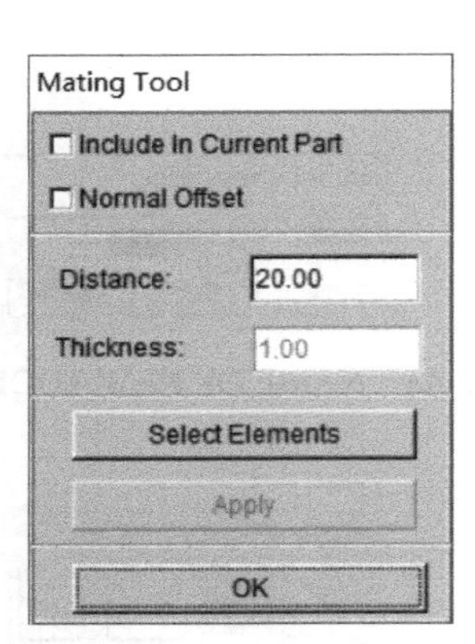

图 2-45 Mating Tool 对话框

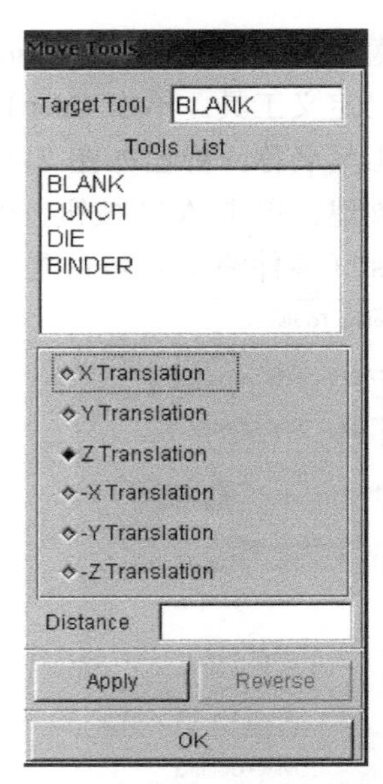

图 2-46 Move Tools 对话框

2.4 实例分析

如图 2-47 所示是 L 板形件的尺寸图。

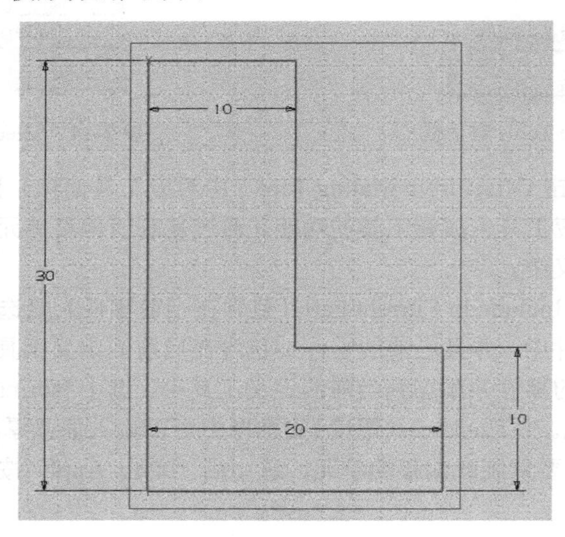

图 2-47 L 形件的尺寸图

1）创建 DYNAFORM 文件

选择 File→New 菜单项，再选择 File→Save as 菜单项，修改默认文件名，将所建立的新的数据库保存在自己设定的目录下。

2）导入模型

选择 File→Import 菜单项，将上面所示的 L 形件文件导入数据库中，如图 2-48 所示。

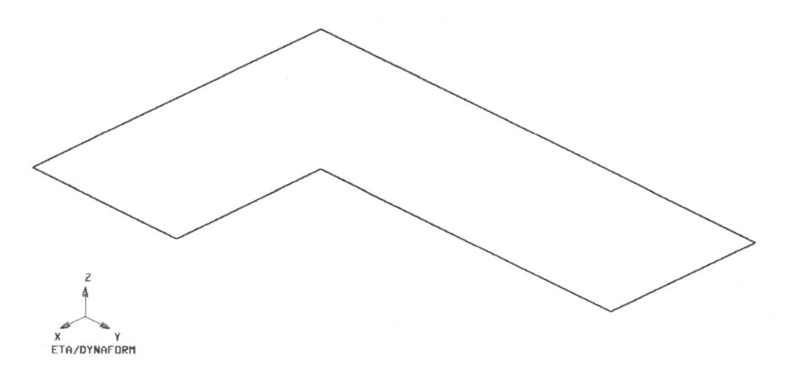

图 2-48 导入模型文件

3）毛坯的排样

选择 BSE→Development（改善）菜单项，弹出 Development 对话框。单击 Blank Nesting（毛坯排样）对话框选项，弹出 Blank Nesting 对话框，如图 2-49 所示。选择其中第三个对排排样，如图 2-50 所示。

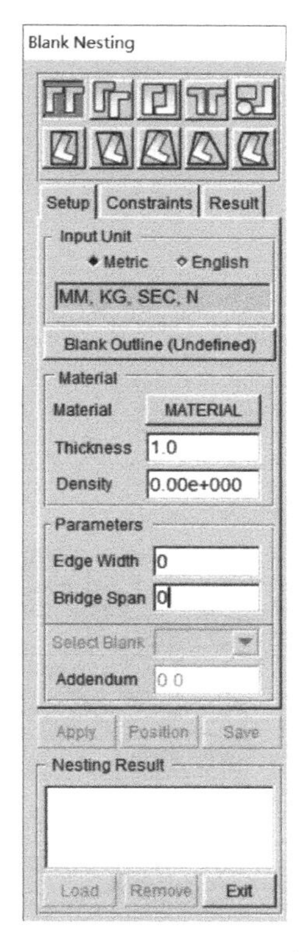

图 2-49 Blank Nesting 对话框

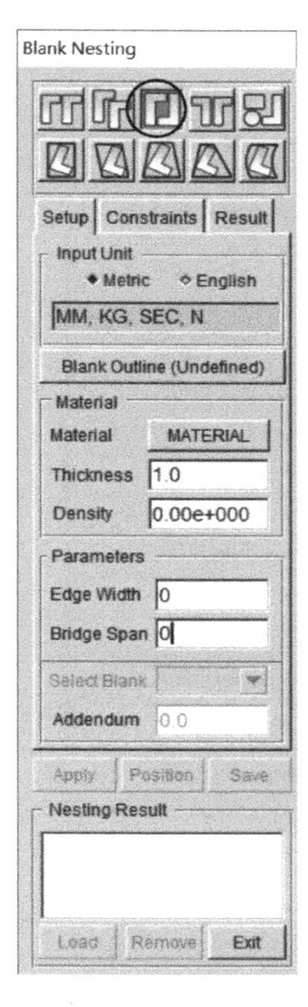

图 2-50 对排排样

单击 Blank Outline（Not Defined）（轮廓未定义）按钮，弹出 Select Line（选择线）对话框，如图 2-51 所示。在提供的选择线方式中选择一条封闭曲线定义板坯的轮廓。选择完成后，图 2-52 中 Blank Outline 按钮后面 Not Defined 字符自动消失，表示毛坯轮廓线定义完成。

单击图 2-52 中 MATERIAL（材料）标签，会出现 Material 选项卡，可以进行参数及材料属性定义，如图 2-53 所示。

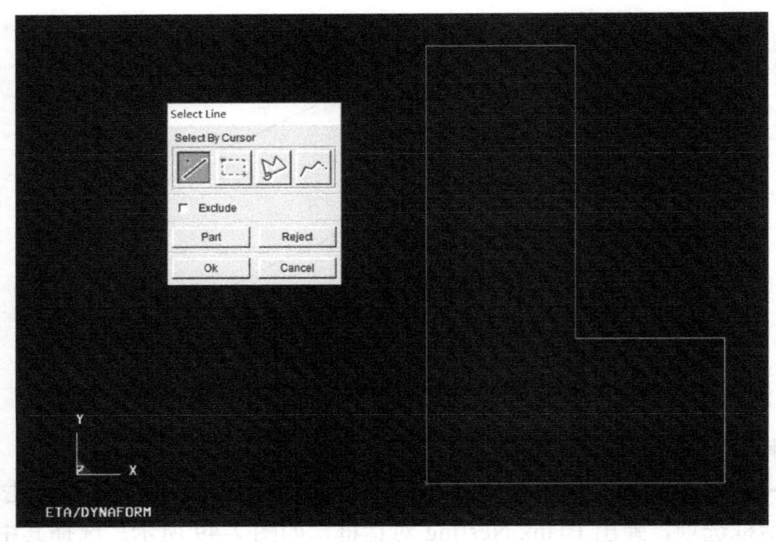

图 2-51　Select Line 对话框

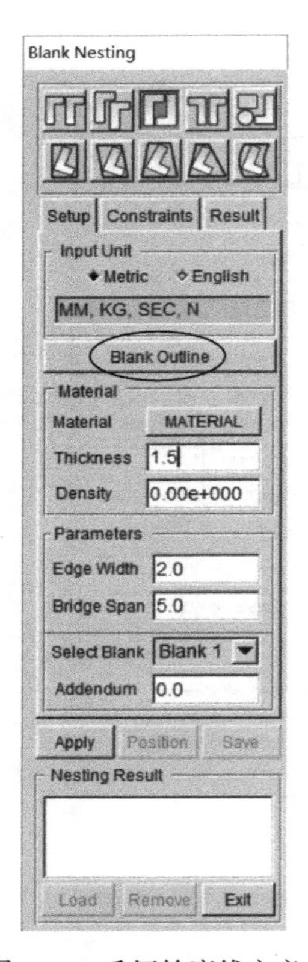

图 2-52　毛坯轮廓线定义

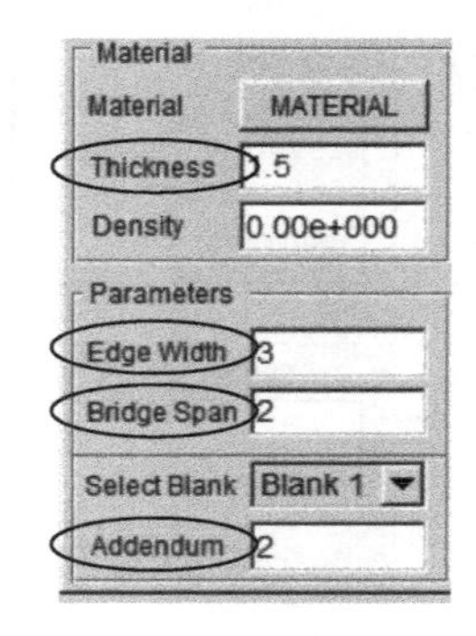

图 2-53　参数及材料属性定义

设置的具体参数如下所述。

（1）Thickness（厚度）1.5mm。

（2）Edge Width（条料搭边）3mm。

（3）Bridge Span（工件搭边）2mm。

（4）Addendum（余量）2mm。

在对排操作中，有 Position（定位）按钮，用来进行零件定位操作。单击 Position 按钮，弹出如图 2-54 所示的界面。定位操作可以进行手动调整。

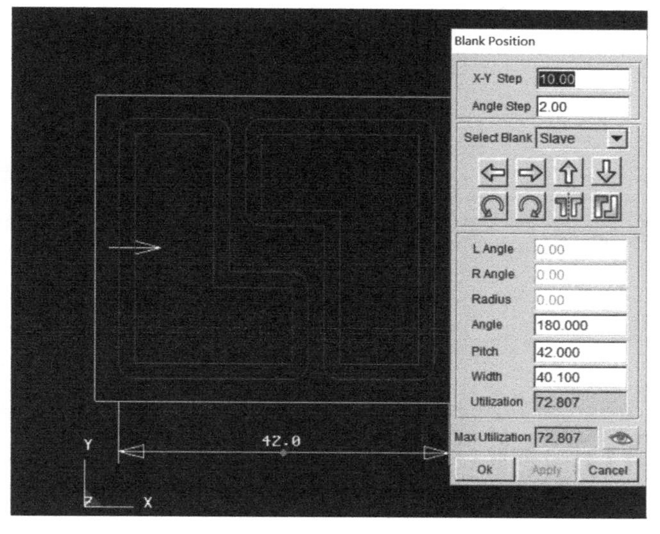

图 2-54　毛坯排样的确定

单击图 2-52 Result（结果）标签，选项卡如图 2-55 所示。程序将会提供一系列可能满足约束条件的排样结果。单击其中任一结果，所选中的结果会高亮显示，并且对应的约束条件将在提示框中显示。

单击 Output Nest Report（输出排样结果）按钮，可以生成包含排样结果信息的 html 格式文件，如图 2-56 所示。

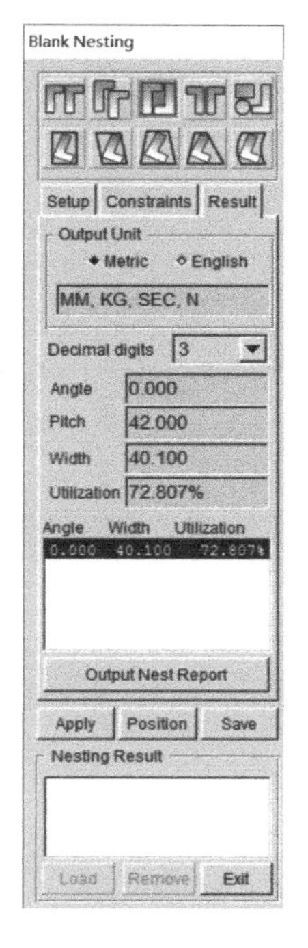

图 2-55　排样结果显示图

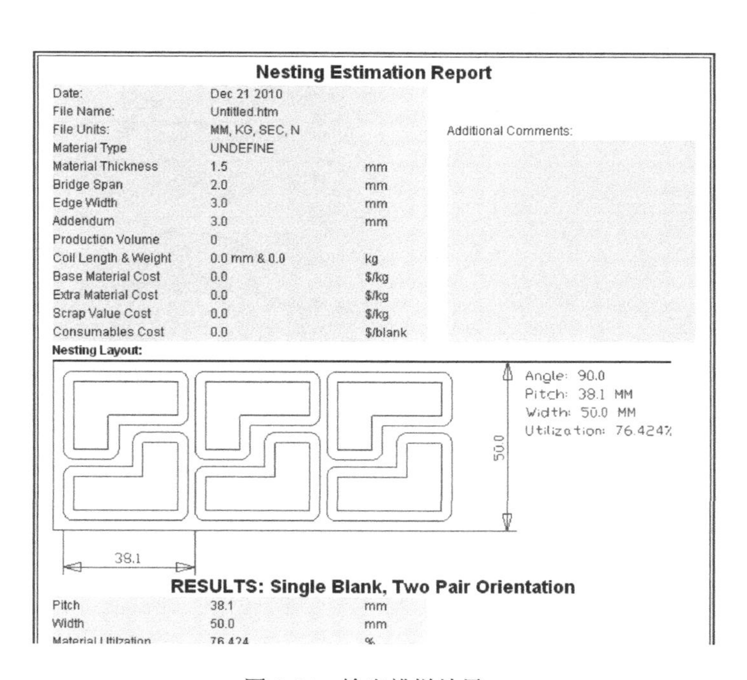
Nesting Estimation Report

Date:	Dec 21 2010	
File Name:	Untitled.htm	
File Units:	MM, KG, SEC, N	
Material Type	UNDEFINE	
Material Thickness	1.5	mm
Bridge Span	2.0	mm
Edge Width	3.0	mm
Addendum	3.0	mm
Production Volume	0	
Coil Length & Weight	0.0 mm & 0.0	kg
Base Material Cost	0.0	$/kg
Extra Material Cost	0.0	$/kg
Scrap Value Cost	0.0	$/kg
Consumables Cost	0.0	$/blank

Additional Comments:

Nesting Layout:

Angle: 90.0
Pitch: 38.1 MM
Width: 50.0 MM
Utilization: 76.424%

50.0

38.1

RESULTS: Single Blank, Two Pair Orientation

Pitch	38.1	mm
Width	50.0	mm
Material Utilization	76.424	%

图 2-56　输出排样结果

Chapter 3

第3章 盒形件拉深成型过程分析

3.1 创建三维模型

利用 CATIA、Pro/E、SolidWorks 等 CAD 软件建立制件和下模 DIE（实际为下模 DIE 和压边圈 BINDER 的集合体）的实体模型，如图 3-1 和图 3-2 所示。将所建立的实体模型的文件以“*.igs”格式进行保存。由于所建的下模在成型过程中与制件的外表面接触，所以其几何尺寸与制件的外表面尺寸一致，具体操作步骤如下所述。

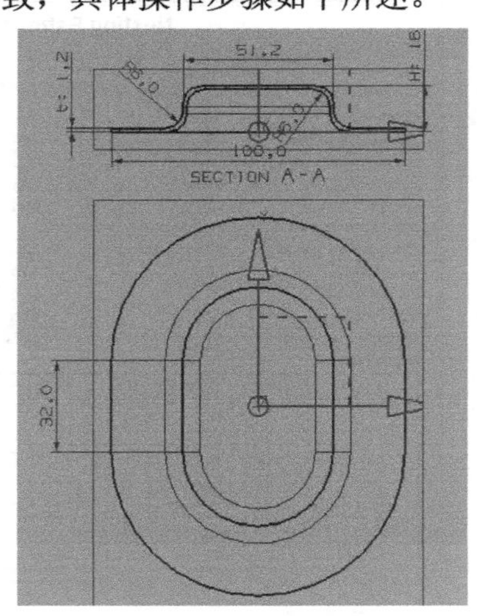

图 3-1　带凸缘盒形制件图

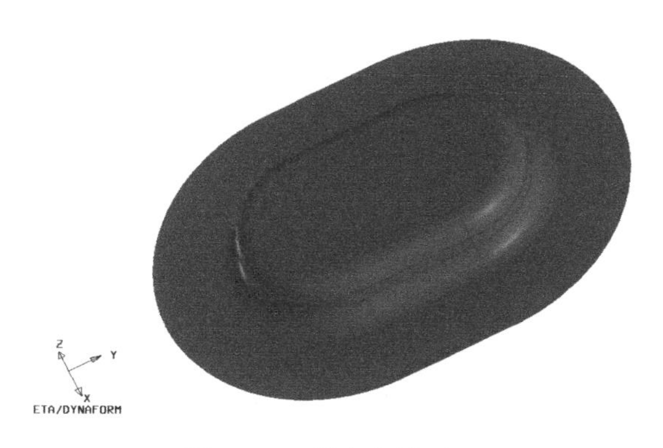

图 3-2　下模实体模型图

1）新建和保存数据库

启动 DYNAFORM 软件后，程序自动创建默认的空数据库文件 Untitled.df。选择 File→Edit 菜单项，修改文件名，将所建立的数据库保存在自己设定的目录下。

2）导入模型

选择 BSE→Preparation→Import 菜单项，将上面所建立的“*.igs”格式的制件模型文件导入数据库中，如图 3-3 所示。

选择 Part→Edit 菜单项，弹出如图 3-4 所示的对话框，编辑修改零件层的名称和颜色，制件层命名为 PART000，单击“OK”按钮。

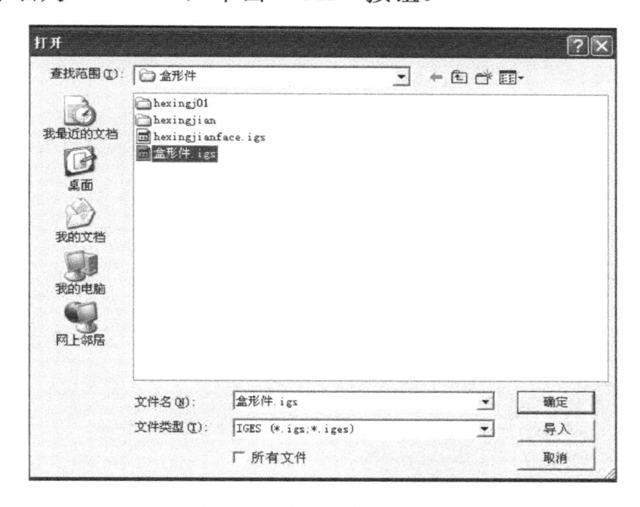

图 3-3　“打开”对话框

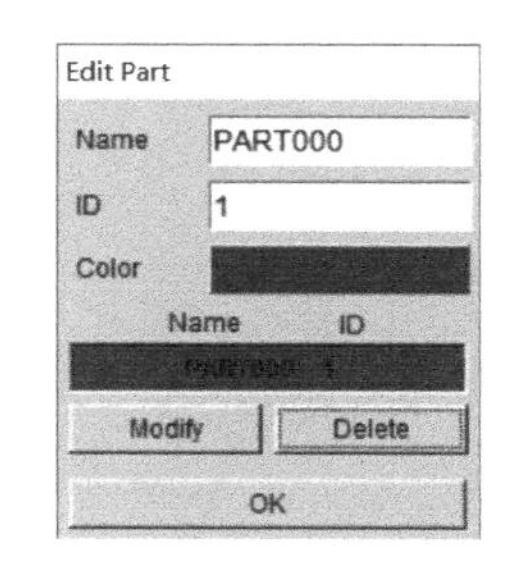

图 3-4　Edit Part 对话框

3）自动曲面网格划分

在如图 3-5（a）所示的 BSE Preparation（BSE 准备）对话框中选择 Part Mesh（零件网格划分）选项，弹出 Surface Mesh（表面网格）对话框，如图 3-5（b）所示；从 Mesh（网格）下拉列表框中选择 Part Mesh，分别单击 Select Surface（选择表面）和 Displayed Surf（显示表面）按钮选择划分网格的曲面，如图 3-5（c）所示，确认所选择的曲面。在参数组中输入最大尺寸 2.0mm。单击 Apply 按钮进行网格划分，操作如图 3-5 所示。划分完后确认并接受所得网格，如图 3-6 所示。

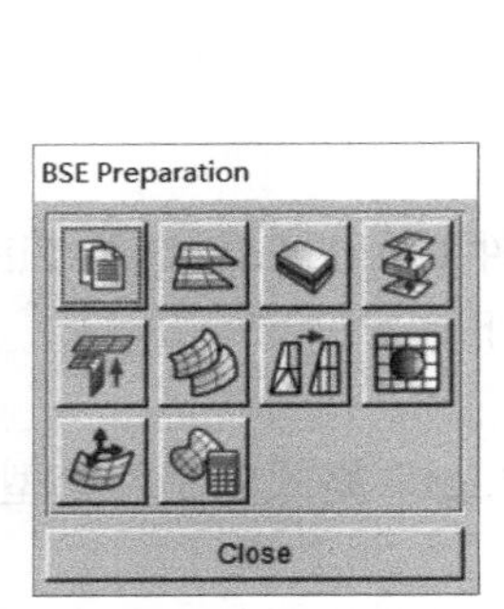

（a）BSE Preparations 准备

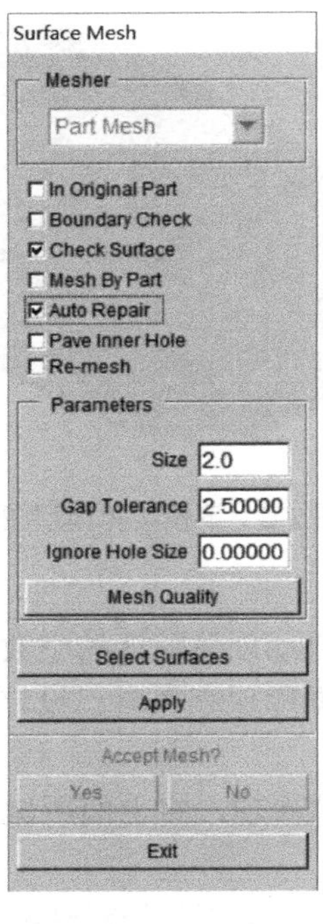

（b）Suface Mesh 对话框

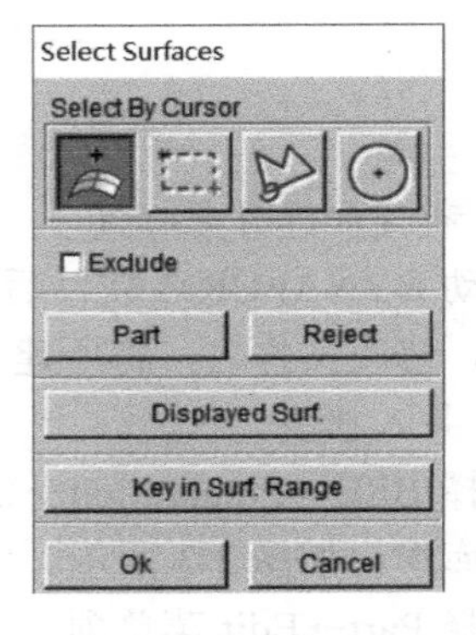

（c）选择划分网格的曲面

图 3-5　网格划分操作过程

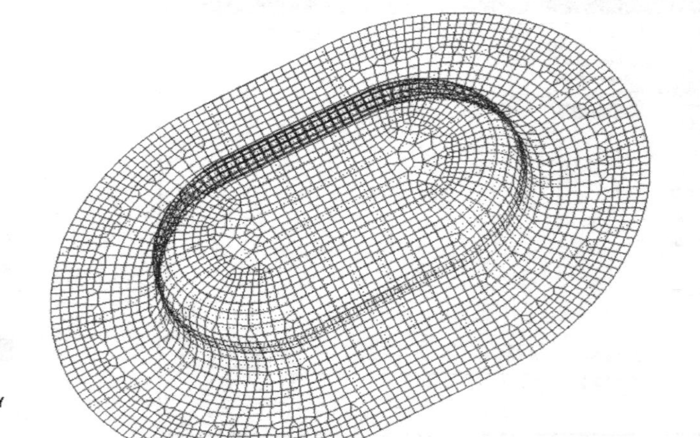

图 3-6　制件网格划分

4）检查和修补网格

在如图 3-7（a）所示的 BSE Preparation 对话框中选择 Mesh Repair（网格修补）选项，弹出网格修补工具栏，如图 3-7（b）所示；单击 Model Check/Repair（模型检查/修补）工具按钮，显示制件的边界，观察边界是否与实际边界相同，若有差异需进行修改。单击 Auto Normal（自动法向）工具按钮，操作过程如图 3-7 所示。选择 Cursor Pick Part（光标选取零件）选项，移动鼠标来选择制件上的一个单元，单击 Yes 按钮接受法线方向，如图 3-8 所示。退出网格检查，结果如图 3-9 所示。

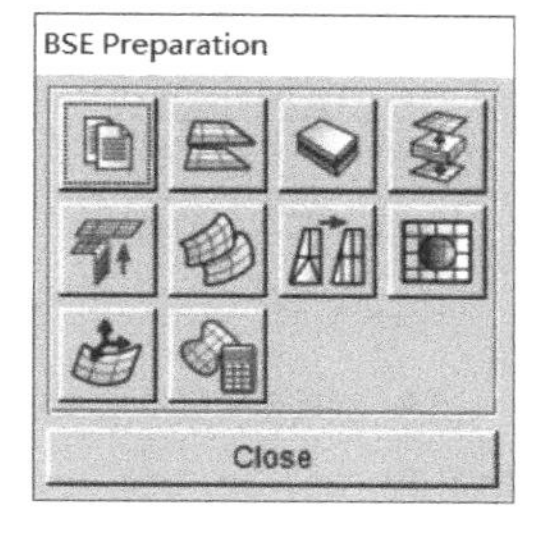

（a）BSE Preparation 对话框

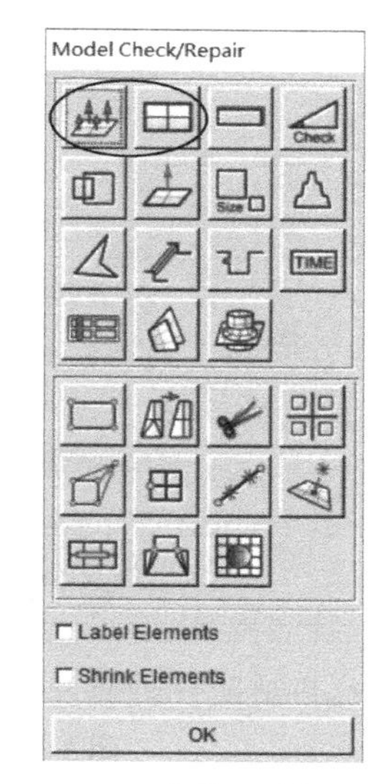

（b）修补工具栏

图 3-7　网格检查过程

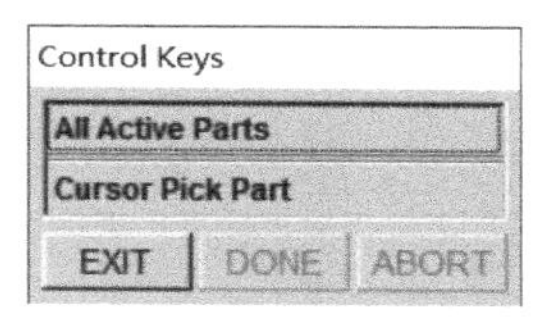

（a）单元的选取方式

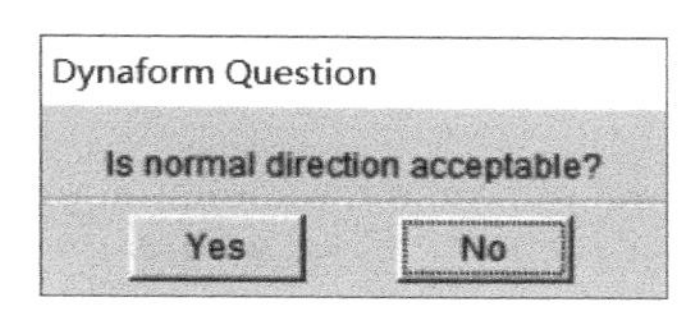

（b）单元法向的选择

图 3-8　法线方向设置操作过程

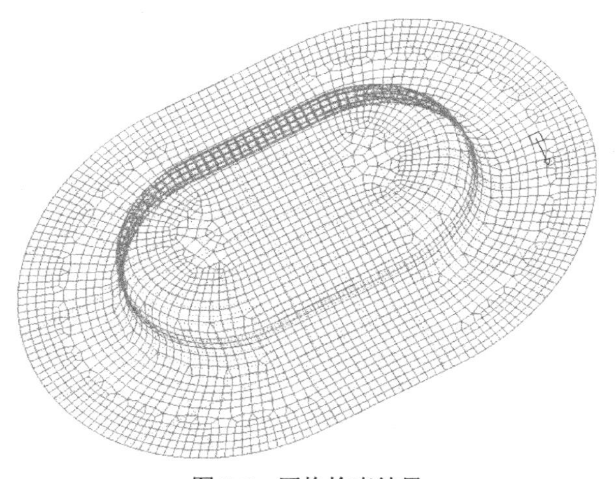

图 3-9　网格检查结果

5）毛坯尺寸估算

选择 BSE→Blank Size Estimate（毛坯尺寸估算）菜单项，依次单击 NULL（空）和 New 按钮定义材料，过程如图 3-10 所示，材料参数如图 3-11 所示，输入 CQ 作为新材料的名字。材料参数设置完后，在厚度文本框处输入 1，作为材料厚度，单击 Apply 按钮开始运行坯料预估，计算结果如图 3-12 所示。

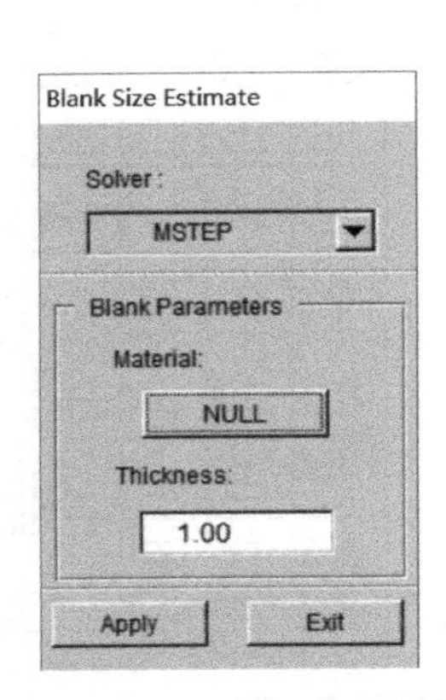

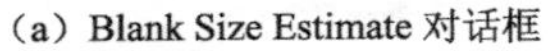
（a）Blank Size Estimate 对话框

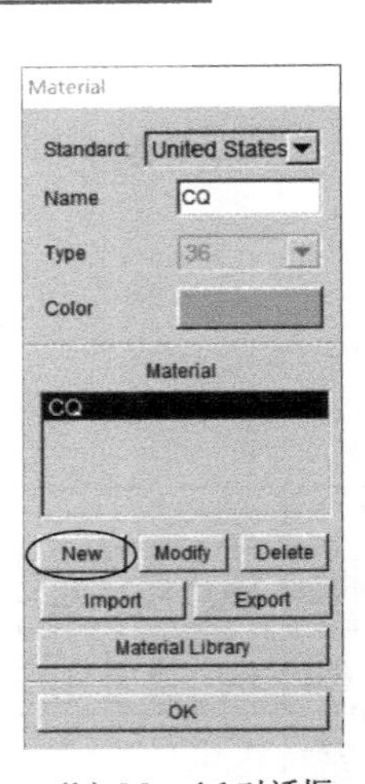

（b）Material 对话框

图 3-10　材料定义操作过程

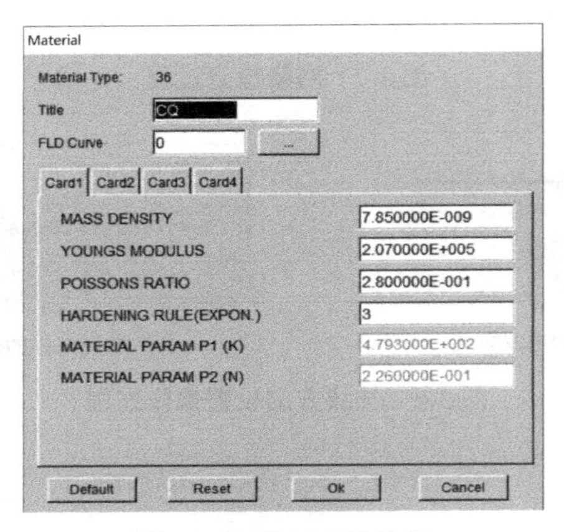

图 3-11　材料参数设置

图 3-12　计算所得毛坯

6）矩形包络

选择 BSE→Development（开发）菜单项，然后选择 Blank Fitting（毛坯拟合）选项，如

图 3-13 所示。打开 Manual Fit（手工拟合）选项，单击 Select Line（选择线）按钮选择毛坯轮廓线，如图 3-14 所示。选定后单击 Apply 按钮创建包络坯料轮廓的包络矩形，结果如图 3-15 所示。

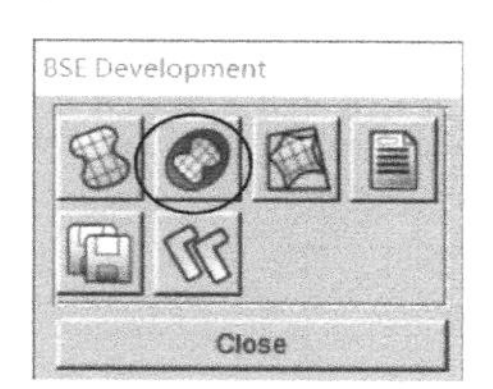

图 3-13 BSE Development 对话框

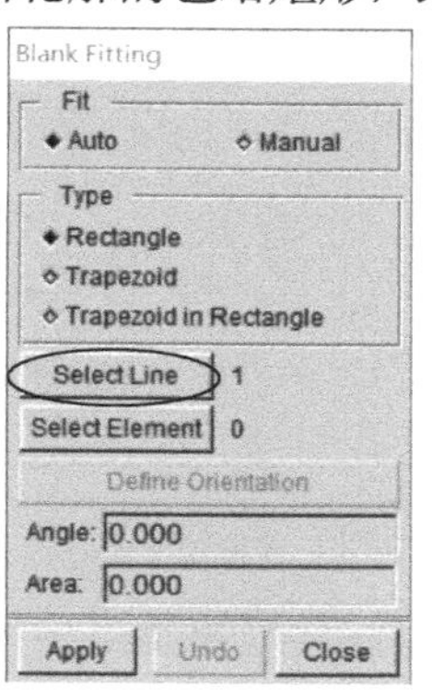

图 3-14 Blank Fitting 对话框

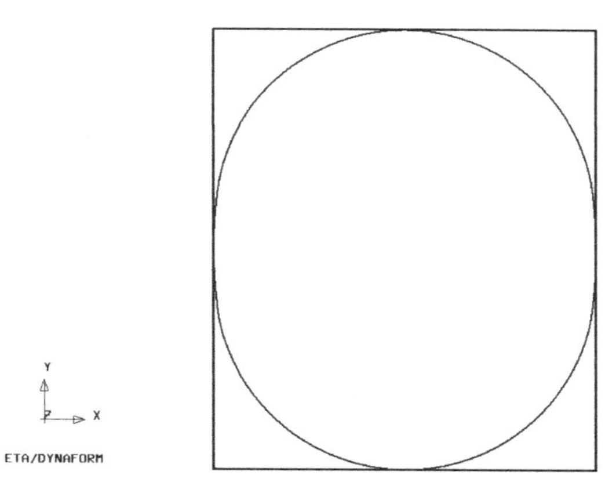

图 3-15 矩形包络结果

7）毛坯生成

单击如图 3-16（a）所示 BSE Development 对话框中的 Blank Generation（毛坯生成）选项，选择由坯料得到的毛坯轮廓线，在 Tools Radius（工具半径）文本框中输入 2.0，如图 3-16（b）所示，单击 OK 按钮接受生成的毛坯网格结果，如图 3-17 所示。单击 BSE Development 对话框中的 Outer Smooth（外部光滑）选项，如图 3-18 所示，先单击 Boundary Expand（边界扩展）按钮，此时 Fill Boundary（填充边界）按钮会由灰色不可操作变为可操作，如图 3-19 所示。然后在 Extension（扩展量）文本框中输入 3.000000 作为修边余量，最后单击 Fill Boundary 按钮填充边界，结果如图 3-20 所示。

（a）

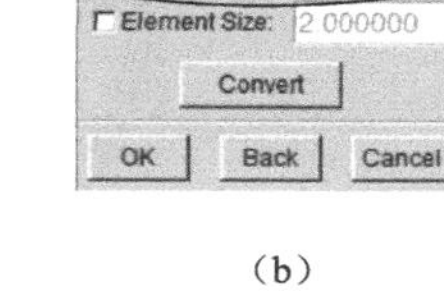

（b）

图 3-16 毛坯生成操作过程

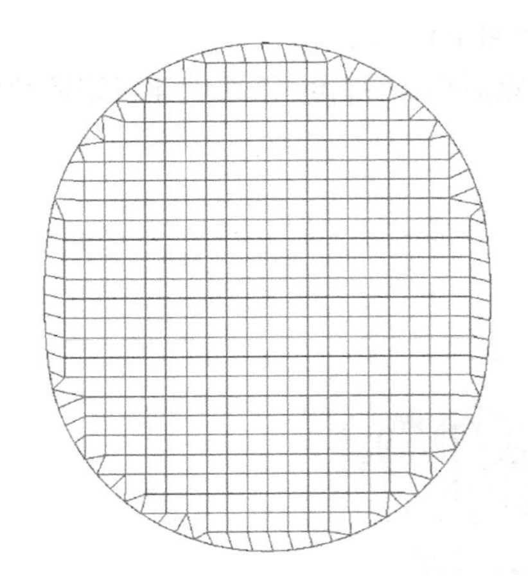

图 3-17　坯料网格

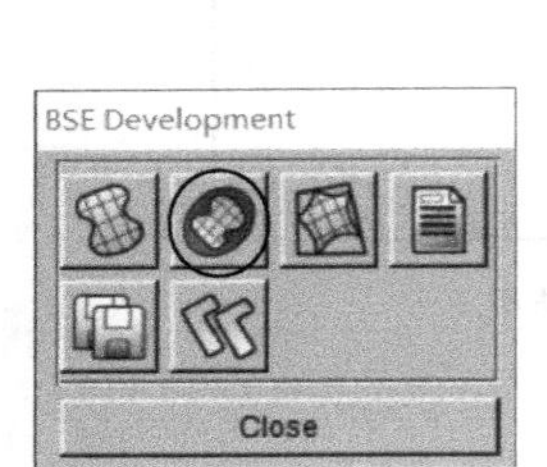

图 3-18　Outer Smooth 选项

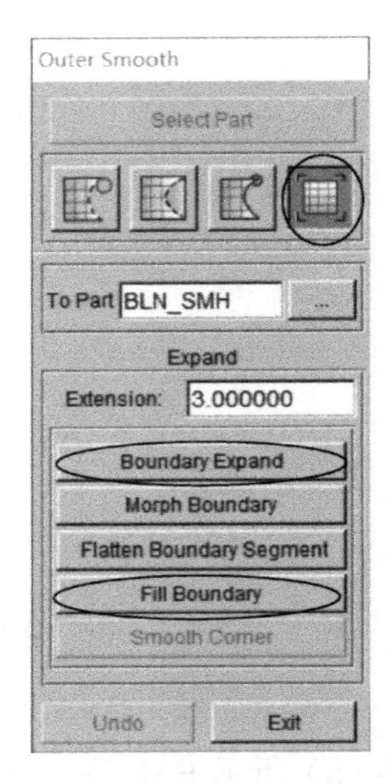

图 3-19　边界扩展操作过程

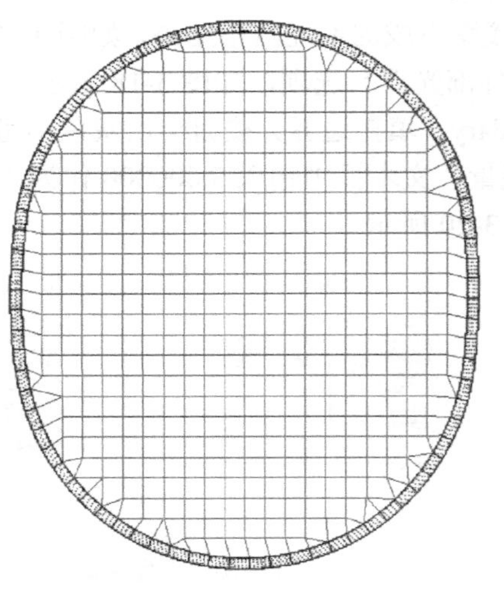

图 3-20　填充结果

通过以上步骤，得到了实际毛坯的尺寸，现在要生成新的毛坯轮廓线和网络。选择 Preprocess→Line→Points（预处理/线/点）菜单项，单击 Boundary Line（边界线）工具按钮，选中 In New Part（在新零件）复选框，在 Split Angle（分割角）文本框中输入 0，并以 Blank 作为新的零件名，如图 3-21 所示。单击 OK 按钮生成新的毛坯轮廓线，如图 3-22 所示，内部为原坯料轮廓线，外部为新的坯料轮廓线。将生成的新轮廓线导出到 CAD 软件，完成修复后以*.igs 格式保存。

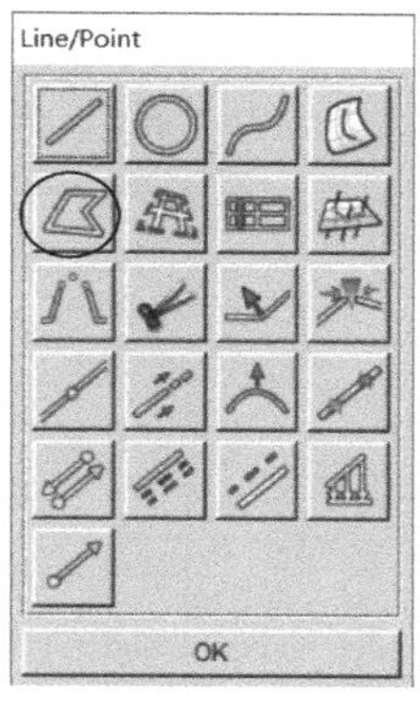

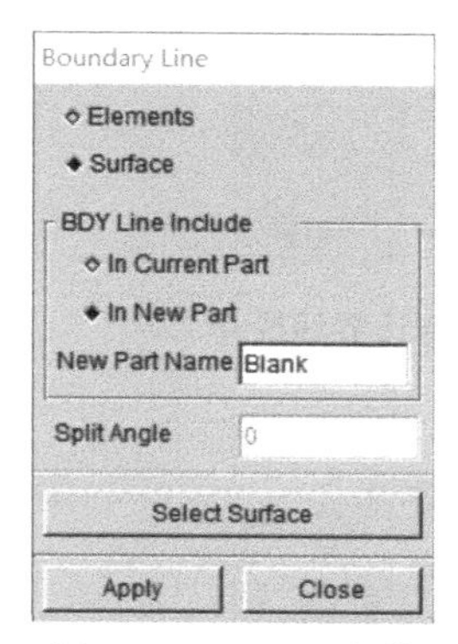

（a）Lind/Point 对话框　　（b）Boundary Line 对话框

图 3-21　新轮廓线生成操作过程

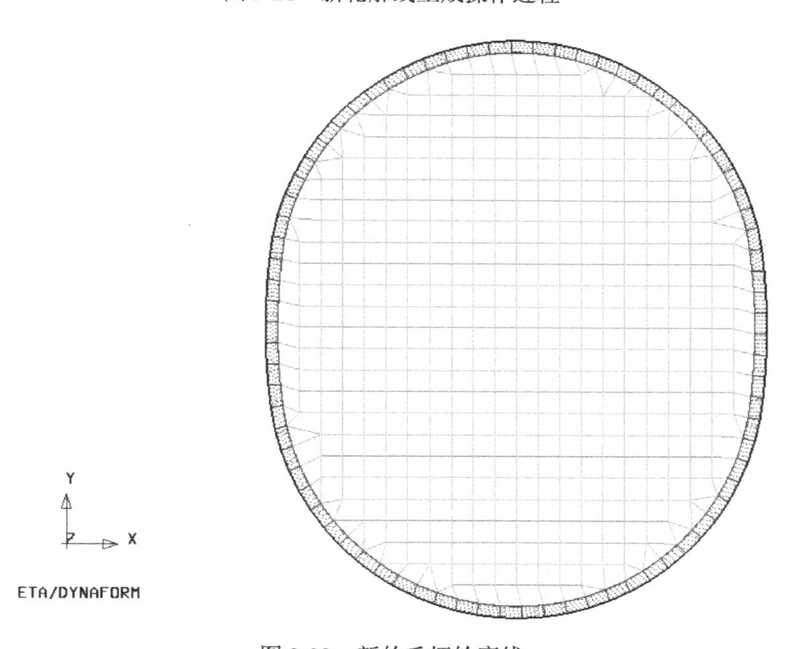

图 3-22　新的毛坯轮廓线

选择 Tool→Blank Generation/Boundary Line 菜单项，在图形区选择毛坯轮廓线，单击 OK 按钮退出对话框。在 Tools Radius（工具半径）文本框输入 3.0，如图 3-23 和图 3-24 所示，单击 OK 按钮生成网格，并接受所生成的网格，结果如图 3-25 所示。

8）排样

选择 BSE→Development→Blank Nesting 菜单项，然后选择排样类型，在排样对话框的上部有五个按钮表示不同的排样类型。选择第一种作为此例的排样类型。单击 Blank Outline

（Undefined）按钮选择新的毛坯轮廓线。在 Input Unit（输入单位）中选择 Metric（公制）用于随后的计算和输出结果。在 Material 选项区域中采用前面提到的 CQ 参数。在 Parameters 选项区域中输入 Edge Width 值为 2.0，该参数定义了毛坯与条料边界的最小距离。输入 Part Spain 值为 1.5，该参数定义了毛坯间的最小距离。输入 Addendum 值为 3，该参数设置了毛坯的扩大补充量，过程如图 3-26 所示。其他参数采用系统默认值，单击 Apply 按钮，开始排样计算。

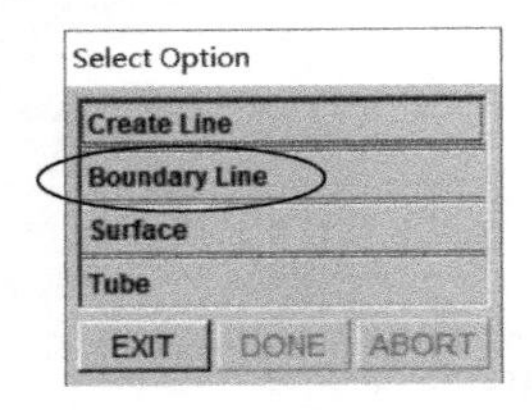

图 3-23 选择边界线操作

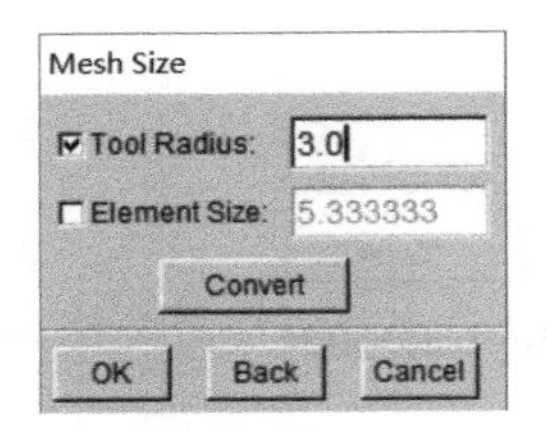

图 3-24 输入网格尺寸操作

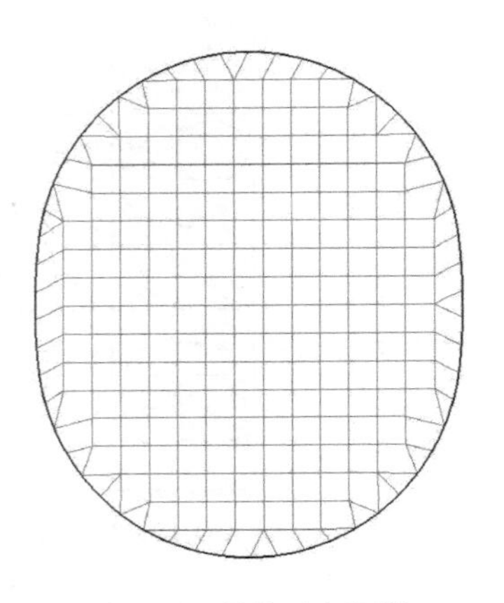

图 3-25 最终毛坯网格

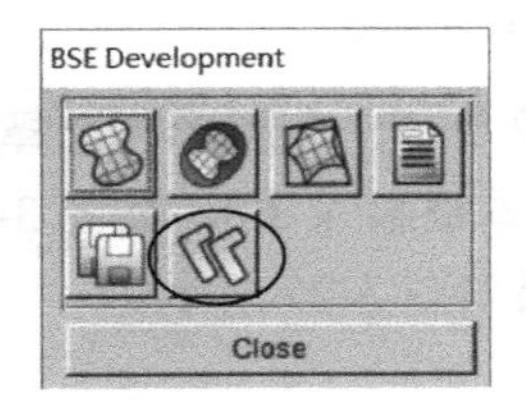

（a）BSE Development 对话框

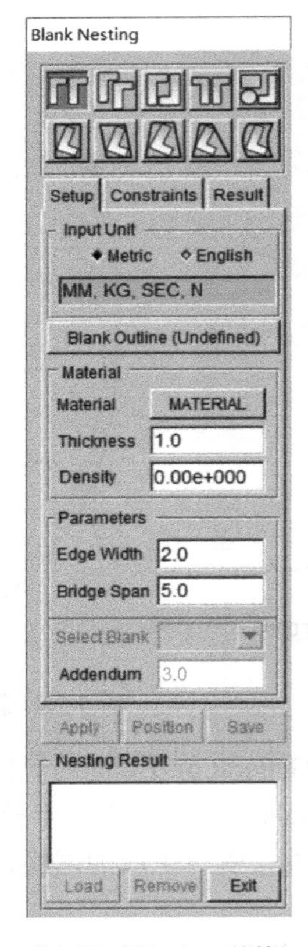

（b）Blank Nesting 对话框

图 3-26 排样类型设置操作

排样计算完成后，所有可能的排样结果都显示在 Result（结果）选项卡的 Results 列表中。图形区中默认显示的是在默认约束条件下材料利用率最大的排样结果。Nesting（排样）对话框底部的 Output Nesting Result（输出排样结果）按钮此时已被激活，如图 3-27 所示，单击该按钮开始输出结果，图形区显示的结果如图 3-28 所示。单击 Auto Report（自动输出报告）对话框底部的 Apply 按钮，程序自动将结果以“*.htm”格式写入指定文件目录中。

将排样结果与前面工艺计算得到的排样结果进行比较，可以发现两者的误差较大，说明有限元数值计算精度高，理论分析中的简化计算较粗糙。

排样结束后进入下一步操作：制件的拉深成型分析。

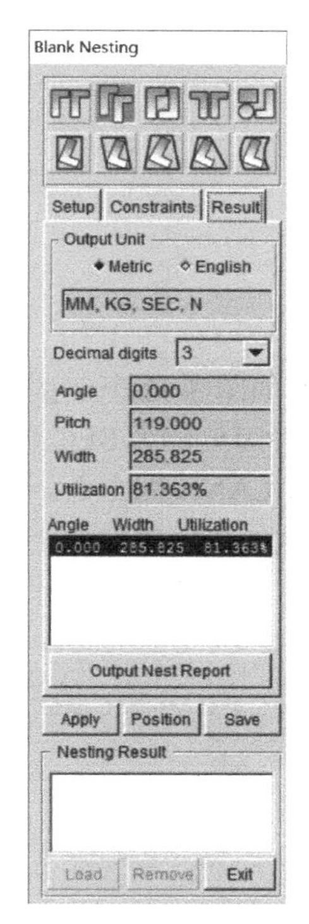

图 3-27　排样结果显示

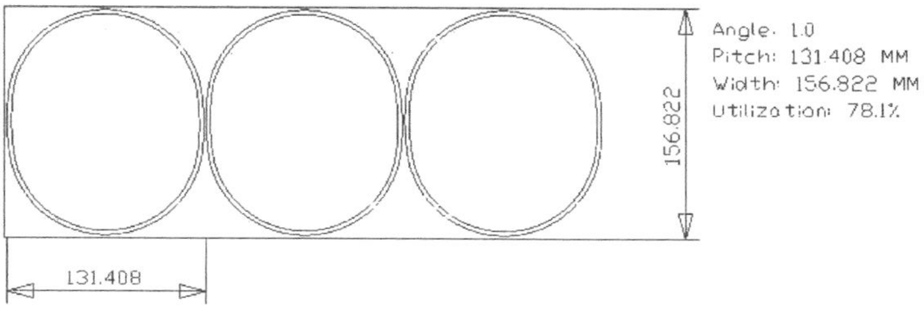

图 3-28　图形区显示的排样结果

3.2 数据库操作

数据库操作步骤如下所述。

1）创建 DYNAFORM 数据库

选择 File→New 菜单项，弹出一个对话框，单击 Yes 按钮保存上一步排样中得到的数据库，然后选择 File→Save as 菜单项，修改默认文件名，将所建立的新的数据库保存在自己设定的目录下。

2）导入模型

选择 File→Import 菜单项，将上面所建立的“*.igs”模型文件和排样中得到的“*.igs”格式的坯料轮廓线文件导入数据库中，如图 3-29 所示。选择 Parts→Edit 菜单项，弹出如图 3-30

所示的对话框，编辑修改各零件层的名称、编号（注意编号不能重复）和颜色，将毛坯层命名为 BLANK，将下模层命名为 DIE，单击 OK 按钮确定。

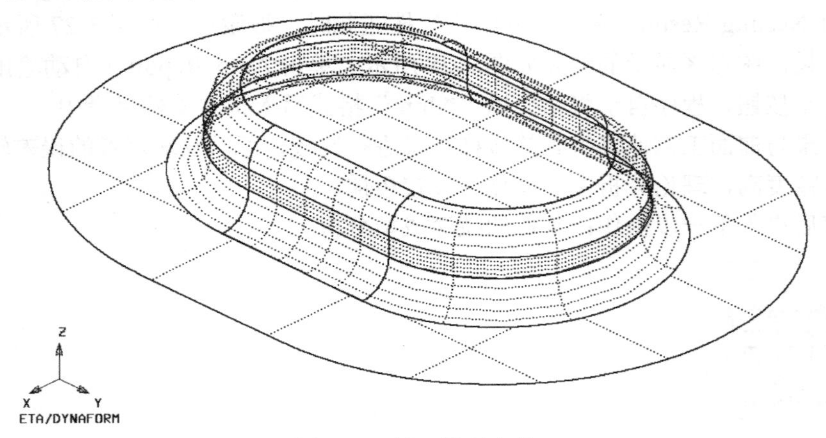

图 3-29　导入模型文件

3）参数设定

选择 Tools（工具）菜单中的 Analysis Setup（分析设置）选项，弹出如图 3-31 所示的对话框。默认的单位是：长度单位为 MM（毫米，mm），力单位为 N（牛顿），时间单位为 SEC（秒），质量单位为 TON（吨）。成型类型选双动（Double action），PUNCH 在 BLANK 的上面。默认毛坯和所有工具的接触面类型为单面接触（Form One Way S. to S.）。默认的接触间隙为 1.00，接触间隙是指自动定位后工具和毛坯之间在冲压方向上的最小距离，在定义毛坯厚度后此项设置的值被自动覆盖。

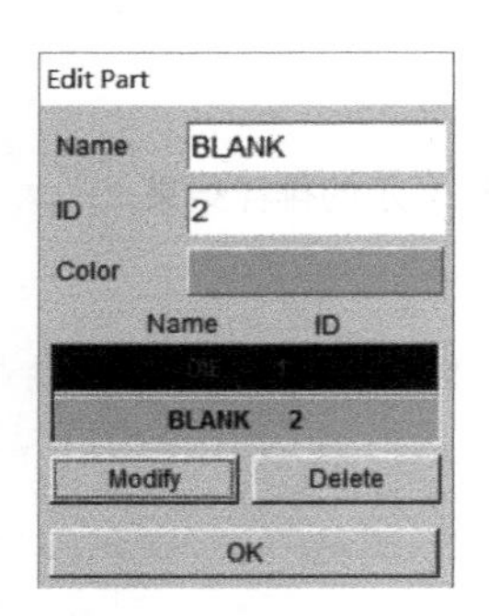

图 3-30　Edit Part 对话框

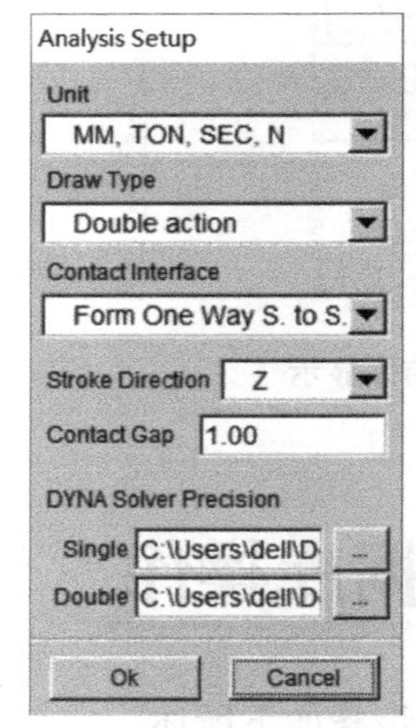

图 3-31　Analysis Setup 对话框

3.3 网格划分

为了能够快速有效地进行模拟，对所导入的曲面或曲面数据进行合理的网格划分这一步骤十分重要。由于 DYNAFORM 在进行网格划分时提供了一个选项，既可以将所创建的单元网格放在单元所属的零件层中，也可以将网格单元放在当前零件层中，而当前零件层可以不是单元所属的零件层，所以在划分单元网格之前一定要确认当前零件层的属性，以确保所划分的单元网格在所需的零件层中。在屏幕右下角的显示选项（Display Options）区域中，单击“当前零件层”按钮来改变当前的零件层。

1）工具网格划分

设定当前零件层为 DIE 层，选择 Preprocess→Element（预处理/单元）菜单项，弹出如图 3-32 所示的工具栏。单击图中椭圆所示的工具按钮，弹出图 3-33 所示的对话框。一般划分模具网格采用的是连续的工具网格划分。设定最大单元值（Max. Size）为 2，其他各项的值采用默认值。单击 Select Surfaces 按钮，选择需要划分的曲面，如图 3-34 和图 3-35 所示，最后所得到的网格单元如图 3-36 所示。

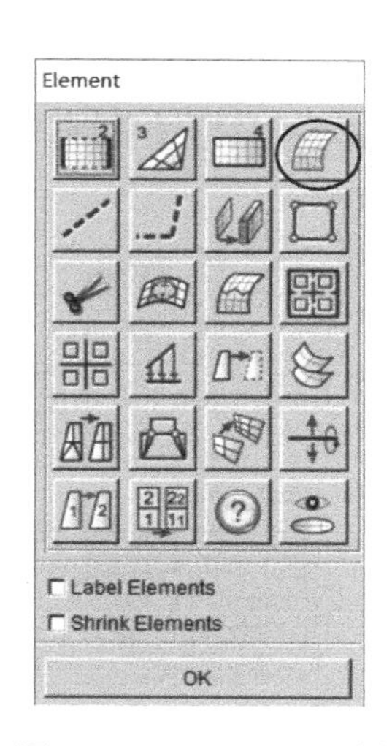

图 3-32 Element 工具栏

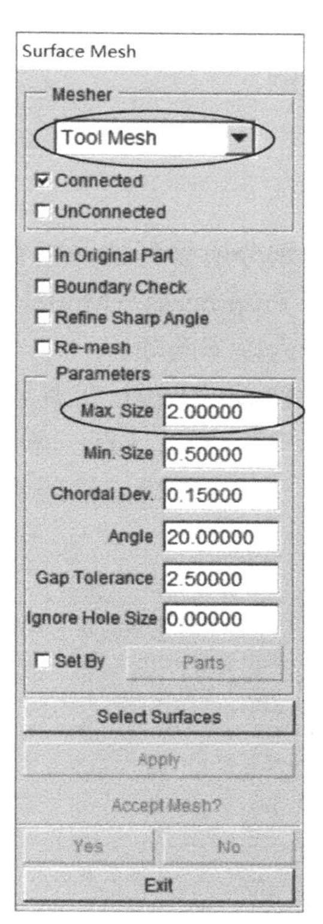

图 3-33 Surface Mesh 对话框

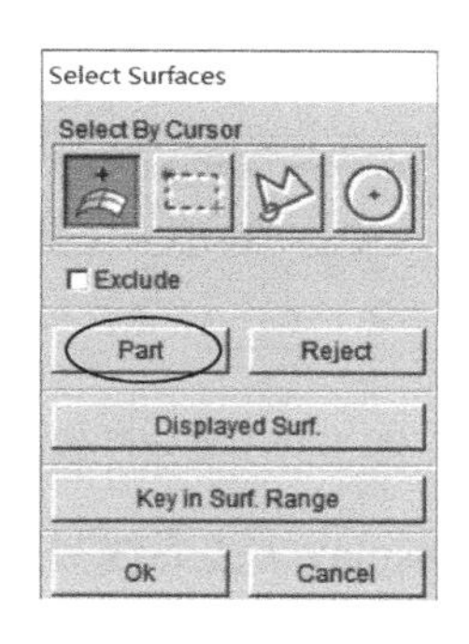

图 3-34 选择划分网格的曲面

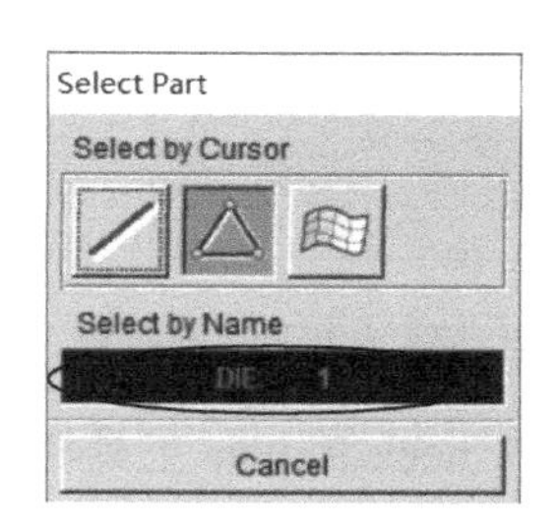

图 3-35 选择 DIE 层的曲面划分网格

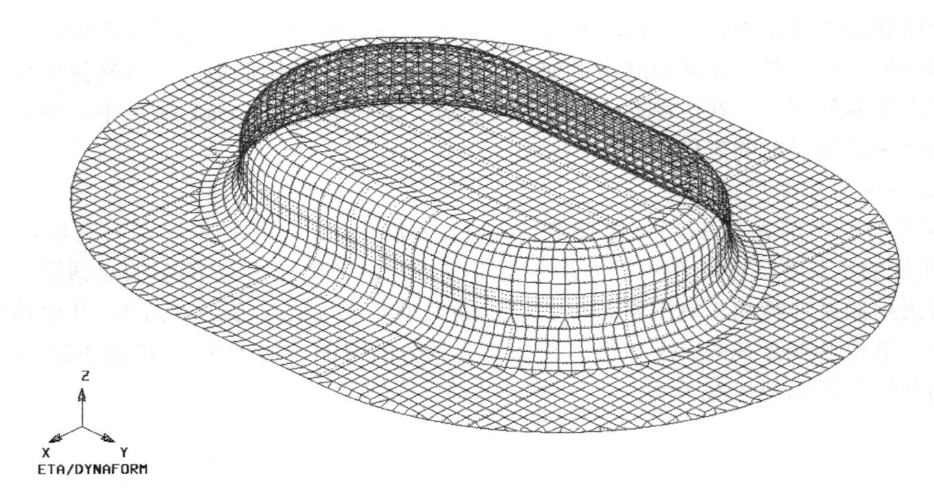

图 3-36　DIE 划分网格单元结果图

2）网格检查

为了防止自动划分所得到的网格存在一些影响分析结果的潜在缺陷，需要对得到的网格单元进行检查。选择 Preprocess→Model Check（模型检查）菜单项，弹出如图 3-37 所示的工具栏。最常用的检查为以下两项。

（1）在 Model Check/Repair 工具栏中单击 Auto Plate Normal（自动翻转单元法向）工具按钮，弹出如图 3-38 所示的对话框。单击 Cursor Pick Part 选项，拾取工具面，弹出如图 3-39 所示的对话框，单击 Yes 按钮确定法线的方向，如图 3-40 所示。

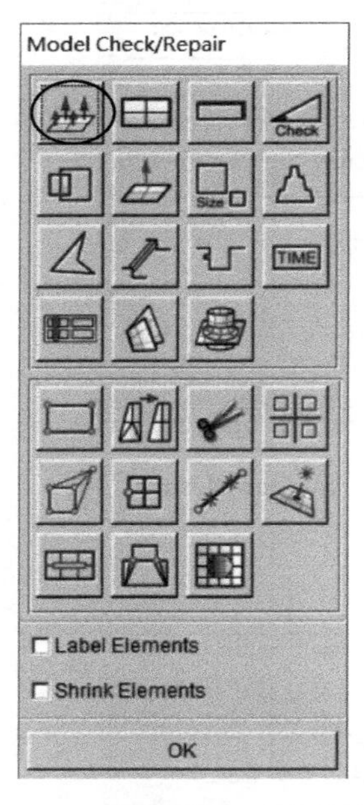

图 3-37　自动翻转单元法向检查

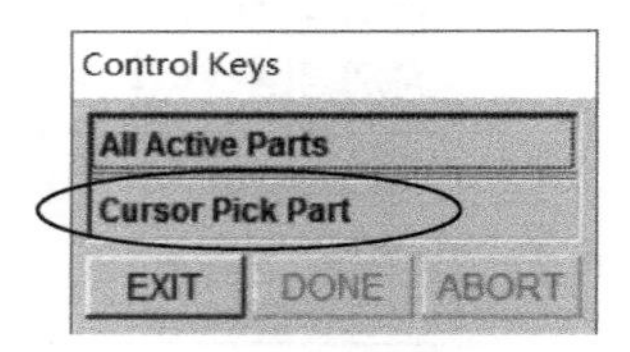

图 3-38　单元的选取方式

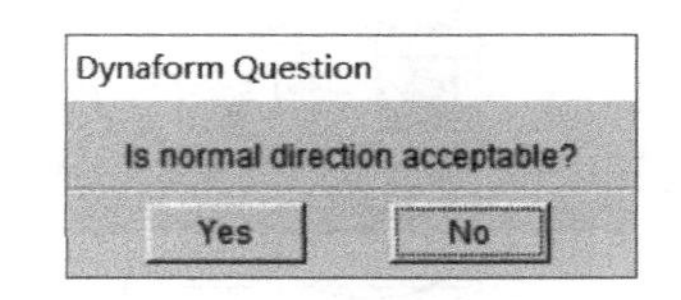

图 3-39　确定法线的方向

（2）在 Model Check/Repair 工具栏中单击 Boundary Display（边界线显示）工具按钮，此时边界线高亮显示，如图 3-41 所示。在观察边界线显示结果时，为更好地观察结果中存在的缺陷，可将曲线、曲面、单元和节点都不显示，所得结果如图 3-42 所示。

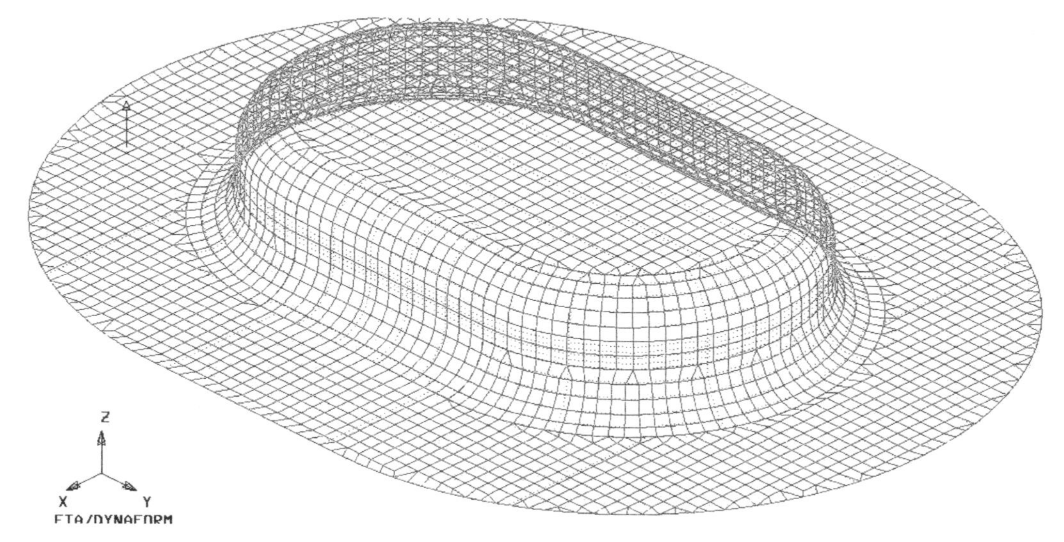

图 3-40　单元的法线方向

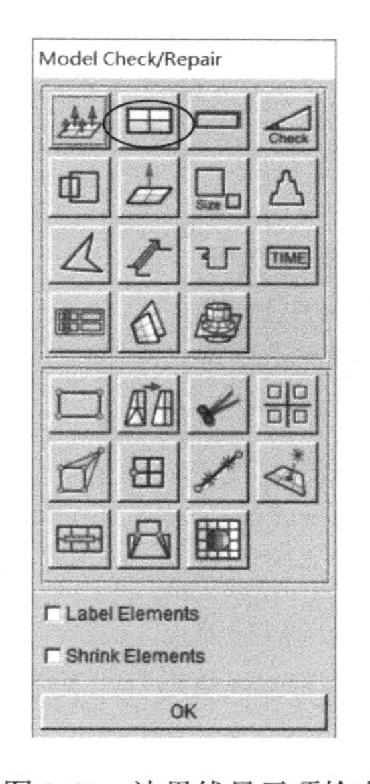

图 3-41　边界线显示项检查

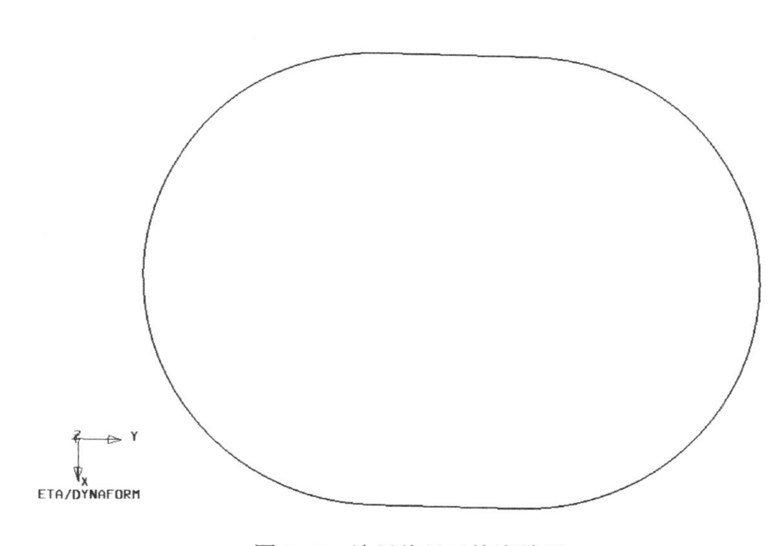

图 3-42　边界线显示检查结果

3.4 快速设置

快速设置操作步骤如下所述。

1）创建 BINDER 层及网格划分

选择 Parts→Create 菜单项，弹出如图 3-43 所示的对话框，创建一个新零件层，命名为 BINDER，作为压边圈零件层，同样系统自动将新建的零件层设置为当前零件层。选择 Parts→Add…To Part 菜单项，弹出如图 3-44 所示的对话框。单击 Element（s）按钮，选择下模的法兰部分，添加网格到 BINDER 零件层，弹出如图 3-45 所示的对话框。单击 Spread 按钮，选择通过向四周发散的方法，与角度滑动条配合使用，如果被选中单元的法向矢量和与其相邻单元的法向矢量之间的夹角不大于给定的角度 1°，相邻的单元就被选中。选择 BINDER 作为目标零件层，如图 3-46 所示，最终网格划分的结果如图 3-47 所示。

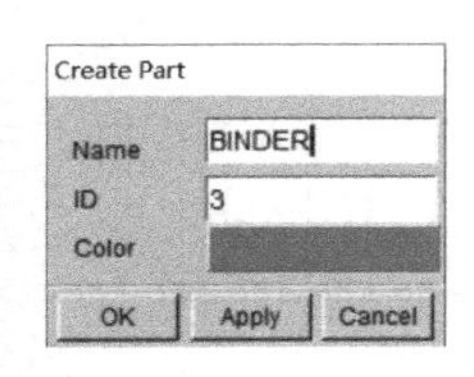

图 3-43 Create Part 对话框

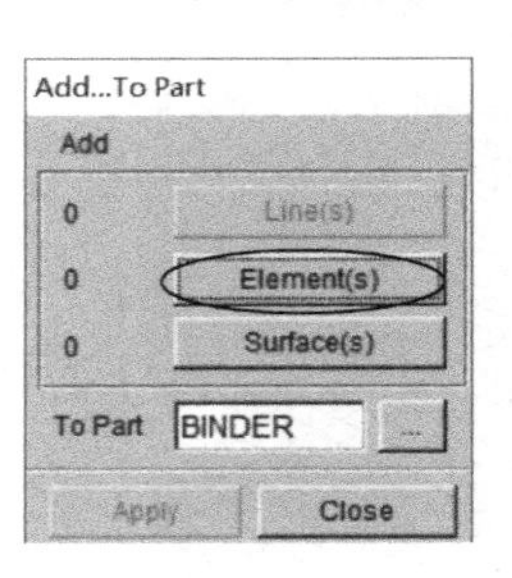

图 3-44 Add…To Part 对话框

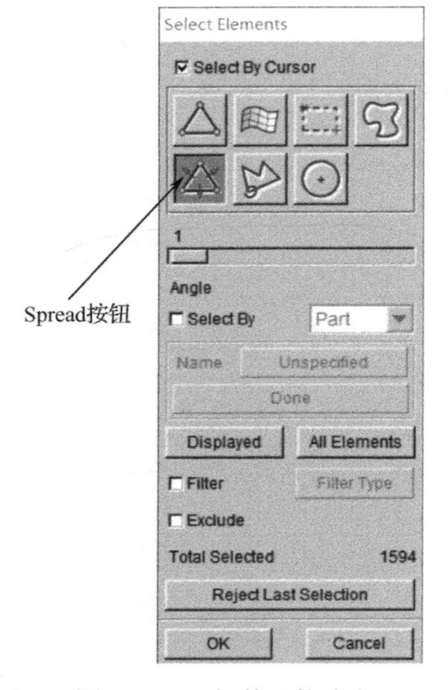

图 3-45 添加单元的选取

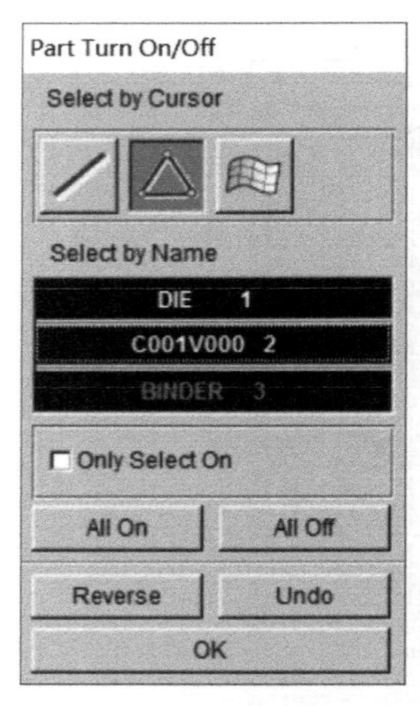

图 3-46 选择目标零件层

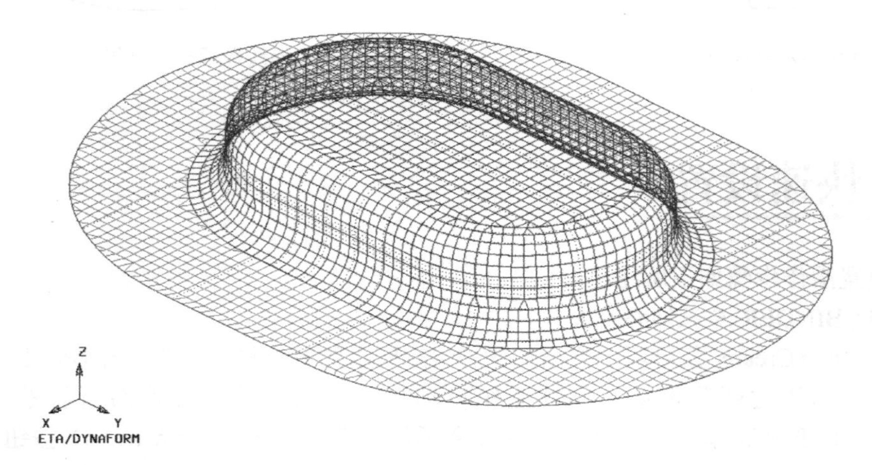

图 3-47 最终网格划分的结果

2）分离 DIE 和 BINDER

经过上述操作后，DIE 和 BINDER 零件层拥有了不同的单元组，但是它们沿着共同的边界处还有共享的节点，因此需要将它们分离开来，使其能够拥有各自独立的运动。选择 Parts→Separate（零件/分离）菜单项，弹出如图 3-48 所示的对话框，分别单击 DIE 和 BINDER 零件层，单击 OK 按钮结束分离。关闭除 BINDER 外的所有零件层，观察所得的压边圈，结果如图 3-49 所示。

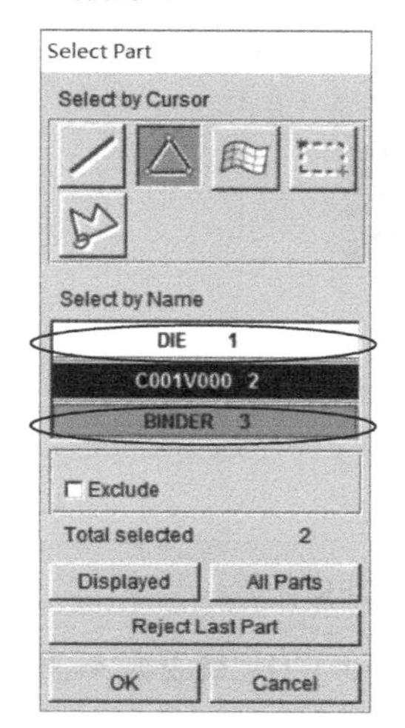

图 3-48　Select Part 对话框

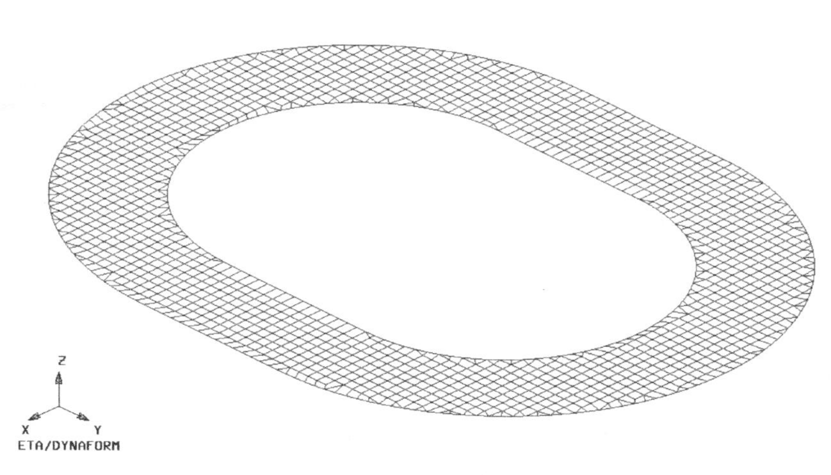

图 3-49　压边圈

3）快速设置界面

选择 Setup→Draw Die（拉伸模设置）菜单项，弹出如图 3-50 所示的对话框，未定义的工具以红色高亮显示。用户首先确定拉延类型，此例中拉伸类型为 Single action（单动）或 Inverted draw（反向拉伸），下模可用。通过单击 Draw Type（拉伸类型）窗口中的按钮来定义工具和材料。

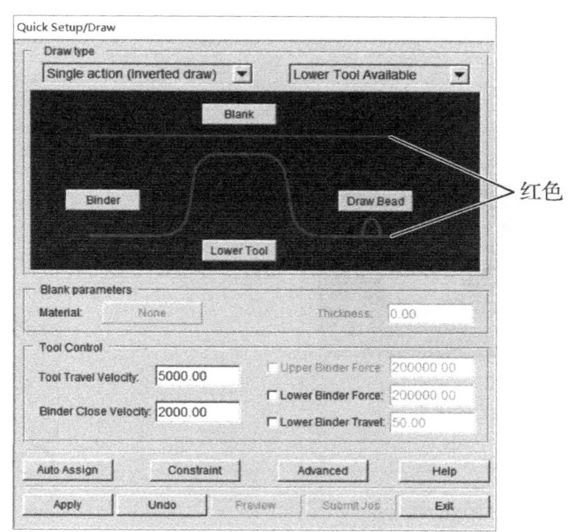

图 3-50　Quick Setup/Draw 对话框

4）定义工具

定义压边圈的操作如下所述。

单击 Binder 按钮，然后从 Define Tool（定义工具）对话框选择 Select Part（选择零件）选项，从 Define Binder（定义压边圈）对话框选择 Add 选项，从零件层列表选择零件层 BINDER，过程如图 3-51 和图 3-52 所示。

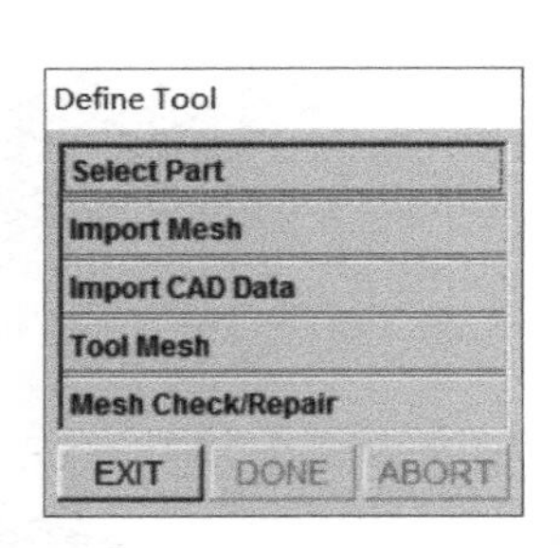

图 3-51　选择 BINDER

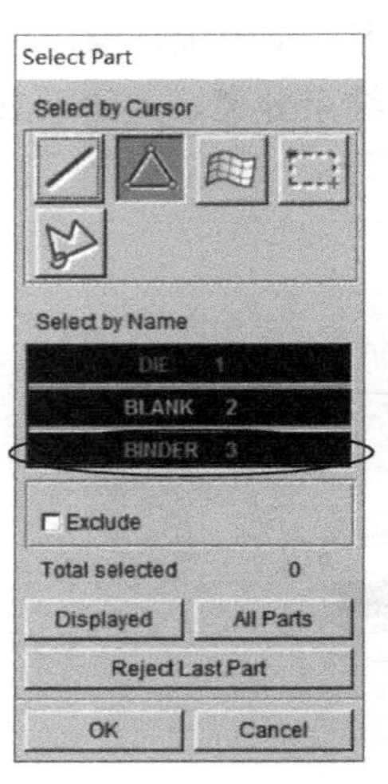

图 3-52　设置 BINDER

重复同样的过程定义 Lower Tool（下模）和 Blank（毛坯）。由于该制件的拉深成型不需要设置拉延筋 Draw Bead，所以不用定义它。一旦工具定义完后，Quick Setup/Draw 窗口中的工具颜色将变为绿色，如图 3-53 所示。

由于在前面的零件编辑中各零件层的命名与工具定义中默认的工具名相同，所以可以单击图 3-50 中的 Auto Assign（自动指定）按钮自动定义工具。

5）定义毛坯材料

单击图 3-50 中 Blank parameters（毛坯参数）选项区域的 None（无）按钮，弹出如图 3-54 所示的对话框。单击 New 按钮，弹出“材料属性输入”对话框。将 CQ 的材料属性输入对应的文本框，单击 OK 按钮确认退出。在 Thickness 处输入 1.0，作为材料厚度。

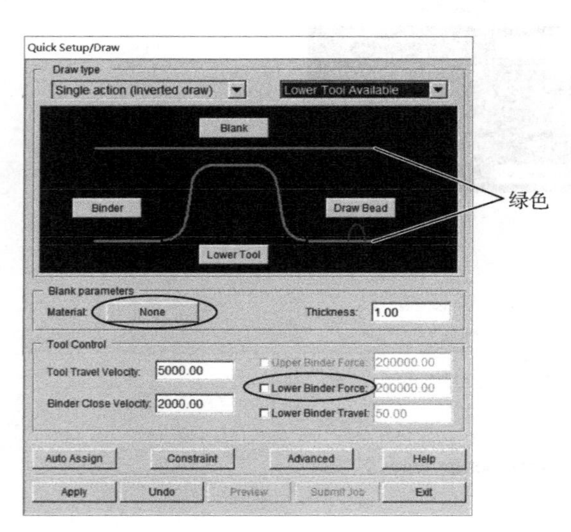

图 3-53　工具定义完成后的设置界面

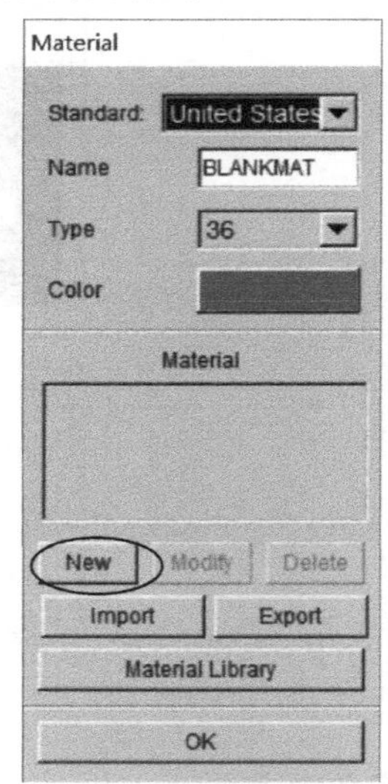

图 3-54　定义毛坯操作

6）设置工具控制参数

在 Quick Setup 对话框中，Tool Control 选项区的 Tool Travel Velocity（工具速度）和 Binder Close Velocity（压边接近速度）设置了默认值 5000 和 2000。该值远远大于实际成型中的工具运动速度，为了更有效地模拟成型过程，又不过大影响计算效率，可以将该值缩小一定比例。

选中 Lower Binder Force（降低压边力）复选框，输入压边力。压边力的设置对成型模拟结果影响很大：过大，会导致破裂现象；过小，会使制件的法兰部分产生起皱现象，所以在输入前需要进行计算，确保压边力设置得当。压边力的计算公式为 $F_Q=Ap$，其中 A 为在压边圈下的毛坯投影面积（mm^2），p 为单位压边力（MPa），视材料而定，硬铝的 p 值为 1.2～1.8。通过计算，将压边力设置为 12000N。

其他采用默认值。单击 Apply 按钮，程序自动创建配对模具，放置模具并产生相应的运动曲线，结果如图 3-55 所示。

单击 Preview（预览）按钮预览模具运动，确保模具运动正确后可以定义最后参数并进行分析求解。

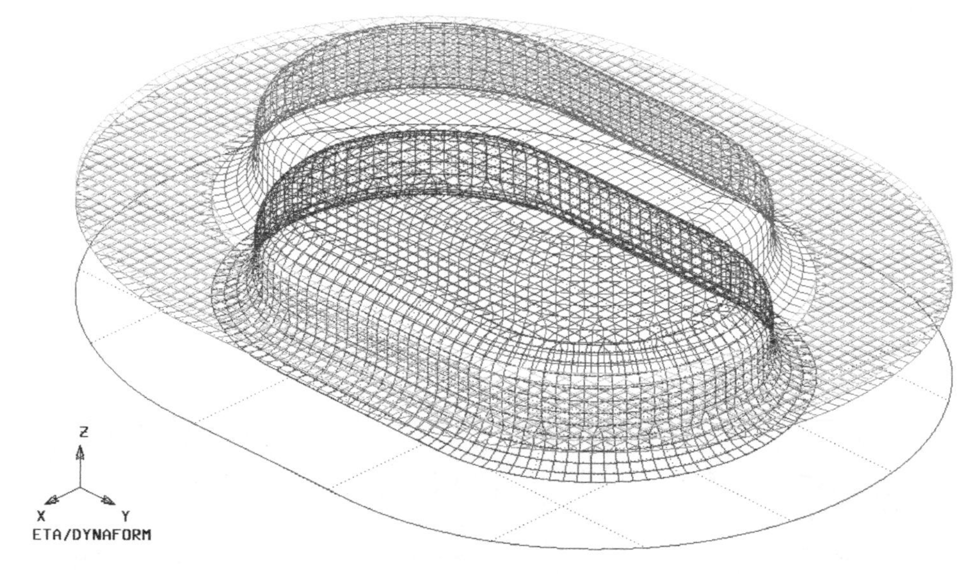

图 3-55　模具设置结果

3.5 分析求解

单击 Submit Job（提交工作）按钮弹出 Analysis（分析）对话框，如图 3-56 所示。单击 Analysis（分析）对话框中的 Control Parameters（控制参数）按钮，弹出如图 3-57 所示的对话框。对于新用户，建议使用默认控制参数，单击 OK 按钮。对于 Adaptive Parameters（自适应参数）选项，同样采用默认值。在 Analysis（分析）下拉列表框中选择 Full Run Dyna（自动运行）选项提交作业。选中 Full Run Dyna（自动运行）复选框，输入内存数量为 120MB，然后单击 OK 按钮开始计算。求解器将在后台运行，如图 3-58 所示。

求解器以 DOS 窗口显示计算运行状况。程序给出了大概完成时间。由于采用了自适应网格划分，在计算过程中会有几次网格的重新划分，所以该时间并不准确。同样，CPU 的数量和速度也会对计算时间产生影响。

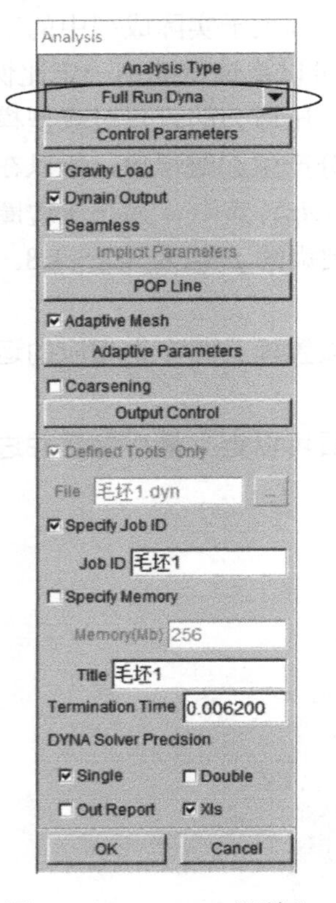

图 3-56　Analysis 对话框

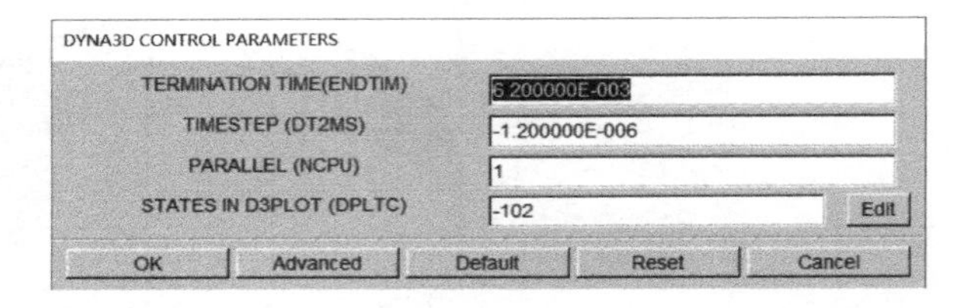

图 3-57　DYNA3D CONTROL PARAMETERS 对话框

图 3-58　求解器窗口

3.6 后置处理

后置处理包括以下几个步骤：

1）绘制变形过程

单击菜单栏中的 PostProcess（后处理）选项，进入 DYNAFORM 后处理程序，即通过此接口转入 EtaPost 后处理界面，如图 3-59 所示。

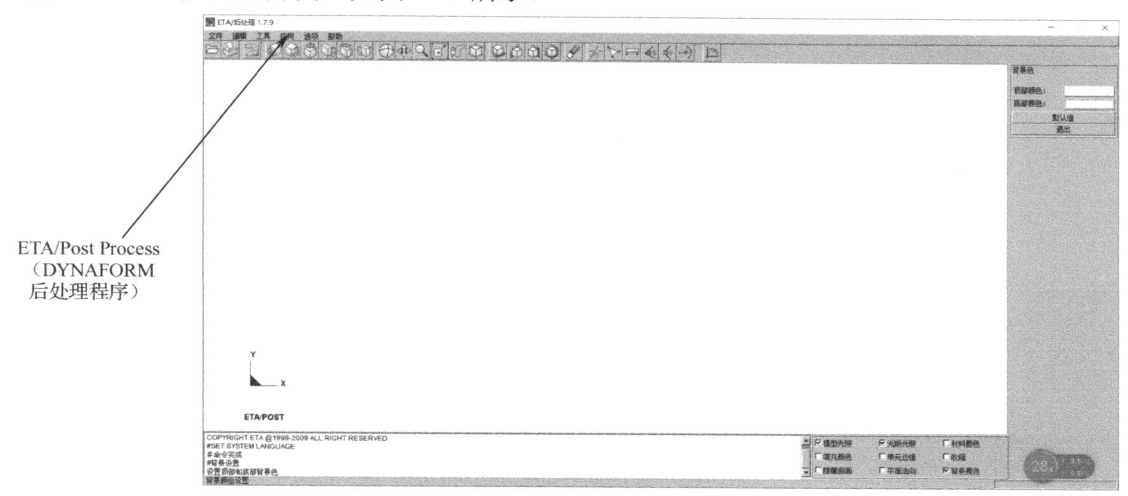

图 3-59　EtaPost 后处理界面

选择 File→Open 菜单项，浏览找到保存结果文件的目录，选择正确的文件格式，然后选择 d3plot 文件，单击 Open 按钮读入结果文件。系统默认的绘制状态是绘制变形过程(Deformation)，可在帧（Frame）下拉列表框中选择 All Frame（所有帧）选项，然后单击 Play 按钮动画显示过程的变化，也可选择单帧对过程中的某步进行观察，如图 3-60 所示，最终得到的零件外形如图 3-61 所示。

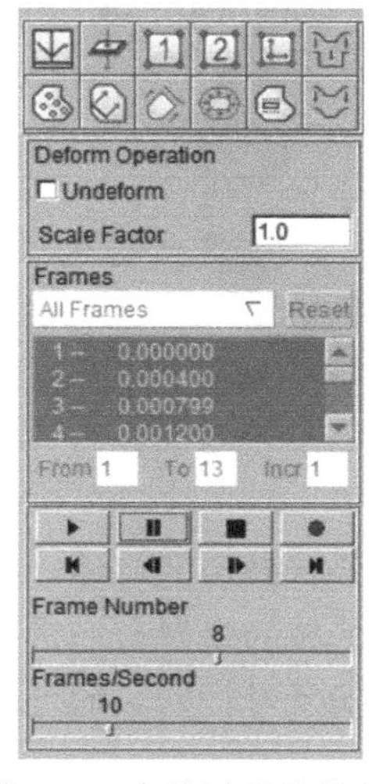

图 3-60　变化过程的绘制

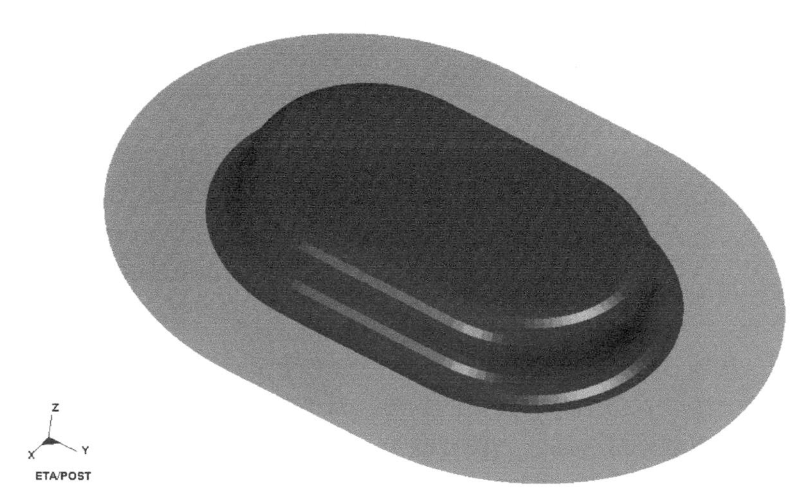

图 3-61　零件的最终外形图

2）绘制厚度变化过程，成型极限图

单击如图 3-62 所示的两个按钮，可绘制成型过程中毛坯厚度的变化过程（如图 3-63 所示）和零件的成型极限图（如图 3-64 所示）。同上所述可在帧（Frame）下拉列表框中选择 All Frame 选项，然后单击 Play 按钮，采用动画显示过程的变化，也可选择单帧对过程中的某步进行观察，根据计算数据分析成型结果是否满足工艺要求。

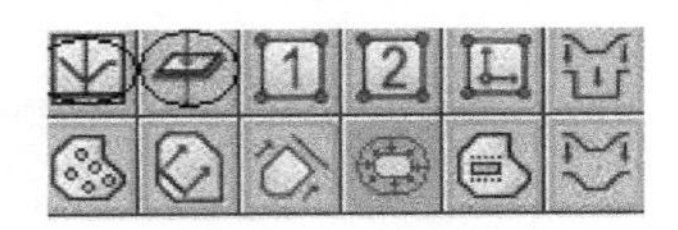

图 3-62 成型过程控制按钮

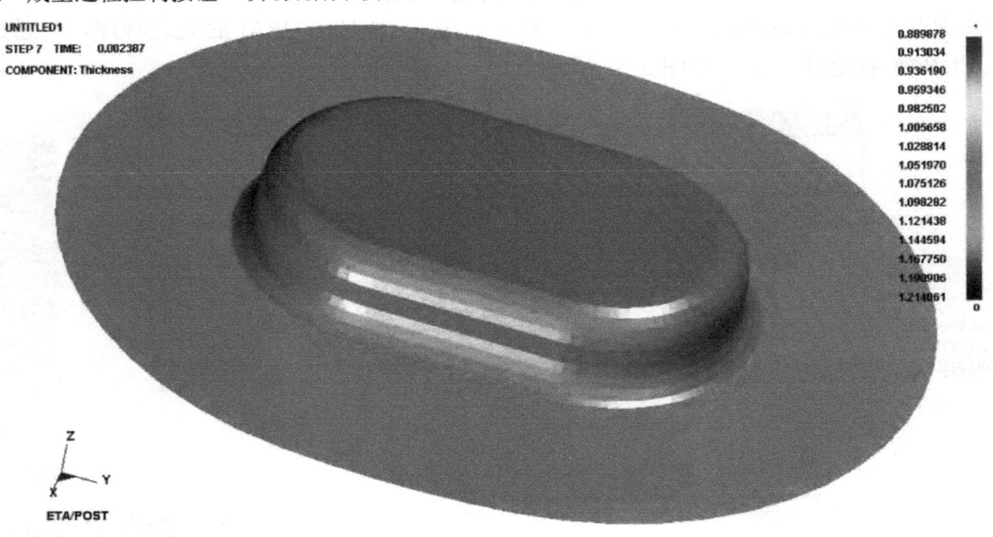

图 3-63 最终零件的壁厚分布情况

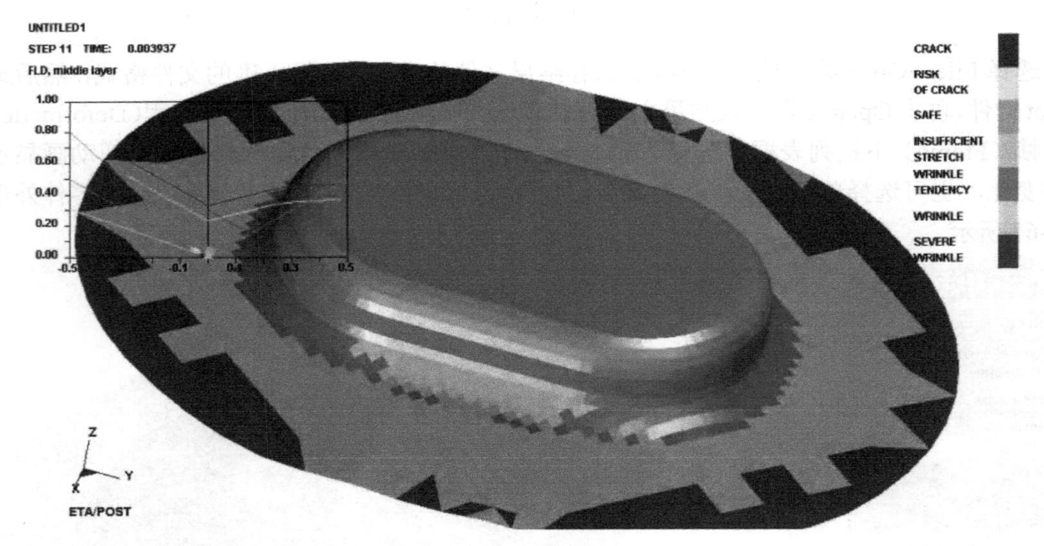

图 3-64 成型极限图

从图 3-63 所示最终零件的壁厚分布情况可以看出，在制件底部圆角处有破裂的可能，在制件的法兰直边部分有起皱的趋势。为了确定是否有破裂和起皱，对危险区域的壁厚分布进行测量，根据实际经验，当壁厚减量小于 20%、壁厚增量小于 5%时，都是安全可行的。通过测量，两个数值都在控制范围内，所以拉深过程是可行的。

Chapter 4

第4章

V形件弯曲回弹过程分析

4.1 弯曲回弹概述

弯曲是利用模具将板料、棒料、管料和型材等弯曲成一定形状及角度的零件的冲压成型方法。根据所用设备的不同，弯曲件的弯曲方法有压弯、滚弯、折弯、拉弯等，如图 4-1 所示。

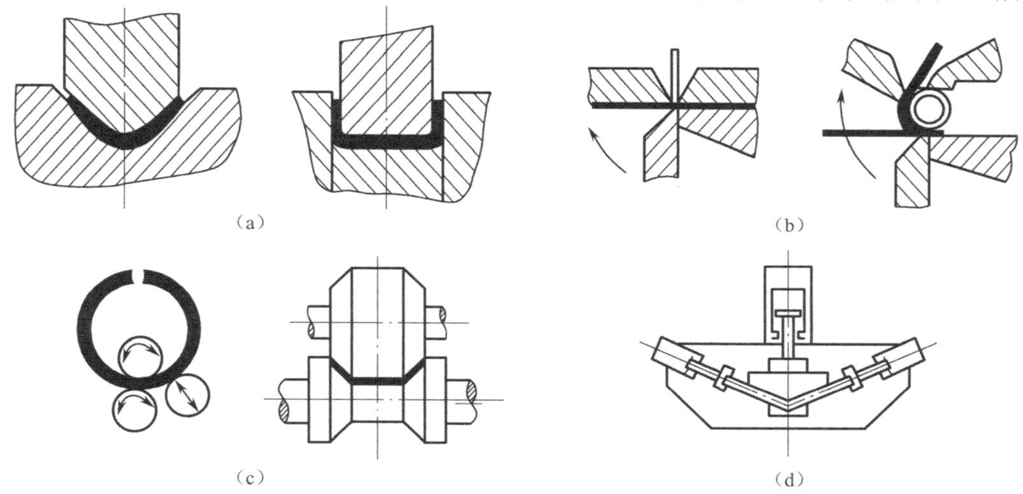

图 4-1　弯曲件的弯曲方法

弯曲件的弯曲过程如图 4-2 所示。

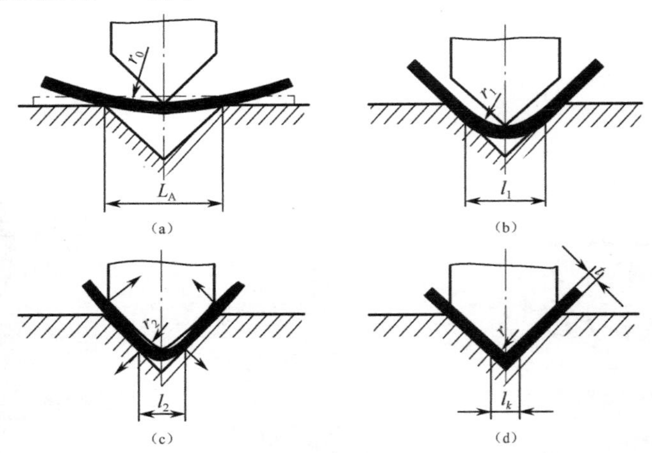

图 4-2 弯曲件的弯曲过程

弯曲件的变形特点：

（1）工件分成了直边和圆角两个部分，变形主要发生在圆角部分。

（2）变形区变形不均匀：外区切向受拉伸长；内区切向受压缩短，出现应变中性层，即变形前后长度不发生变化的金属层。

（3）变形区厚度变薄。

（4）横截面的变化：宽板不变，窄板内区变宽、外区变窄，如图 4-3 所示。

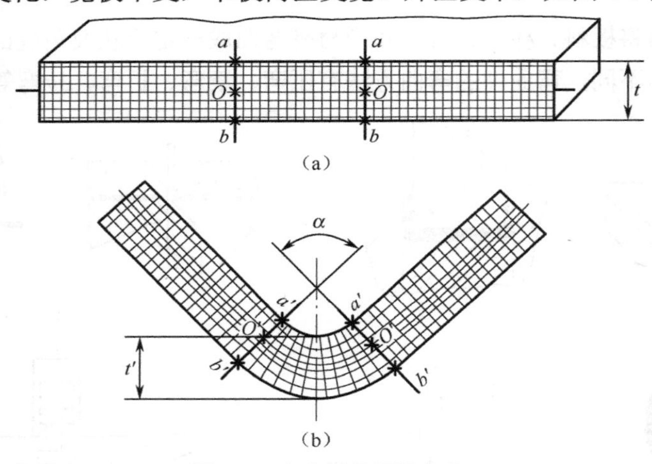

图 4-3 弯曲横截面的变化

弯曲现象及弯曲中的问题如图 4-4 和图 4-5 所示，主要有：

（1）回弹；

（2）弯裂；

（3）变形区变薄；

（4）长度增加；

（5）翘曲；

（6）截面畸变。

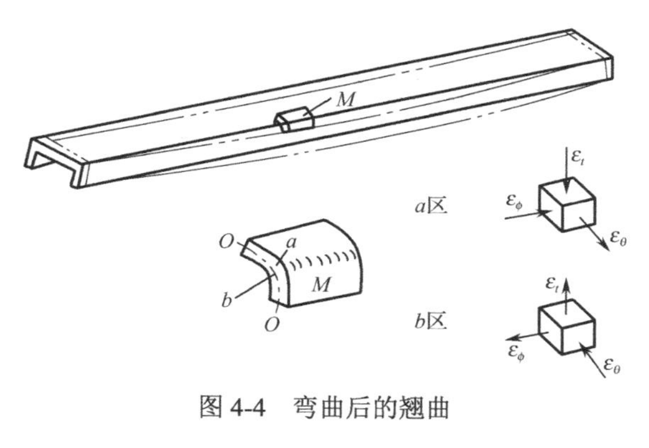

图 4-4　弯曲后的翘曲

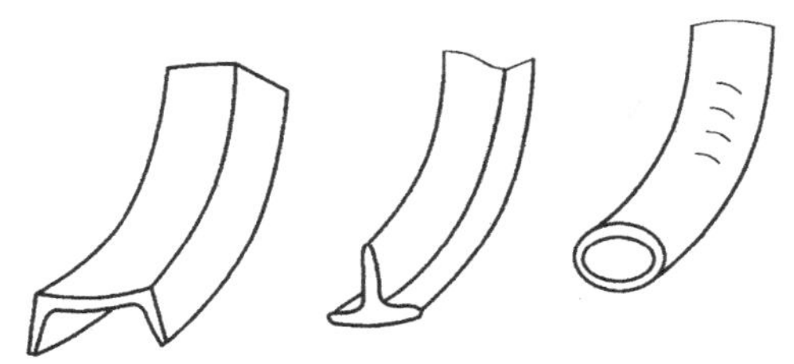

图 4-5　型材、管材弯曲后的剖面畸变

回弹现象：当弯曲件从模具中取出时，其形状和尺寸变得与模具不一致的现象叫弯曲回弹，简称回弹、弹复或回跳。

在板料成型中，回弹是模具设计要考虑的关键因素，零件的最终形状取决于成型后的回弹。回弹现象主要表现为整体卸载回弹、切边回弹和局部卸载回弹。回弹的原因主要是塑性弯曲时的总变形是由塑性变形和弹性变形两部分组成，当外载荷去除后，塑性变形保留下来，而弹性变形会完全消失。弯曲回弹的表现形式如下所述。

1）曲率减小

卸载前板料中性层的半径为ρ，卸载后增加至ρ_0。曲率则由卸载前的 $1/\rho$减小至卸载后的$1/\rho_0$。如以Δk 表示曲率的减少量，则$\Delta k=1/\rho-1/\rho_0$。

2）弯角减小

卸载前板料变形区的张角为α，卸载后减小至α_0，所以角度的减小$\Delta\alpha$为$\Delta\alpha=\alpha-\alpha_0$。$\Delta k$ 和$\Delta\alpha$即为弯曲板料的回弹量。

回弹量的计算主要是先根据经验数值和简单的计算来初步确定模具工作部分尺寸，然后在试模时进行修正。影响弯曲件回弹量的因素如下所述。

（1）材料的力学性能。屈服极限越大、硬化指数越高，回弹量越大；弹性模量越大，回弹越小。

（2）相对弯曲半径。半径越大，回弹越大。

（3）弯曲方式及弯曲模。校正弯曲的回弹比自由弯曲大为减小。

（4）弯曲角。弯曲角越大，变形区的长度越长，回弹积累值也越大，故回弹角越大。

（5）工件形状。形状越复杂、一次弯曲的角度越多，回弹越小。

减少回弹的措施主要有：

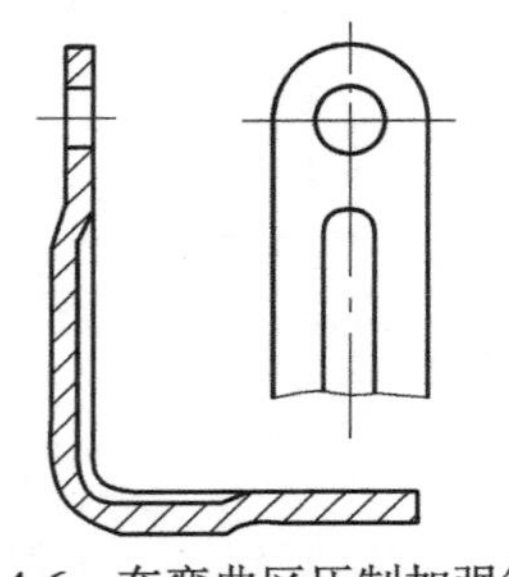

图 4-6　在弯曲区压制加强筋

（1）避免选用过大的相对弯曲半径 r/t。如有可能，在弯曲区压制加强筋，以提高零件的刚度，抑制回弹，如图 4-6 所示。

（2）采取适当的弯曲工艺。采用校正弯曲代替自由弯曲。

对冷作硬化的材料先退火，使其屈服点σ_s降低。对回弹较大的材料，必要时可采用加热弯曲。

（3）合理设计弯曲模——补偿法，如图 4-7 所示。

（4）改变变形区的应力、应变状态，如图 4-8 所示。

（5）采用软模法，如图 4-9 所示。

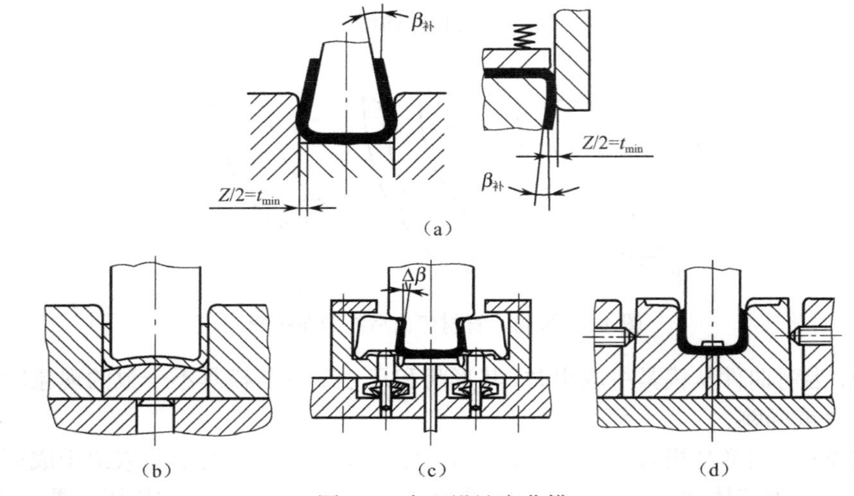

图 4-7　合理设计弯曲模

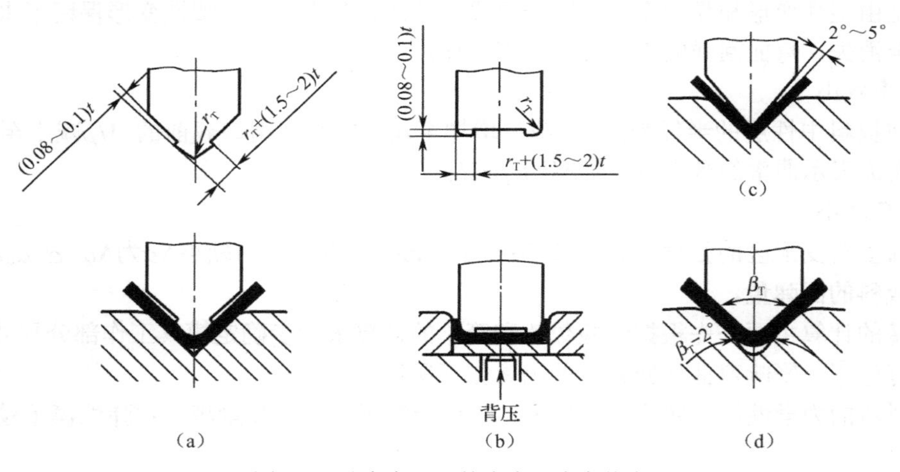

图 4-8　改变变形区的应力、应变状态

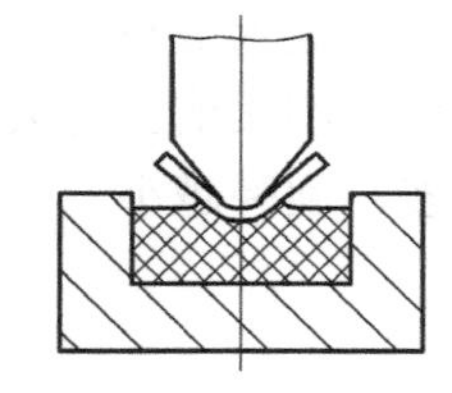

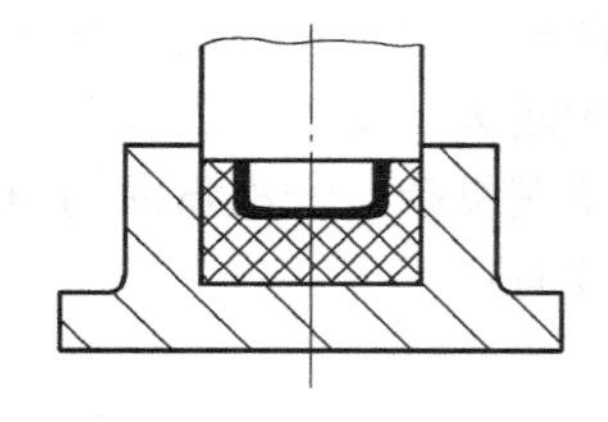

图 4-9　采用软模法

（6）采用拉弯工艺，如图 4-10 所示。

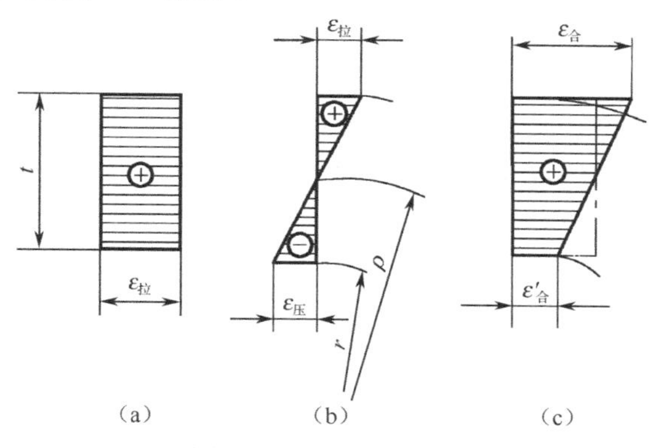

图 4-10　采用拉弯工艺

在 DYNAFORM 中有如下两种回弹分析方法。

（1）Dynain 法：分两个步骤，在零件的成型阶段用有限元显示算法求解，得到产品的成型结果；然后把计算结果（dynain 文件）导入软件中，设置回弹模型并采用有限元隐式算法进行回弹计算。

（2）Seamless 法：在零件进行成型分析时设置 Seamless，在成型计算完成后，无须人为地把计算结果导入软件中，Solver 会自动进行回弹计算。

4.2 V 形件弯曲回弹的工艺分析

本节以常用的 V 形件为研究对象，以 Dynain 法为例讲解运用 DYNAFORM 进行弯曲回弹的分析过程，并将所得到的数值模拟结果与理论值进行比较。V 形件材料为 LY12M，规格为 120mm×40mm，厚度为 1.2mm，弯曲角度为 90°，曲率半径为 10mm。V 形弯曲件尺寸如图 4-11 所示。

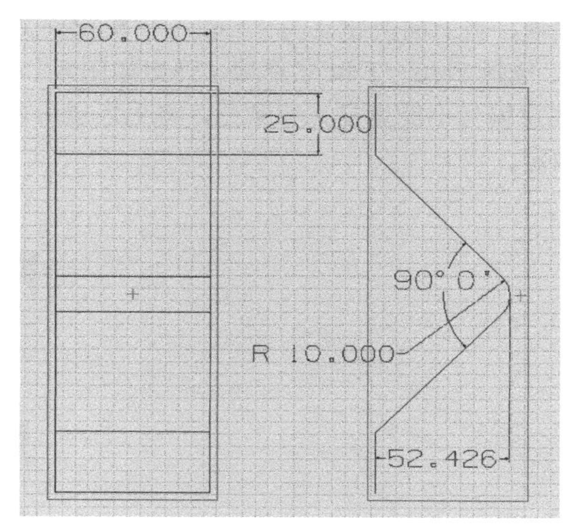

图 4-11　V 形弯曲件尺寸

4.2.1 创建三维模型

利用 CATIA、Pro/E、SolidWorks 或者 Unigraphics 等 CAD 软件建立毛坯轮廓线和下模 DIE（实际为下模 DIE 和压边圈 BINDER 的集合体）的实体模型，如图 4-12 和图 4-13 所示。将所建立的模型文件以“*.igs”格式进行保存。由于所建立的下模在成型过程中与制件的外表面接触，所以其几何尺寸与制件的外表面尺寸一致。

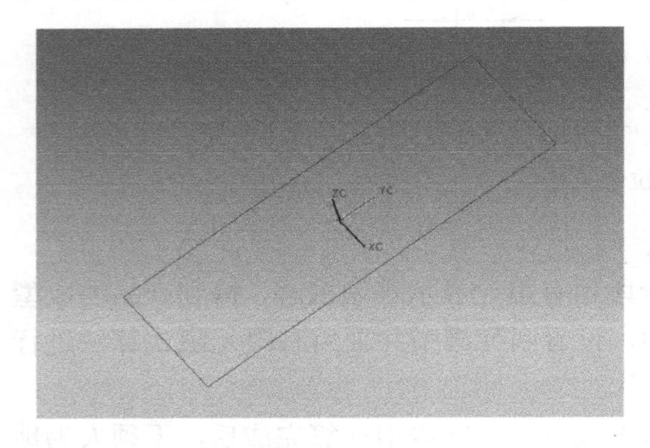

图 4-12 毛坯轮廓线

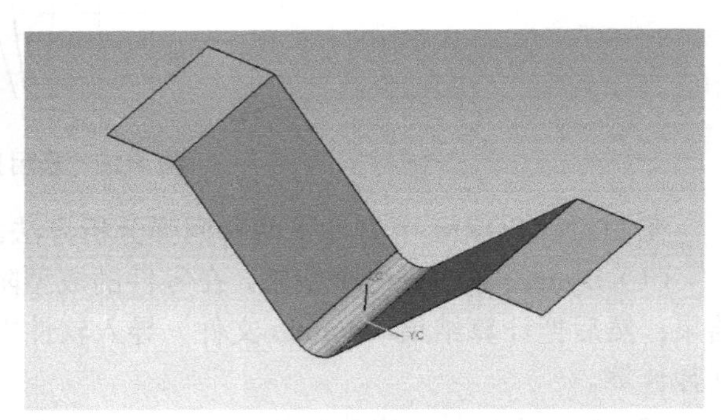

图 4-13 下模模型图

4.2.2 数据库操作

数据库操作步骤如下所述。

1）创建 DYNAFORM 数据库

选择 File→New 菜单项，再选择 File→Save as 菜单项，修改默认文件名，将所建立的新的数据库保存在自己设定的目录下。

2）导入模型

选择 File→Import 菜单项，将上面所建立的“*.igs”下模模型文件和毛坯轮廓线文件导入数据库中，如图 4-14 所示。选择 Parts→Edit 菜单项，弹出如图 4-15 所示的对话框，编辑修改各零件层的名称、编号（注意编号不能重复）和颜色，将毛坯层命名为 BLANK，将下模层命名为 DIE，单击 OK 按钮确定。

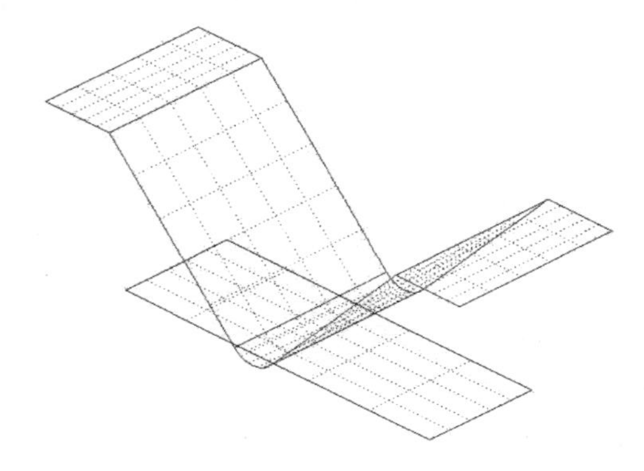

图 4-14 导入模型文件

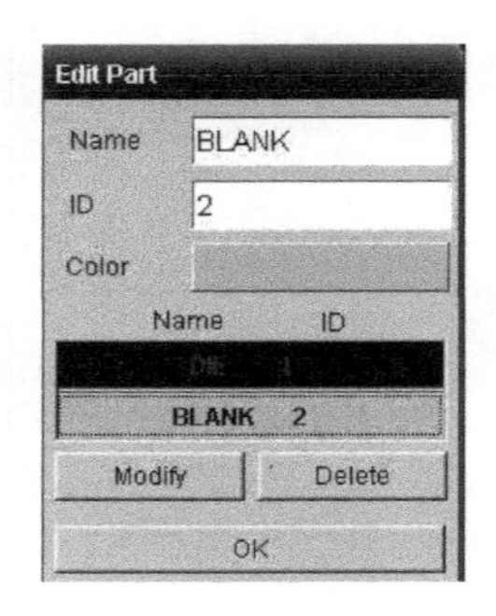

图 4-15 Edit Part 对话框

4.2.3　网格划分

网格划分的操作步骤如下所述。

1）毛坯网格划分

在确保当前文件层为毛坯零件层的前提下，选择 Tools→Blank Generator（毛坯生成器）菜单项，弹出如图 4-16 所示的对话框。单击 Boundary Line（边界线）选项，弹出如图 4-17 所示的对话框，单击 Part 按钮，弹出如图 4-18 所示的对话框，选择 Blank 选项，单击 OK 按钮确认并退出对话框。弹出如图 4-19 所示的对话框，设定网格大小的参数值，若该值越小，则所得到的网格越密，单击 OK 按钮，得到的毛坯网格如图 4-20 所示。

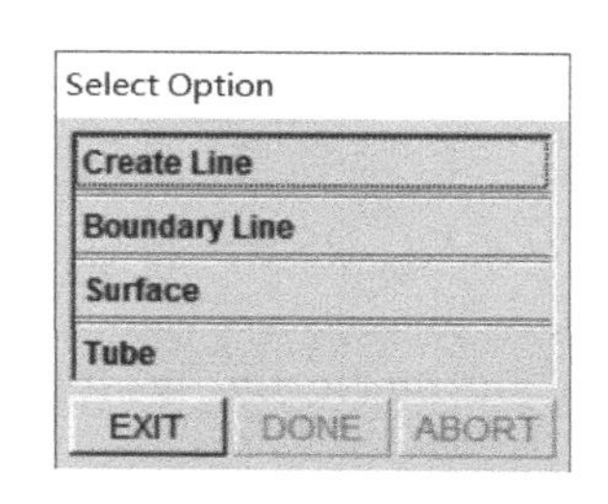

图 4-16　Select Option 对话框

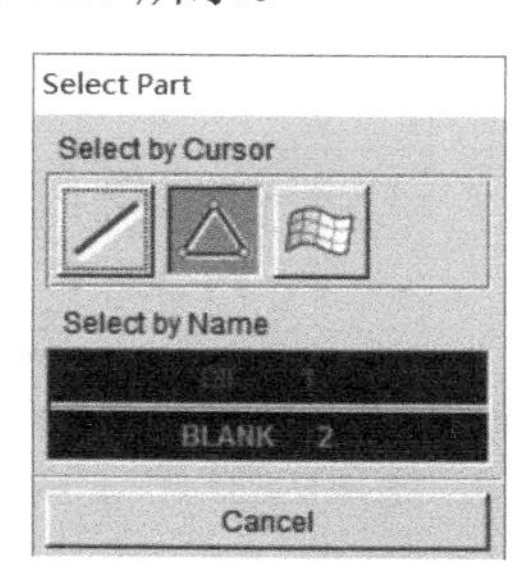

图 4-17　Select Part 对话框

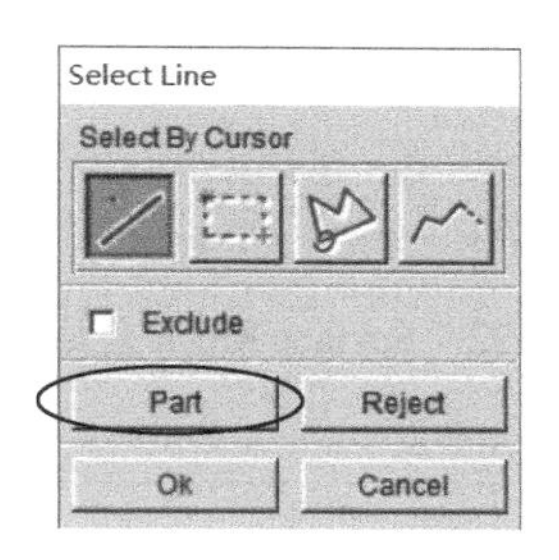

图 4-18　Select Line 对话框

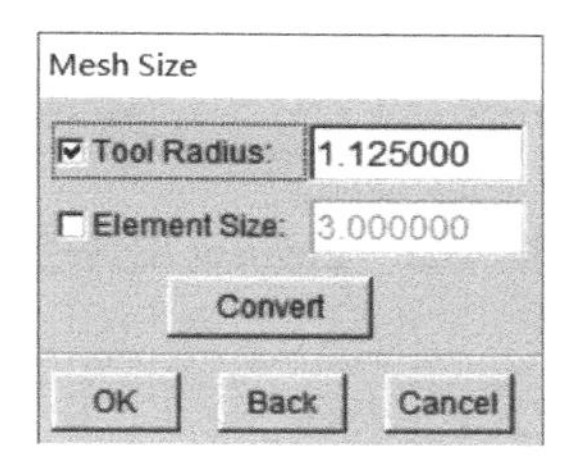

图 4-19　Mesh Size 对话框

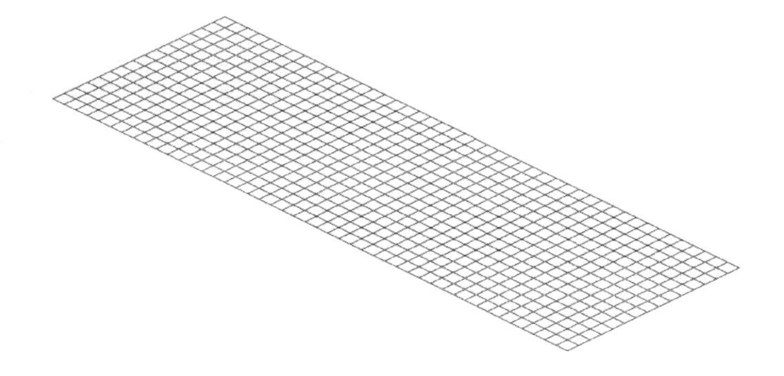

图 4-20　毛坯网格

2）工具网格划分

设定当前零件层为 DIE 层，选择 Preprocess→Element 菜单项，弹出如图 4-21 所示的工具栏，单击图中椭圆所示的选项（Surface Mesh），弹出如图 4-22 所示的对话框。

一般划分模具网格采用连续的工具网格划分（Connected Tool Mesh）。上述在对毛坯进行网格单元划分时也可采用这里的 Part Mesh 网格划分。在 Surface Mesh 对话框中设定最大单元值（Max. Size）为 2，其他各项的值采用默认值。单击 Select Surfaces 按钮，选择需要划分的曲面，操作如图 4-23 和图 4-24 所示，最后得到的网格单元如图 4-25 所示。

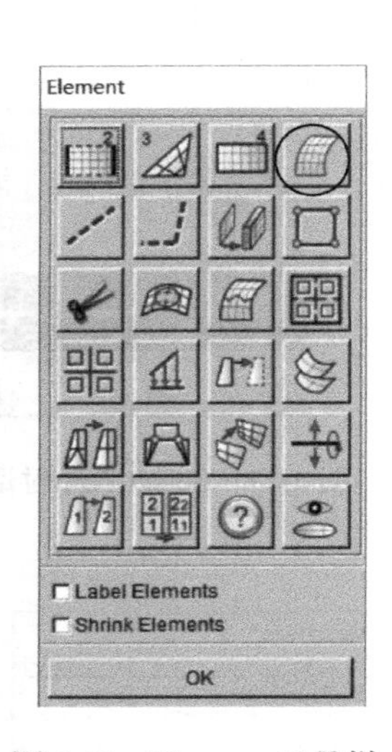

图 4-21 Element 工具栏

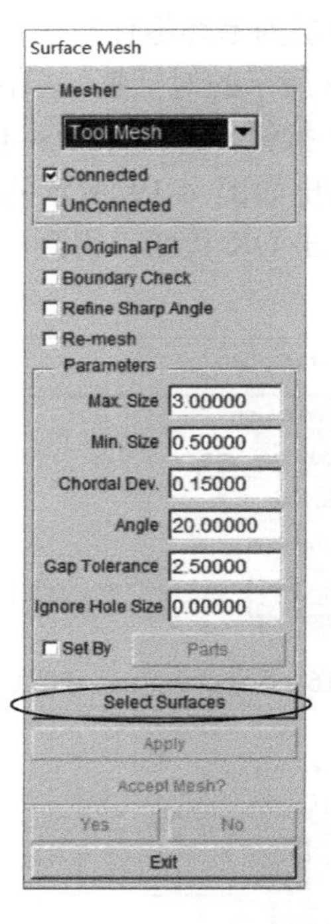

图 4-22 Surface Mesh 对话框

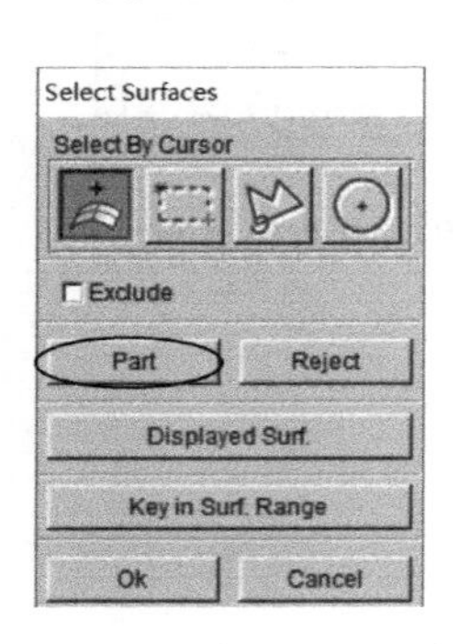

图 4-23 选择划分网格的曲面

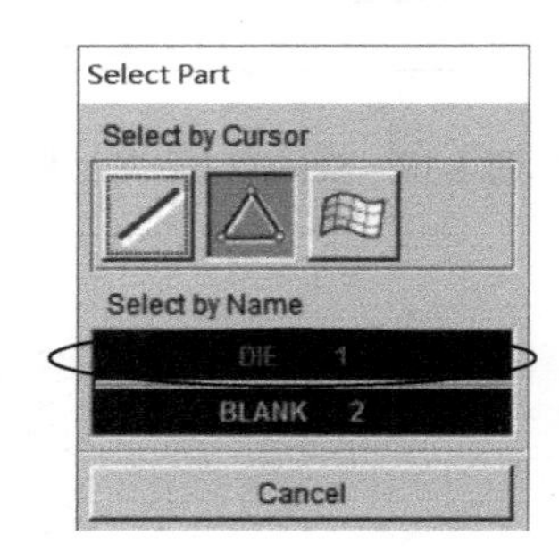

图 4-24 选择 DIE 层的曲面划分网格

3）网格检查

为了防止自动划分所得的网格存在一些影响分析结果的潜在缺陷，需要对网格单元进行检查。选择 Preprocess→Model Check→Repair 菜单项，弹出如图 4-26 所示的工具栏。最常用的检查为以下两项。

（1）在 Model Check 工具栏中单击 Auto Plate Normal（自动翻转单元法向）工具按钮，弹出如图 4-27 所示的对话框。选择 Cursor Pick Part 选项，拾取工具面，弹出如图 4-28 所示的对话框，单击 Yes 按钮确定法线方向。

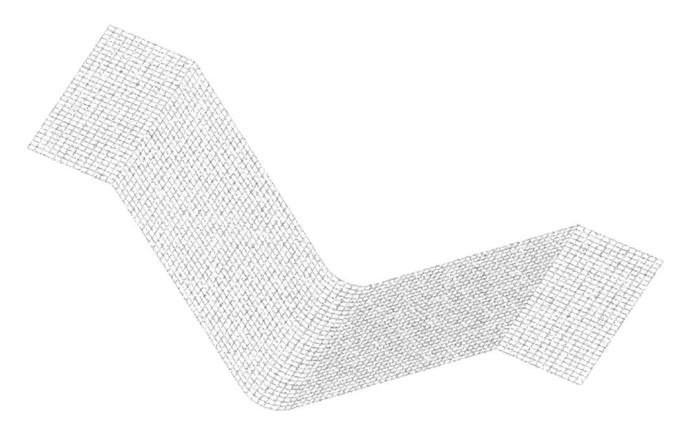

图 4-25　DIE 划分网格单元

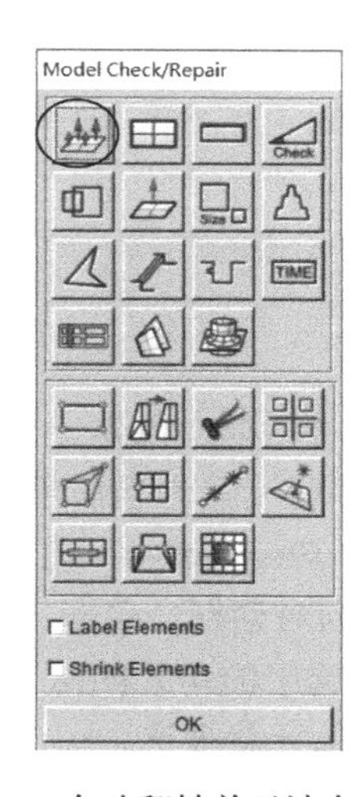

图 4-26　自动翻转单元法向检查

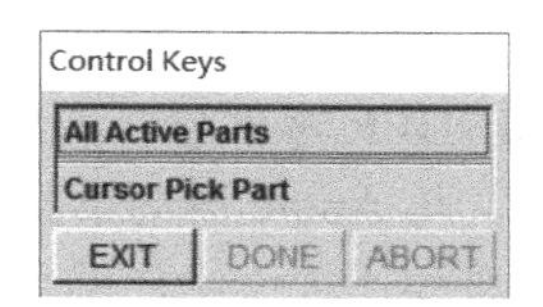

图 4-27　Control Keys 对话框

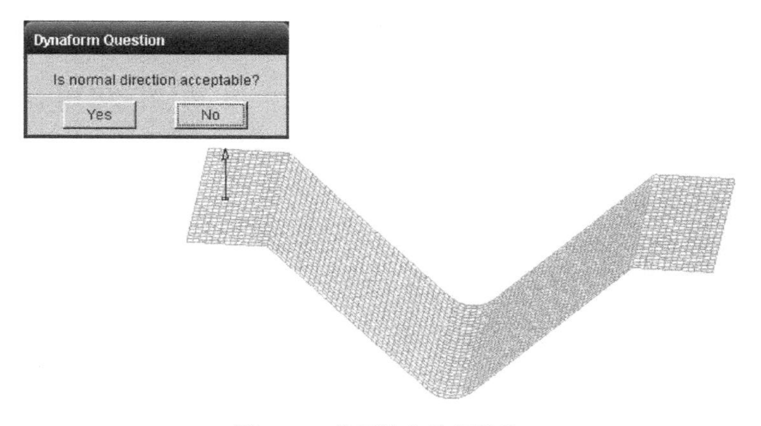

图 4-28　单元法向选择操作

（2）在 Model Check 工具栏中，单击 Boundary Display（边界线显示）工具按钮，弹出界面如图 4-29 所示，此时边界线高亮显示。在观察边界线显示结果时，为更好地观察结果中存在的缺陷，可将曲线、曲面、单元和节点都不显示，所得结果如图 4-30 所示。

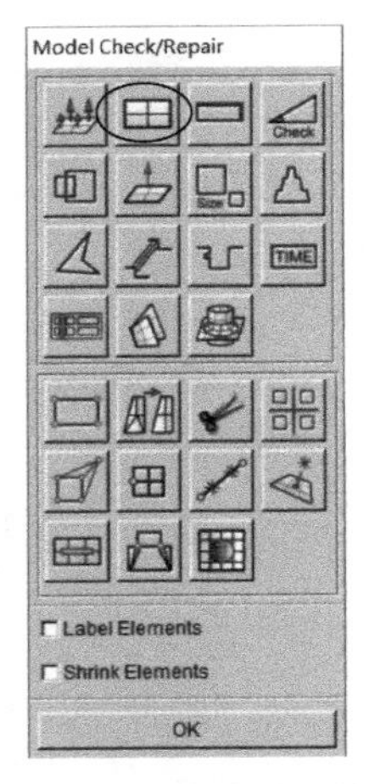

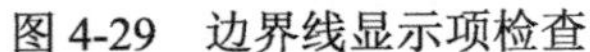
图 4-29　边界线显示项检查

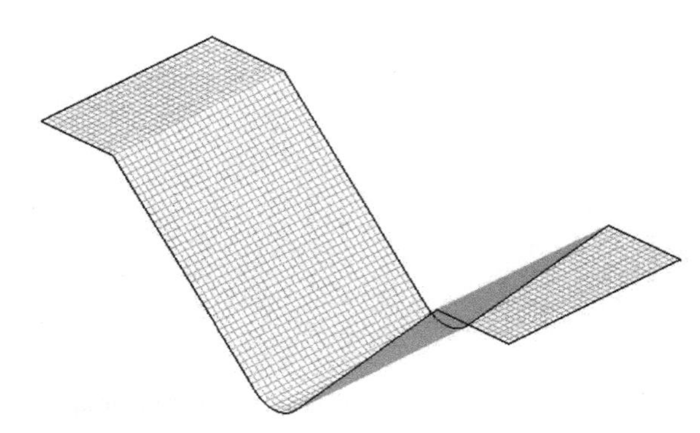
图 4-30　检查结果

4.2.4　快速设置

快速设置的操作步骤如下所述。

1）创建 BINDER 层及网格划分

选择 Parts→Creates 菜单项，弹出如图 4-31 所示的对话框，创建一个新零件层，命名为 BINDER 作为压边圈零件层，同样系统自动将新建的零件层设置为当前零件层。选择 Parts→Add...To Part 菜单项，弹出如图 4-32 所示的对话框，单击 Element（s）选项，选择下模的法兰部分，添加网格到 BINDER 零件层，弹出如图 4-33 所示的对话框。单击 Spread 按钮，选择通过向四周发散的方法，与 Angle 滑动条配合使用，如果被选中的单元的法向矢量和与其相邻单元的法向矢量之间的夹角不大于给定的角度 1°，相邻的单元就被选中。选择 BINDER 作为目标零件层，如图 4-34 所示。最终网格划分的结果如图 4-35 所示。

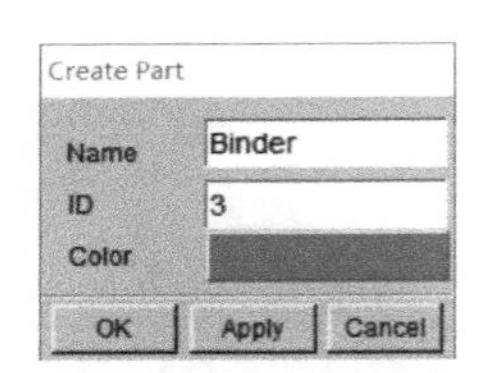

图 4-31　创建 BINDER 零件层

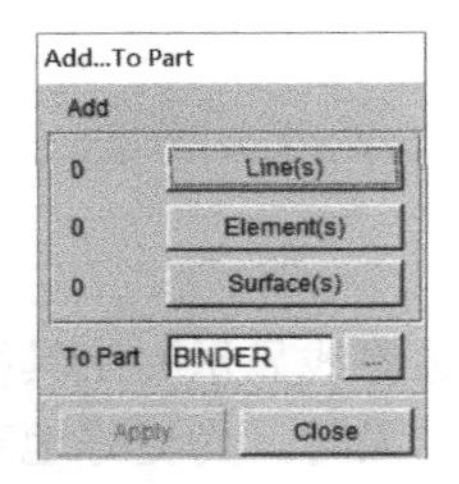

图 4-32　Add...To Part 对话框

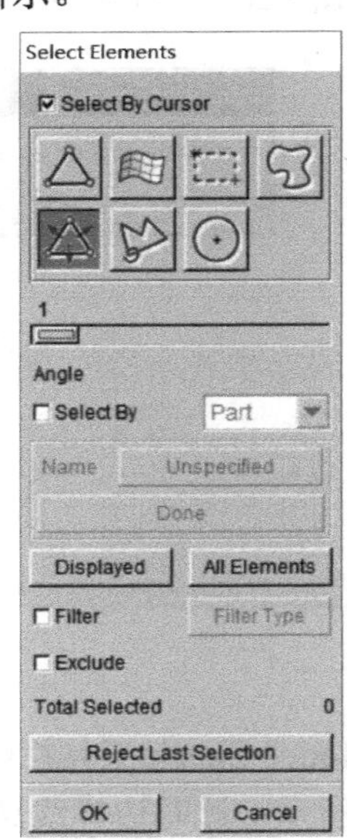

图 4-33　添加单元的选取

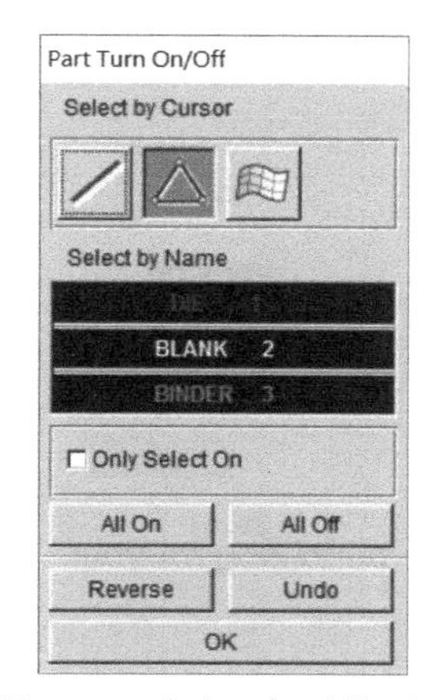

图 4-34　选取目标零件层

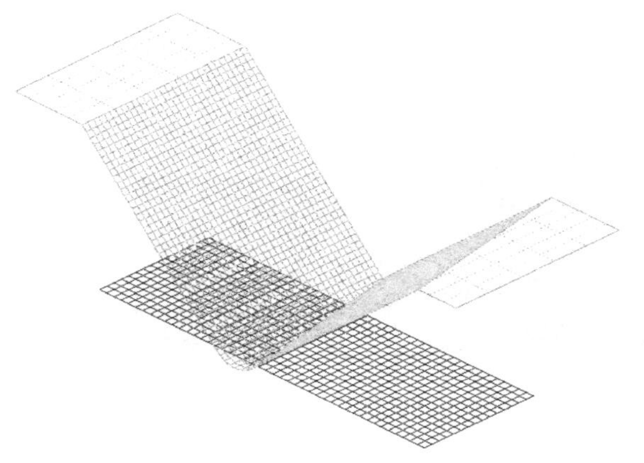

图 4-35　最终网格划分的结果

2）分离 DIE 层和 BINDER 层

经过上述操作后，DIE 和 BINDER 零件层拥有了不同的单元组，但是它们沿着共同的边界处还有共享的节点，因此需要将它们分离开来，使之能够拥有各自独立的运动。选择 Parts→Separate 菜单项，弹出如图 4-36 所示的对话框，分别单击 DIE 和 BINDER 零件层，单击 OK 按钮结束分离。关闭除 BINDER 外的所有零件层，查看所得的压边圈，结果如图 4-37 所示。

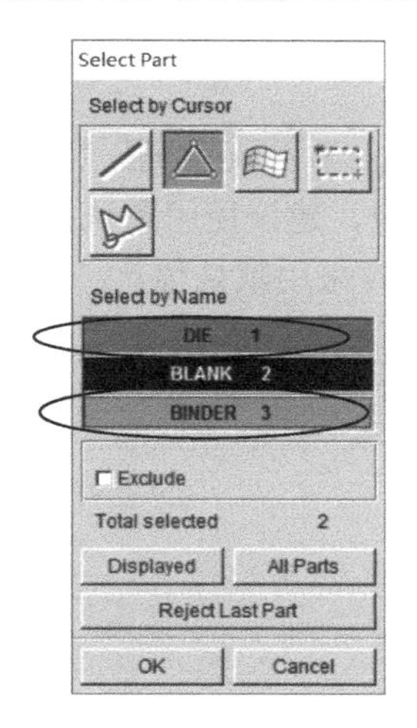

图 4-36　Select Part 对话框

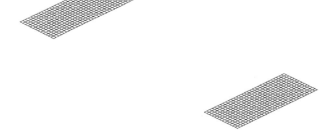

图 4-37　压边圈

3）快速设置界面

选择 QuickSetup→Draw Die 菜单项。如图 4-38 所示，未定义的工具以红色亮度显示。用户首先确定 Draw type 和 Available tool（可用工具）选项的类型。此例中拉深类型为 Single action (Inverted draw)，Upper Tool Available（上模可用）。通过单击相应工具名称按钮来定义工具和材料。

4）定义工具

由于在前面的零件编辑中各零件层的命名与工具定义中默认的工具名相同，所以可以单击快速设置界面中的 Auto Assign 按钮自动定义工具。

5）定义毛坯材料

单击 Quick Setup 对话框 Blank parameters 选项区的 None 按钮，弹出如图 4-39 所示的对话

框。单击 New 按钮弹出 Material 对话框。将 LY12M 的材料属性输入对应的文本框，单击 OK 按钮确认退出。在 Thickness 文本框输入 1.4mm 作为材料厚度。

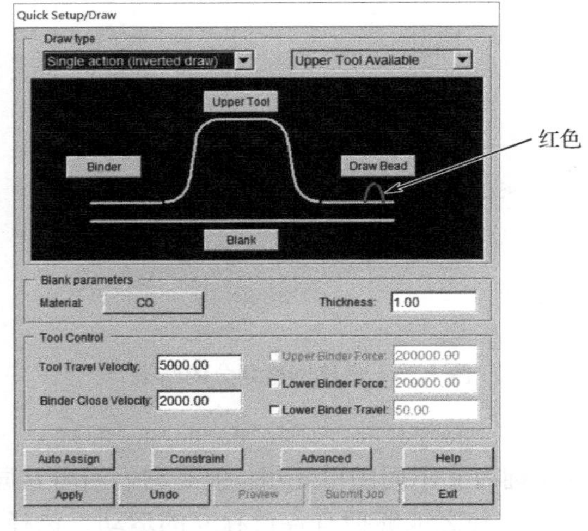

图 4-38 Quick Setup/Draw 对话框

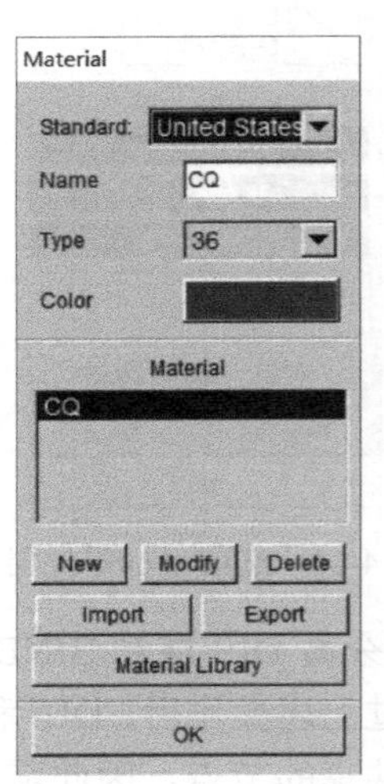

图 4-39 Material 对话框

4.2.5 分析求解

单击 Submit Job 按钮，弹出 Analysis 对话框，如图 4-40 所示。单击 Analysis 对话框中的 Control Parameters 按钮，弹出如图 4-41 所示的对话框。对于新用户，建议使用默认控制参数，单击 OK 按钮。对于 Adaptive Parameters（自适应参数）选项，同样采用默认值。

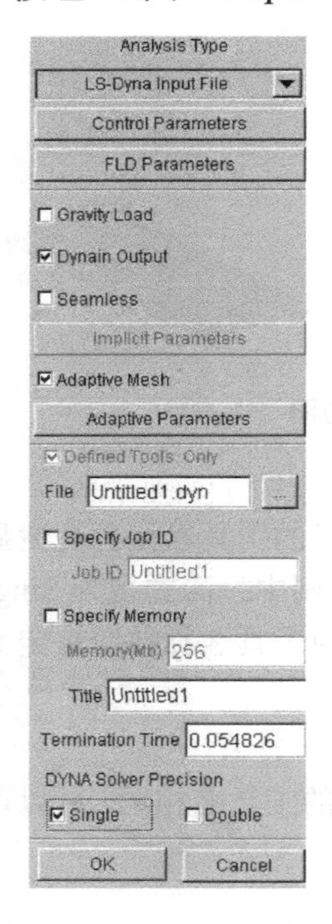

图 4-40 Analysis 对话框

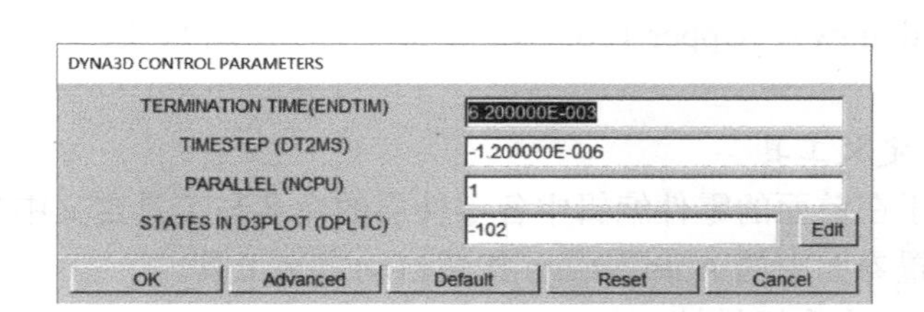

图 4-41 CONTROL PARAMETERS 对话框

在 Analysis Type 下拉列表中选择 Full Run Dyna（完全运行 Dyna）选项以提交作业。选中 Specify Memory（指定内存）复选框，输入内存数量为 120MB，然后单击 OK 按钮开始计算。

计算完成后，保存计算结果并继续下面的操作。

4.2.6　回弹计算

具体操作步骤如下所述。

1）创建 DYNAFORM 数据库

选择 File→New 菜单项，然后单击 File 菜单中的 Save as 选项，修改默认文件名，将所建立的新数据库保存在自己设定的目录下，注意该目录应该与上面进行成型计算的目录不同，以免覆盖前面的计算结果，发生错误。

2）导入模型

选择 File→Import 菜单项，修改文件类型为 DYNAIN(*dynain*)，找到上一步计算得到的 dynamic 文件，如图 4-42 所示。

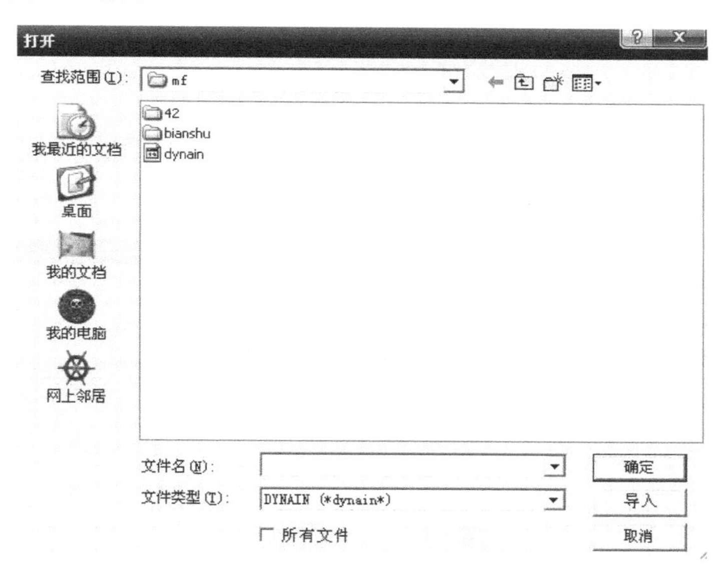

图 4-42　“打开”对话框

3）定义毛坯

选择 Quicksetup|Springback（快速设置/回弹）菜单项，弹出“回弹设置”对话框，如图 4-43 所示。单击 Blank 按钮，弹出 Define Blank 对话框，单击 Select Part 选项和 Add 按钮，弹出 Select Part 对话框，选择刚才导入的零件，单击 OK 按钮，然后退出毛坯定义。主要过程如图 4-44 所示。

4）设置材料参数

单击 Material 选项的 None 按钮，弹出如图 4-45 所示的 Material 对话框。单击 New 按钮弹出“材料属性”对话框，如图 4-46 所示，输入 LY12M 的材料参数，修改材料厚度，注意材料参数必须与成型过程的材料参数相同。

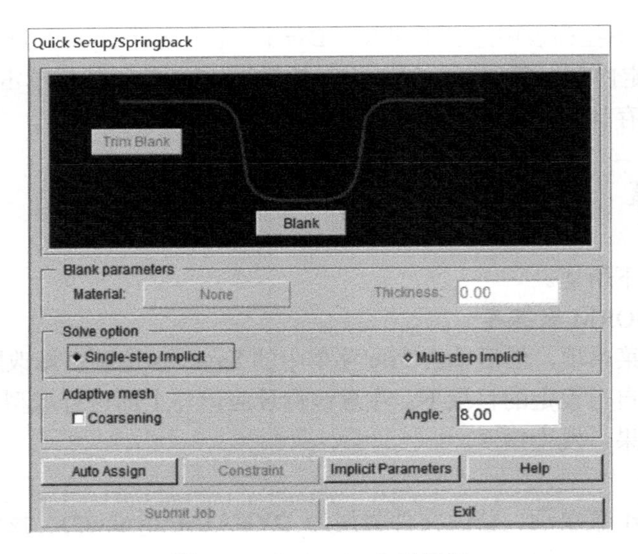

图 4-43　Spring Back 对话框

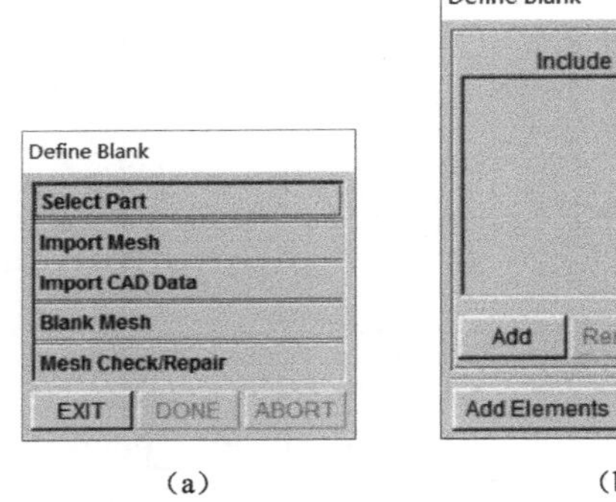

(a)

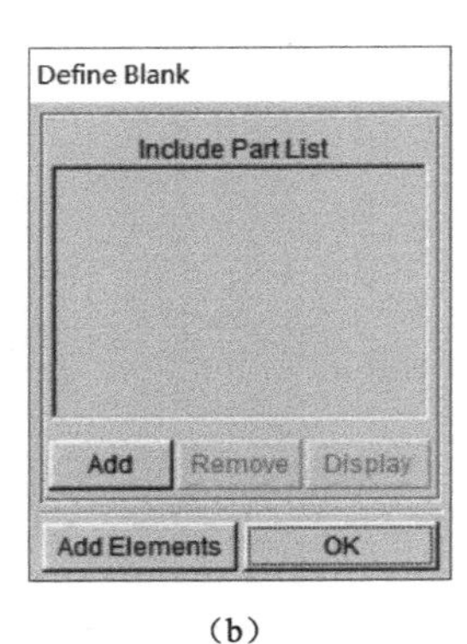

(b)

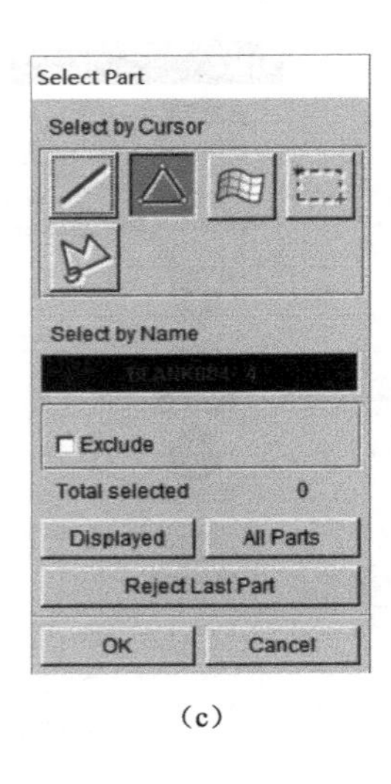

(c)

图 4-44　毛坯定义过程

5）求解算法选择

在回弹计算中，DYNAFORM 提供了两种算法：Sing-Step Implicit（单步隐式）和 Multi-Step Implicit（多部隐式），这里选择 Sing-Step Implicit 算法，如图 4-43 所示。

6）自适应网格处理

在图 4-43 所示的 Springback 对话框中，选中 Coarsening（网格粗化）复选框，粗化允许把相邻单元的法向夹角小于给定角度的单元合起来，粗化后的网格可以减少计算时间和不稳定性，有利于回弹计算的收敛。设置完成后，单击 Submit Job 按钮，弹出如图 4-47 所示的对话框，选择分析类型 Full Run Dyna，输入 Title，单击 OK 按钮进行计算。

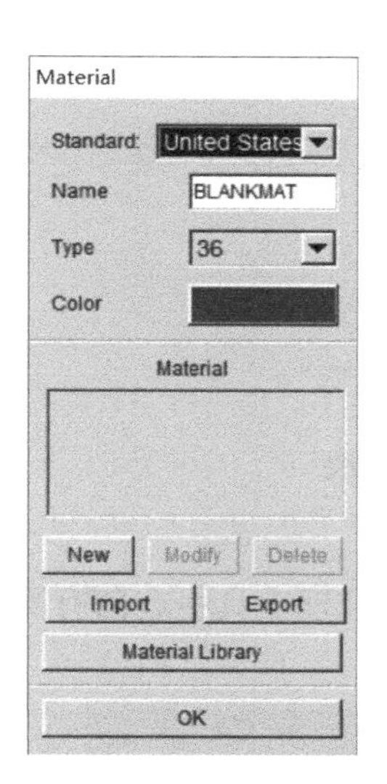

图 4-45 Meterial 对话框

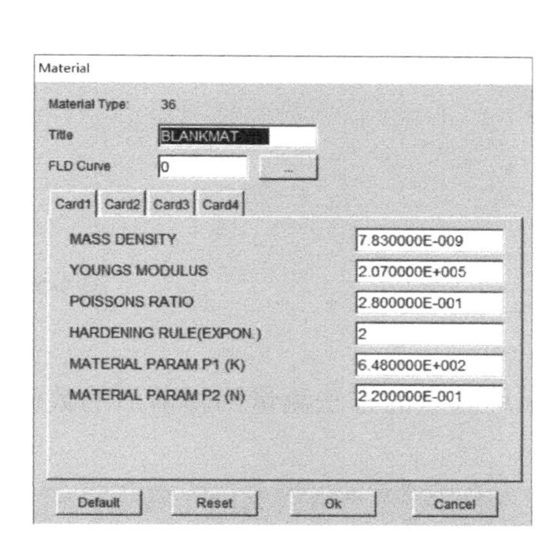

图 4-46 Material 设置对话框

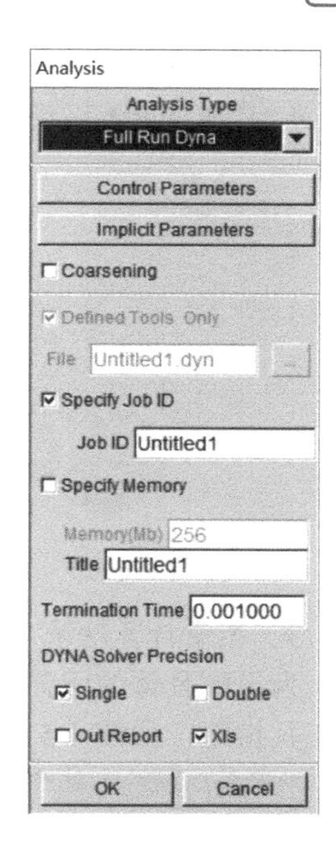

图 4-47 Analysis 对话框

4.2.7 回弹结果分析

1）导入结果到后处理器

打开后处理器，选择 File→Open 菜单项，选择上一步计算得到的 d3plot 文件，如图 4-48 所示。由于回弹计算采用的是单步隐式算法，所以 d3plot 文件中只有两帧，分别单击两帧查看变化，其中第一帧为回弹前的结果，第二帧为回弹后的结果。

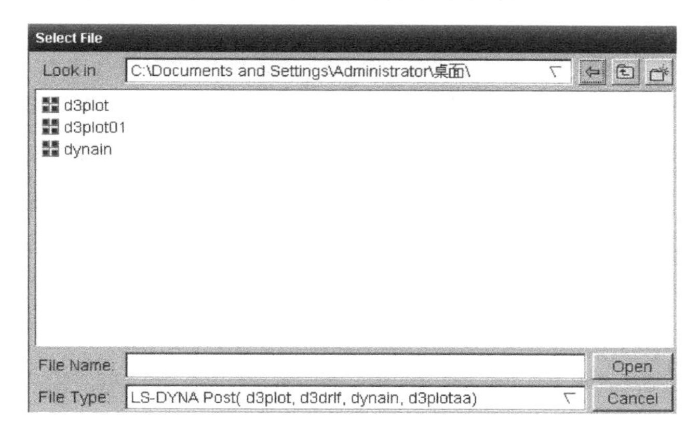

图 4-48 Select File 对话框

2）获取截面线

为了更加清楚地表现回弹，可以在零件上取一个截面来观察回弹结果。选择 Tool→Section Cut 菜单项进行截面切割。在右侧工具栏单击 Define Cut Plane（定义截面）工具按钮，弹出 Control Option（控制参数）对话框，选择 W along+Y Axis 选项，在零件要做截面的位置选择两个节点，如图 4-49 所示。节点选定后，单击 Exit 和 Accept 按钮，自动创建一条截面线，结果如图 4-50 所示。单击 Apply 按钮，查看第一帧和第二帧的变化。

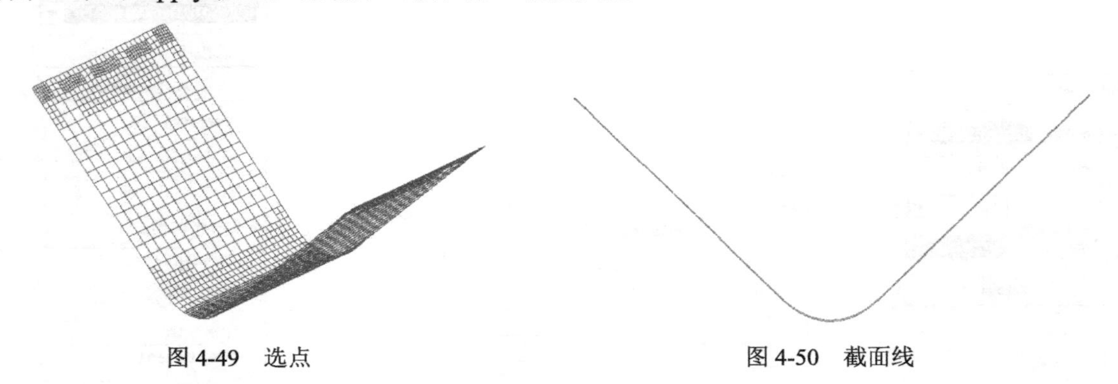

图 4-49　选点　　　　图 4-50　截面线

3）测量计算结果

为得到具体的回弹数值，可采用测量的方法测量回弹前后的数值。后处理工具栏右部有测量工具按钮，如图 4-51 所示。

图 4-51　后处理工具栏

在 Frame 下拉列表中选择 Single Frame 选项并选择第一帧。单击 Angle Between Two Lines（两线间的夹角）按钮，用鼠标在截面线上选择四个节点，节点选定后，系统自动计算两线间的夹角，结果如图 4-52 所示。单击 Exit 按钮退出测量，选择第二帧，用同样的方法测量回弹后两线的夹角，结果如图 4-53 所示。

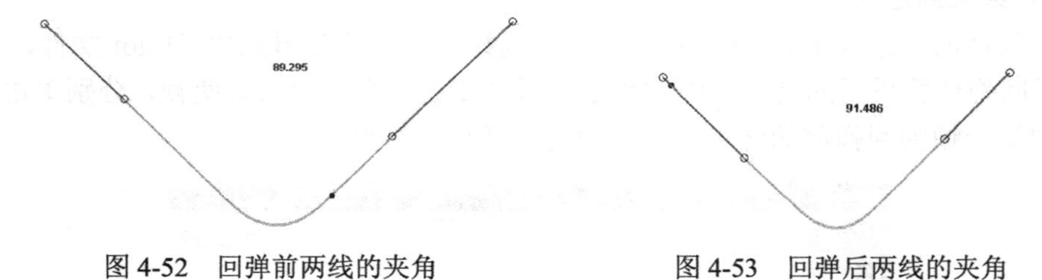

图 4-52　回弹前两线的夹角　　　　图 4-53　回弹后两线的夹角

单击 Radius Between Three Nodes（通过三个节点圆的半径）工具按钮，如图 4-51 所示椭圆右边的工具按钮。用鼠标在截面线上选择三个节点，节点选定后，系统自动计算通过这三个节点圆的半径，结果如图 4-54 所示。单击 Exit 按钮退出测量，选择第二帧，用同样的方法测量三点间的半径，结果如图 4-55 所示。

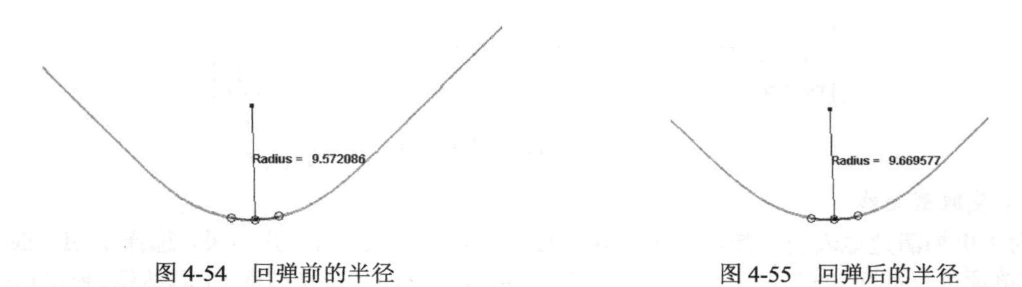

图 4-54　回弹前的半径　　　　图 4-55　回弹后的半径

Chapter 5

第5章

单动拉延成型

本章通过翼子板（如图 5-1 所示）来展示单动拉延成型设置，通过翼子板的拉延成型主要介绍以下功能：

（1）接触偏置。

（2）拉延筋设置。

（3）重力加载。

图 5-1 翼子板

5.1 创建 eta/DYNAFORM 数据库

5.1.1 启动 eta/DYNAFORM 5.7

双击 DYNAFORM 图标或者从程序组中选择 DYNAFORM 启动软件。

启动 eta/DYNAFORM 后，程序自动地创建默认的空数据库文件 Untitled.df。用户需要导入 CAD 或者 CAE 模型到数据库中开始工作。

打开数据库文件。选择菜单文件所在的目录，如图 5-2 所示。选择数据库文件 fender.df，单击打开。这时在屏幕上显示如图 5-3 所示的模型。

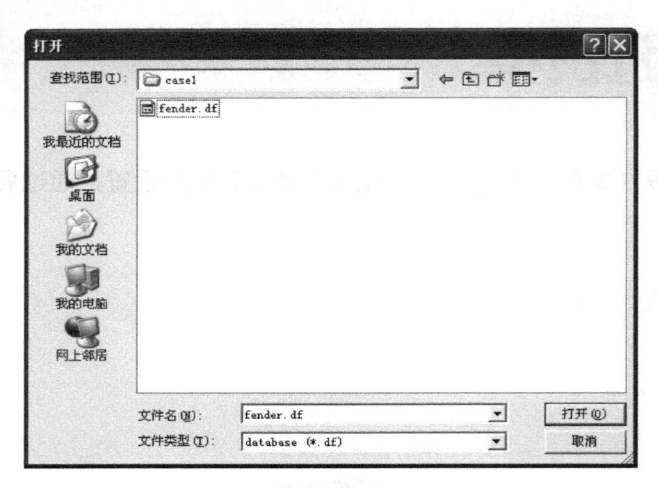

图 5-2　打开对话框

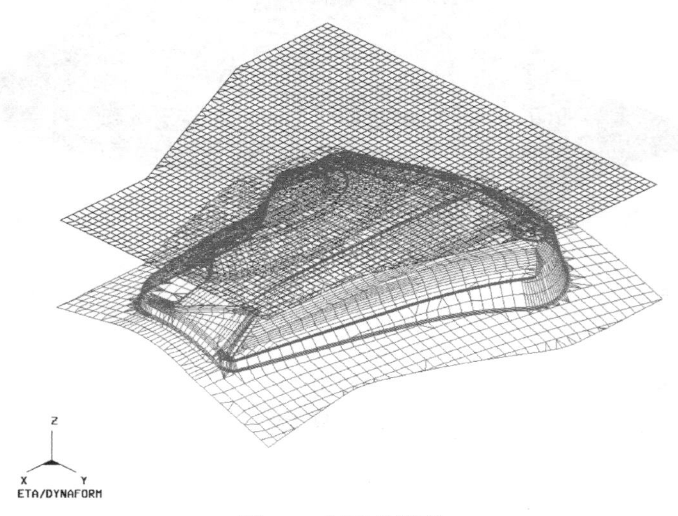

图 5-3　打开的模型

5.1.2 自动设置

选择菜单工具-分析设置，选择默认的单位作为单位系统。默认的单位系统是 mm（毫米），Newton（牛），second（秒）和 Ton（吨）。

完成模型的准备后，单击 Setup 设置菜单下面的自动设置按钮进入自动设置，如图 5-4 所示。

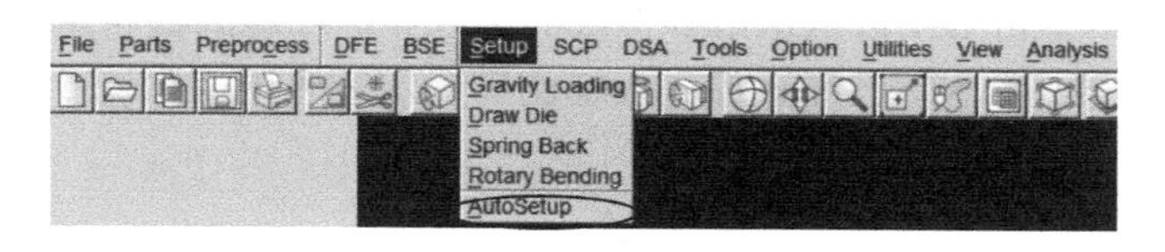

图 5-4　自动设置菜单

单击 AutoSetup 自动设置菜单后，程序会弹出自动设置对话框，提示用户定义基本的设置参数，如图 5-5 所示。

（1）选择模拟类型为板料成型；

（2）选择工艺类型为单动成型；

（3）输入板料的厚度为 0.7；

（4）单击 OK 按钮进入自动设置界面。

进入基本页面后，可以在 Title（标题）栏输入相关信息，这些信息将显示在后处理中，例如可以改成 Fender_forming。其他参数基本上不需要修改，采用软件推荐使用的默认值，如图 5-6 所示。

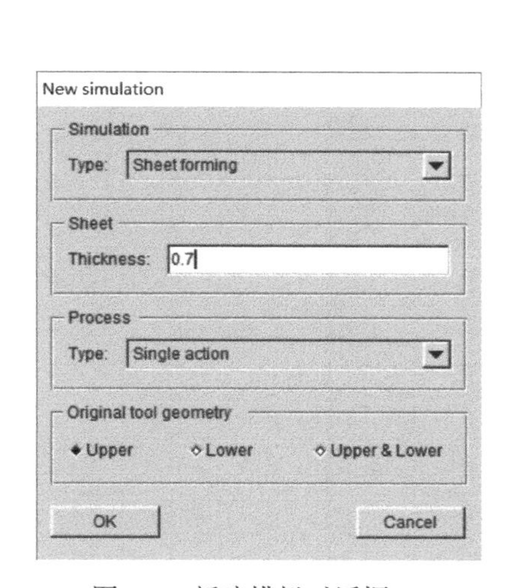

图 5-5　新建模拟对话框

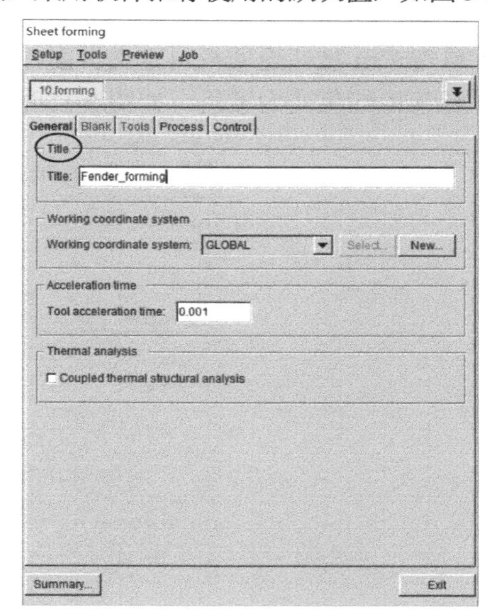

图 5-6　基本页面

5.1.3 板料定义

（1）切换到板料页面，单击自动设置页面上红色的 Blank（板料）标签，程序会进入板料定义页面。

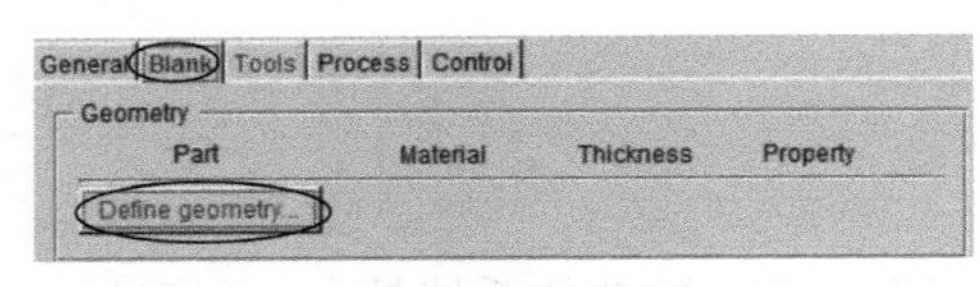

图 5-7　定义板料

（2）在板料定义页面单击几何体下面的红色 Define geometry...（定义几何模型…）按钮，如图 5-7 所示。

（3）程序弹出定义板料部件的对话框，如图 5-8 所示。

（4）单击 Add Part...（添加零件层…）按钮，可以在弹出的对话框中选择 BLANK 层，如图 5-9 所示。

（5）选择完成后，单击 OK 按钮退出零件层的选取。程序退到板料定义几何对话框。在对话框中可以看到零件层 BLANK 已经添加在板料的零件层列表中，如图 5-10 所示。

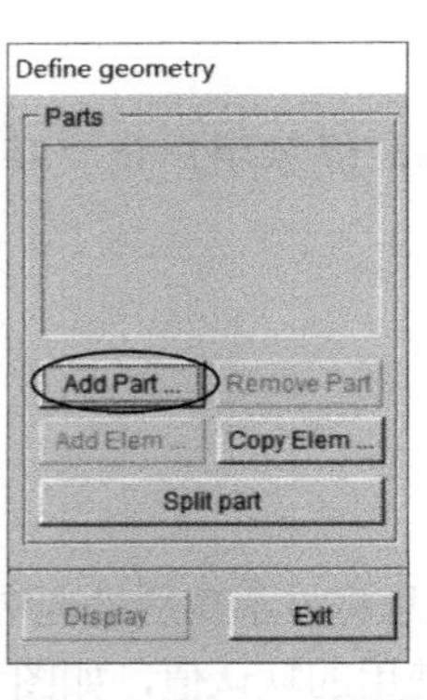

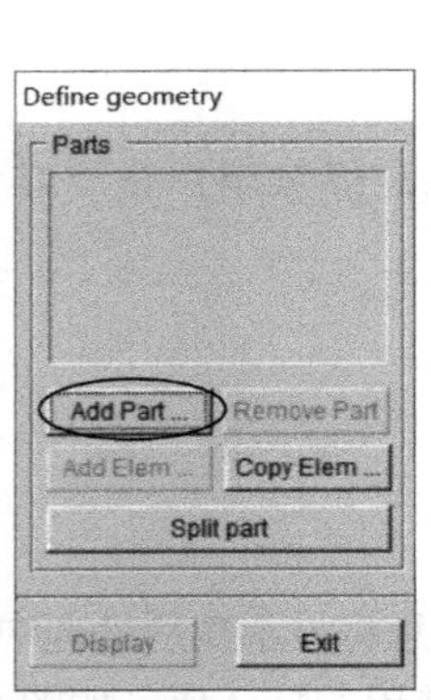

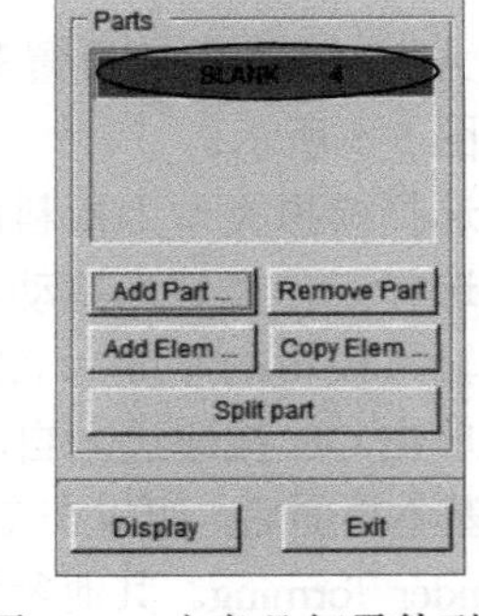

图 5-8　Define geometry 对话框　　图 5-9　选择零件层　　图 5-10　定义几何零件列表

（6）单击 Exit 按钮返回板料定义页面。这时关于板料的基本参数都已经定义完成，板料定义页面的标签由红色变为黑色，如图 5-11 所示。

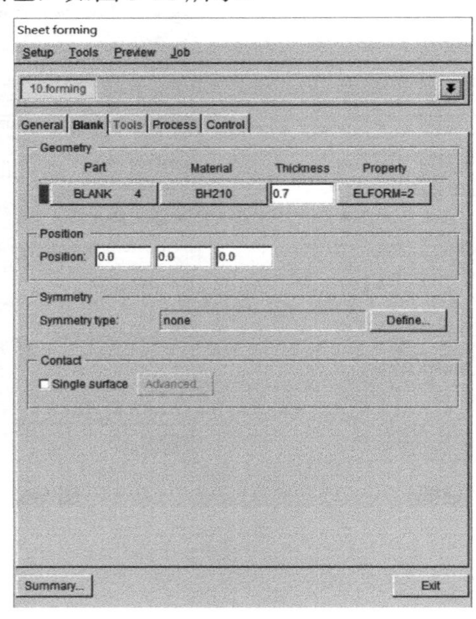

图 5-11　板料定义页面

5.1.4　板料材料及其属性定义

定义板料后，程序自动为板料选择一种默认的材料及相应的属性，如图 5-11 所示。可以单击 Blank→Material 对材料进行重新定义。

单击 Blank→Material 按钮出现图 5-12 所示的材料对话框。

单击 Material Library...（材料库…）按钮，出现图 5-13 所示的材料库对话框，选择美国材料数据库，我们可以根据需要选择与零件匹配的材料及材料模型。如果材料库中没有所要的材料，可以创建自定义的材料，也可以对选定的材料进行编辑。

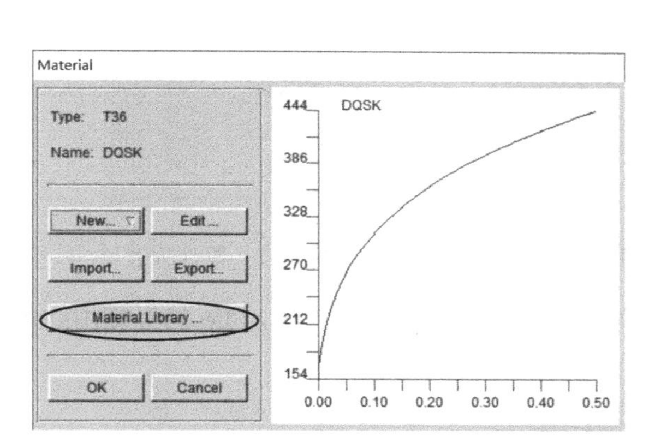

图 5-12　板料材料定义

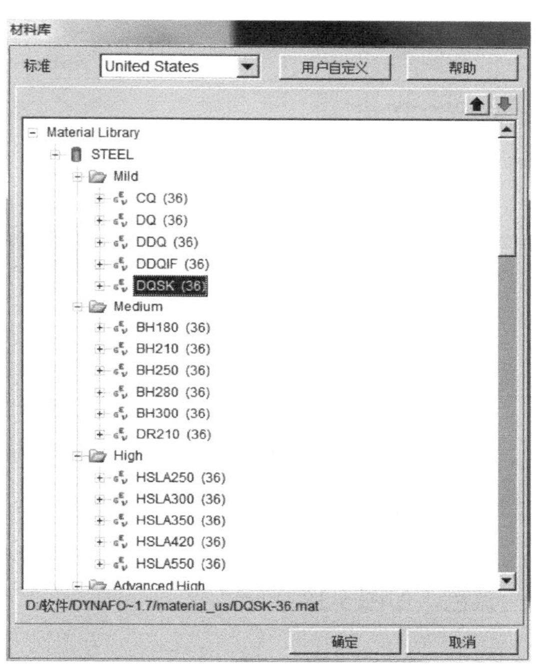

图 5-13　材料库对话框

5.2　工具定义

5.2.1　工具定义设置

（1）单击自动设置页面上红色的工具标签，程序会进入工具定义页面。

（2）为了方便工具单元的选择和定义，最好将板料零件层关闭。单击工具栏中的按钮，然后选择零件层的 BLANK，将板料零件层关闭。

（3）单击 OK 按钮退出零件层开/关对话框。在工具页面的左边，程序默认定义了三个工具，die、punch 和 binder。用户可以分别为三个工具定义零件。

（4）在左边的工具列表中选择 die，然后在界面上选择几何定义下面的红色 Define geometry...（定义几何模型…）按钮，对工具 die 进行定义，如图 5-14 所示。

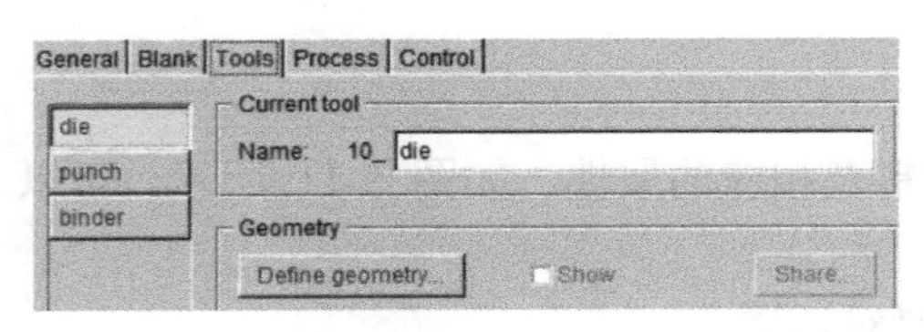

图 5-14 die 工具定义

（5）程序弹出定义几何模型对话框，单击 Add Part...（添加零件层…）按钮，如图 5-15 所示。

（6）在弹出的选择零件层对话框中选择 DIE，如图 5-16 所示。

（7）单击 OK 按钮返回定义几何模型对话框，DIE 零件层已经加入 die 的零件列表中，如图 5-17 所示。

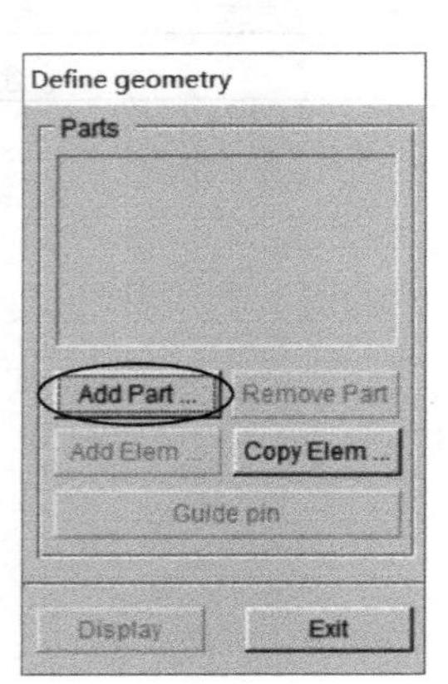

图 5-15 定义几何模型对话框

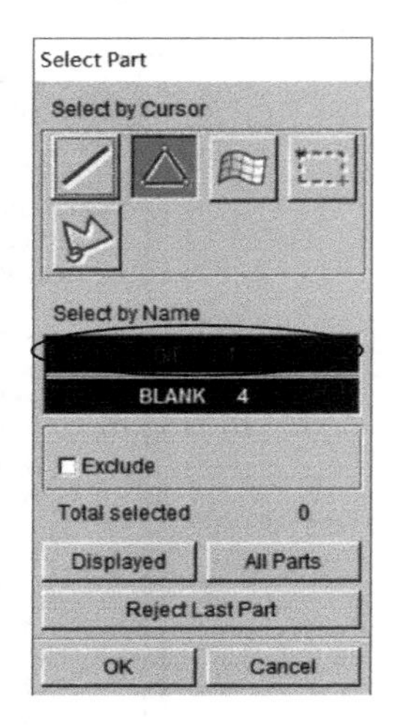

图 5-16 选择零件层对话框

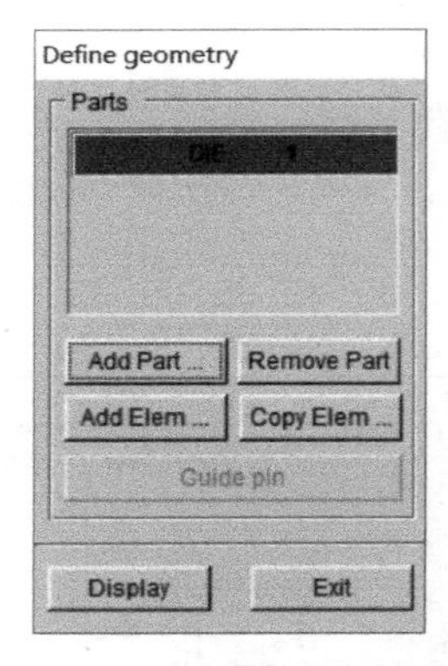

图 5-17 零件列表

（8）单击 Exit 按钮返回工具页面。这时有关 die 的工具已经定义完成，die 的标签由红色变为黑色，如图 5-18 所示。

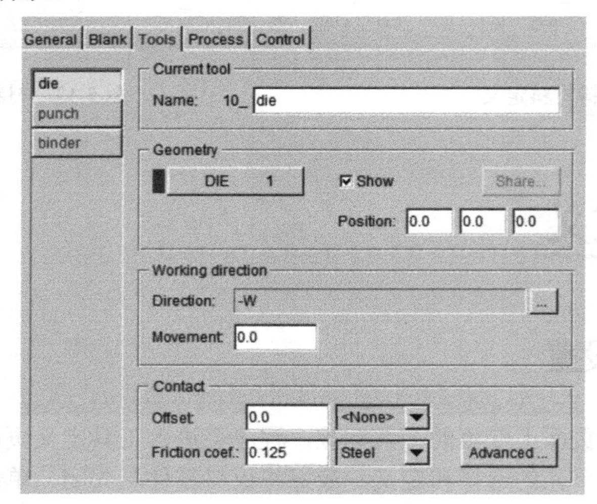

图 5-18 die 工具定义

（9）在左边的工具列表中单击 punch 按钮，将当前工具切换到 punch，下面进行工具 punch 的几何定义。

（10）单击 punch 页面中红色的“定义几何模型…”按钮，弹出定义几何模型对话框，如图 5-19 所示。

（11）单击对话框中的 Copy Elements...（复制单元…）按钮，弹出如图 5-20 所示的对话框。

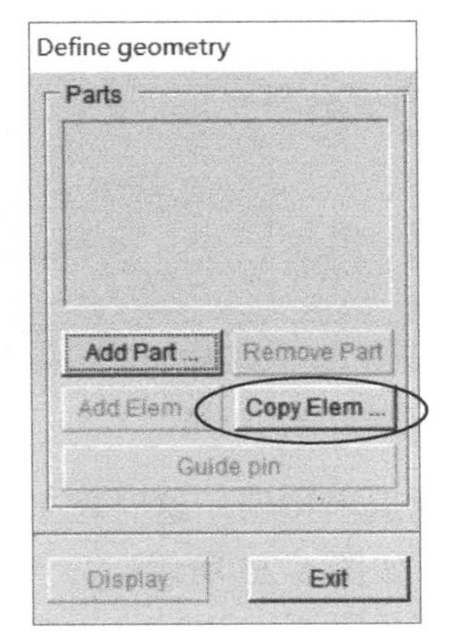

图 5-19　定义几何模型对话框

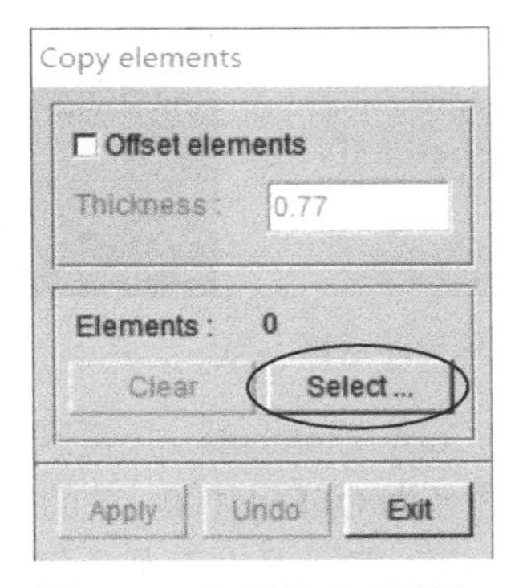

图 5-20　复制单元对话框

（12）在复制单位对话框中单击 Select...（选择…）按钮，选择需要复制的单元，被选中的单元会加亮显示，如图 5-21 所示。

（13）在选择单元对话框中单击“所有显示的单元”按钮，接着选中排除选项，使用伸展工具选择压料面，这时程序提示有 5644 个单元已经被选中，如图 5-22 和图 5-23 所示。程序会将这些单元复制到一个默认的零件层中，并自动将这个层加入 punch 的几何列表中。

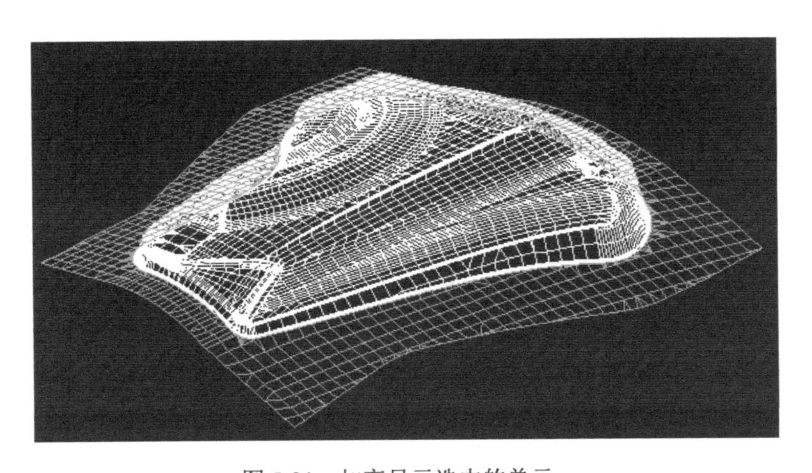

图 5-21　加亮显示选中的单元

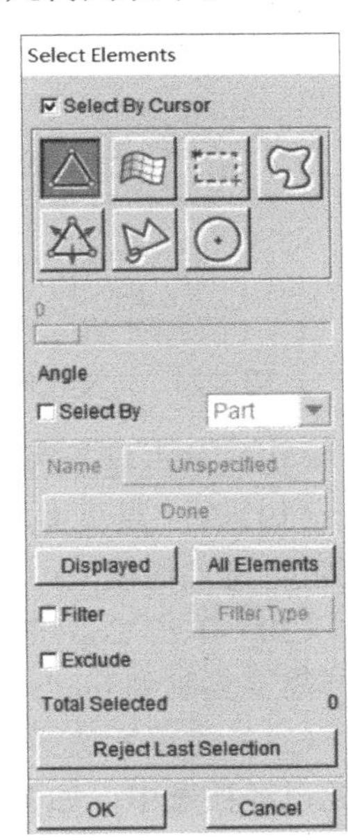

图 5-22　选择单元

（14）单击 OK 按钮退出复制单元对话框。

（15）单击 Apply 按钮，这时所选择的单元将复制到一个新的零件层中，如图 5-24 所示。

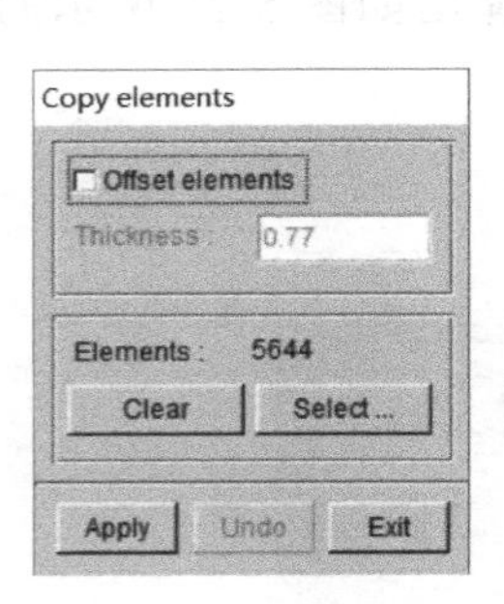

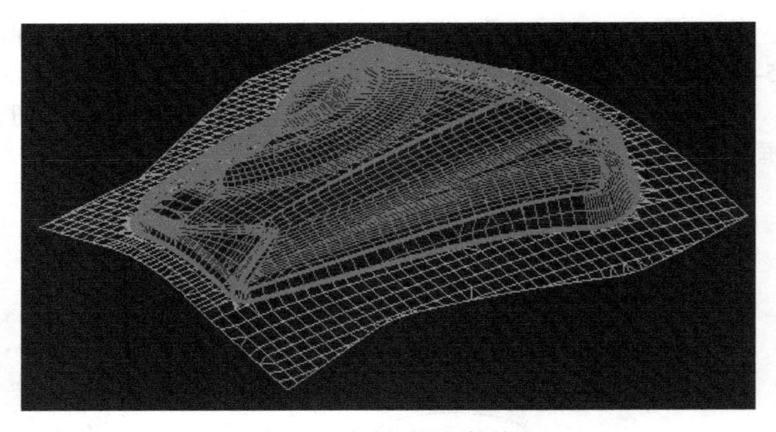

图 5-23　复制单元对话框　　　　　　　　　　图 5-24　复制到新层的单元

（16）单击 Copy Elements...（复制单元…）对话框中的退出按钮，这时在工具几何列表中一个自动生成的名为 OFFSET00　7 的零件层被添加进来，如图 5-25 所示。

（17）单击 Exit 按钮退出工具几何定义对话框并返回工具页面，这时 punch 工具标签由原来的红色变为黑色，表示 punch 工具已经定义完成，如图 5-26 所示。

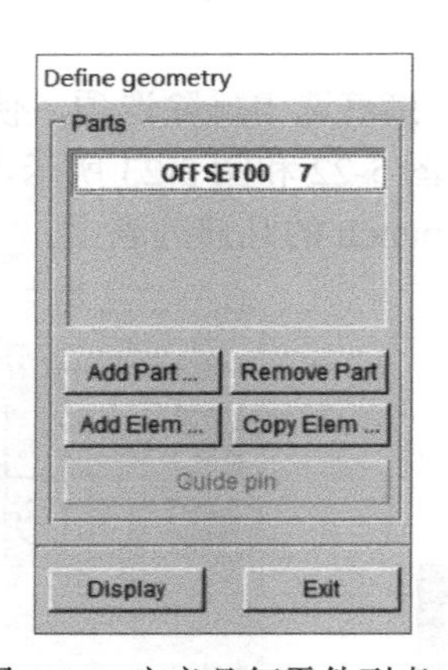

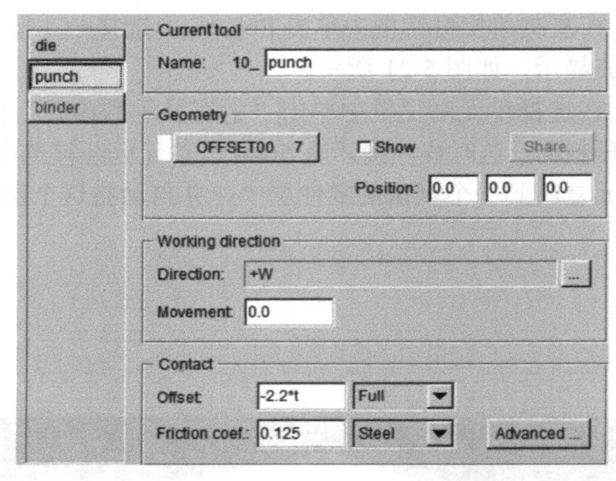

图 5-25　定义几何零件列表　　　　　　　　　图 5-26　punch 工具定义

（18）单击显示选项前的对钩以关闭 Punch 零件层的显示。

（19）在工具页面左边将当前工具切换到 binder，然后单击工具几何下面的 Define geometry（红色定义几何模型…）按钮。

（20）单击 Copy Elements...（复制单元…）按钮，在复制单元对话框中选择 Select...按钮来选择需要复制到 binder 中的单元。

（21）将单元选择方式切换到伸展工具方式，然后选择工具的法兰面，程序提示有 894 个单元已经被选中，如图 5-27 所示。

（22）单击 OK 按钮退出单元选择对话框。在单元复制对话框中单击 Apply 按钮进行单元复制。所有选中的单元将自动复制到一个新的零件层，如图 5-28 所示。程序会将这个零件层加入 binder 几何列表中，单击 Exit 按钮退出单元复制对话框。

（23）单击 Exit 返回按钮 Tools 页面，所有的工具名称标签已经由红色变成黑色，表示整个工具都已经定义完成，如图 5-29 所示。

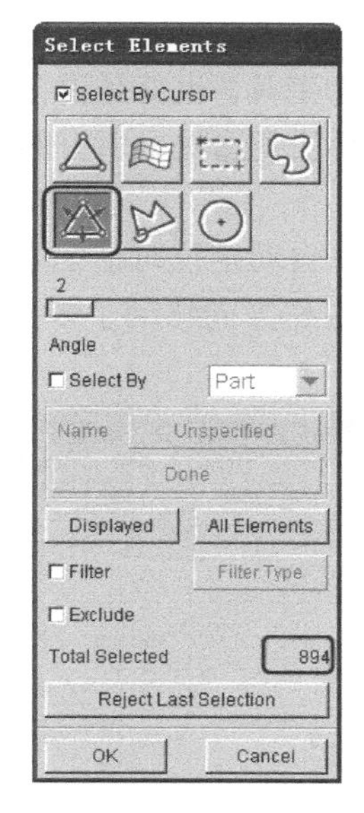

图 5-27 选择单元

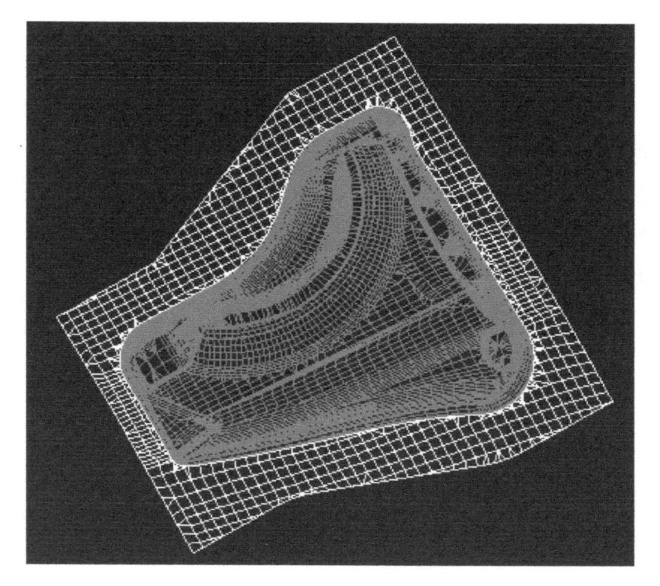

图 5-28 加亮显示选中单元

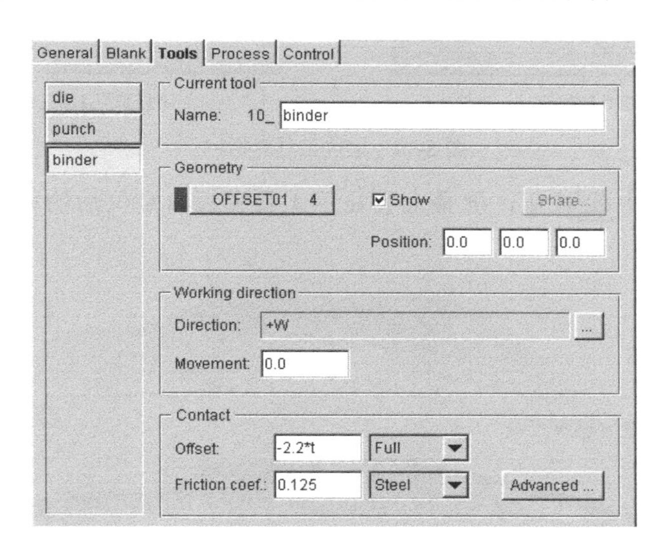

图 5-29 binder 工具定义界面

5.2.2 工具定位

在所有的工具都定义完成之后，需要定位各个工具的相对位置。这是工具定义完成后必须进行的步骤，否则就可能得不到正确的结果。此外，工具的定位与每一个工具的工作方向都有很大的关系，因此在定位之前需要仔细检查每一个工具的工作方向。在默认情况下，如果使用程序设置的工序模板，默认的工作方向就不需要修改。对于特殊的方向，用户需要自己来调整。

（1）单击 Tools 页面右下角的 Positioning…按钮进入工具定位对话框。

（2）由于还没有对工具进行定位操作，所有的工具在原始位置。工具后面的输入框中显示都是 0，如图 5-30（a）所示。

（3）选择 Blank 选项中 On 后面的 10_punch 作为自动定位的参考工具。也就是说在自动定位操作中，此工具是固定不动的，然后激活 Tools 中 die 和 binder 后的复选框，所有的工具和板料进行自动定位。

（4）所有的工具和板料都会自动定位到一个合适的位置，并且在自动定位对话框中，每一个工具和板料后面显示自动定位后该工具或板料相对于原始位置沿工作方向移动了多少距离，如图 5-30（b）所示。

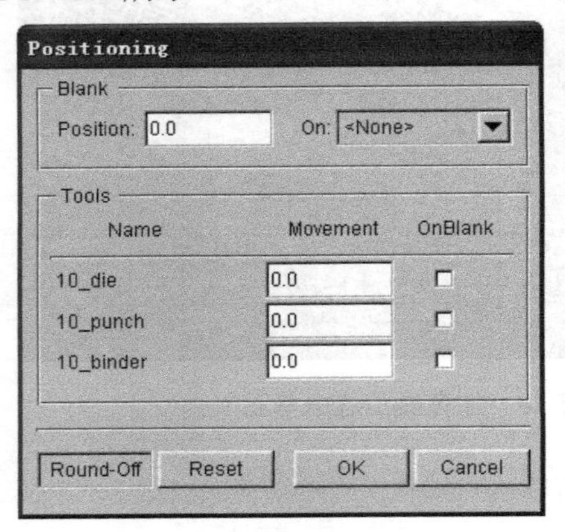

（a）工具定位前

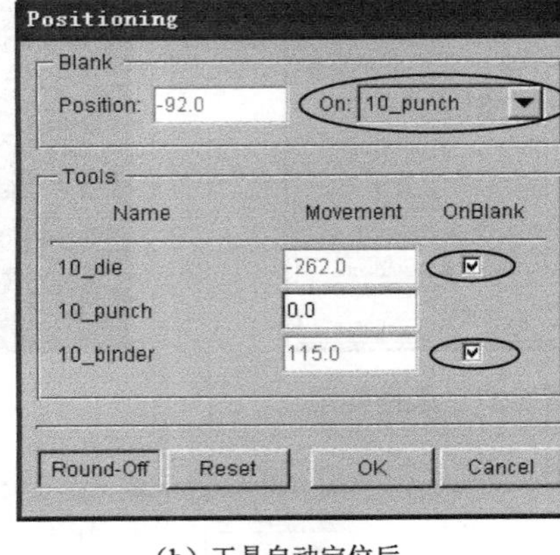

（b）工具自动定位后

图 5-30　定位工具对话框

（5）单击工具栏中按钮，屏幕上会显示工具和板料定位后的相对位置，如图 5-31 所示。

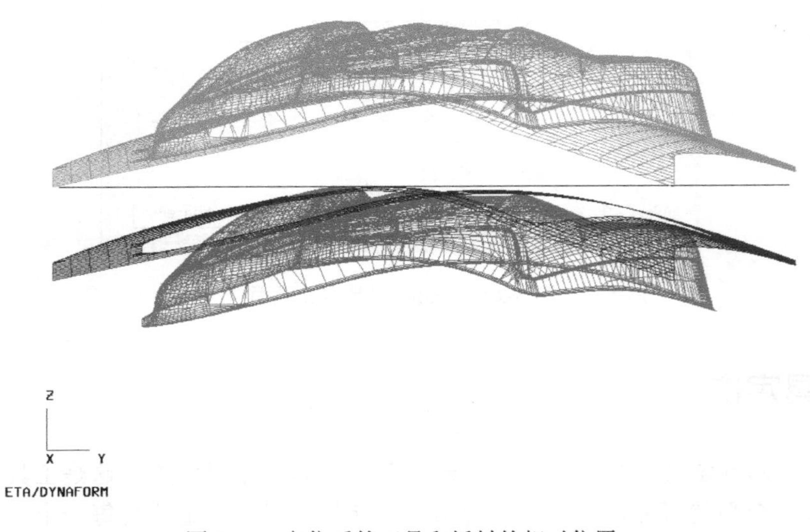

图 5-31　定位后的工具和板料的相对位置

（6）单击工具定位对话框中的 OK 按钮，保存当前对工具的定位设置并返回 AutoSetup 界面。在新的设置中，当用户已经对工具进行了定位操作，屏幕上显示的是工具和板料定位后的相对位置。但是，当用户在 AutoSetup 设置界面中单击 Tools Positioning…对话框中的 RESET 按钮，工具和板料又会回到原始位置。

至此，所有关于工具的定义已经完成，可以进行下一步工序的设置。在新的自动设置中，板料、工具和工序的定义没有一个严格的先后顺序关系，任何时候都可以修改前面的设置。但是作为一个有经验的工程师，养成一个好的习惯，按照顺序一步一步地设置可避免不必要的错误，因此建议用户还是尽量按照顺序进行设置。

5.2.3　工序定义

工序定义的目的是方便用户设置当前模拟需要的工序个数、每一个工序所需的时间以及工具在每一个工序中的状态等。可以单击设置界面上 Process 标签进入工序设置界面。只要在新建设置时选择了程序内置的模板，程序就会自动添加一些必要的工序。对应典型的工艺，这些工序基本上不需要修改或者修改很少就可以计算，这样大大减少了用户设置的时间。

由于在前面选择的模板是单动（Single Action）成型，因此成型默认产生了两个工序，一个压边工序，另外一个是拉延工序。这两个工序都已经定义好，不需要做任何修改就可以进入下一步，只需要检查设置的结果是否与图 5-32 一致。

（1）在界面的左边工序列表中选择 closing 工序作为当前工序，检查默认的 closing 设置是否与图 5-32（a）一致。

（2）在界面的左边工序列表中选择 drawing 工序作为当前工序，检查默认 drawing 设置是否与图 5-32（b）一致。由于前面选择了接触偏置，工具网格是通过复制而不是偏移得到的，Fully match 默认是不勾选的，当工具运动的时间控制类型为 Closure 时，如果发现运动错误，则要勾选 Fully match 选项。

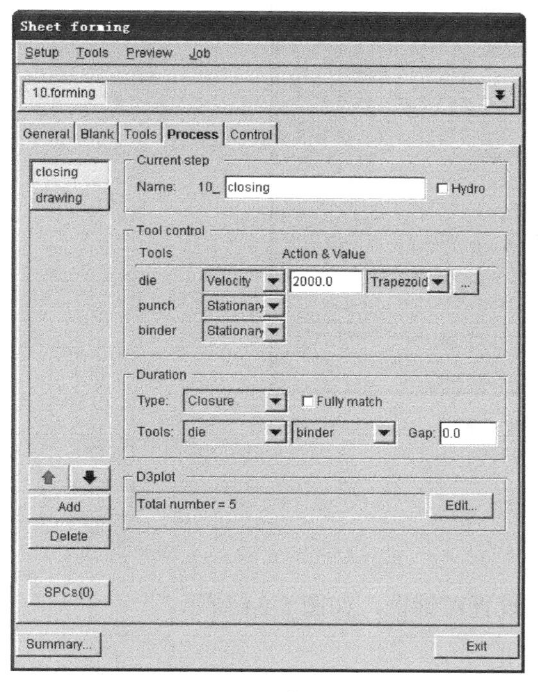

（a）压边工序定义

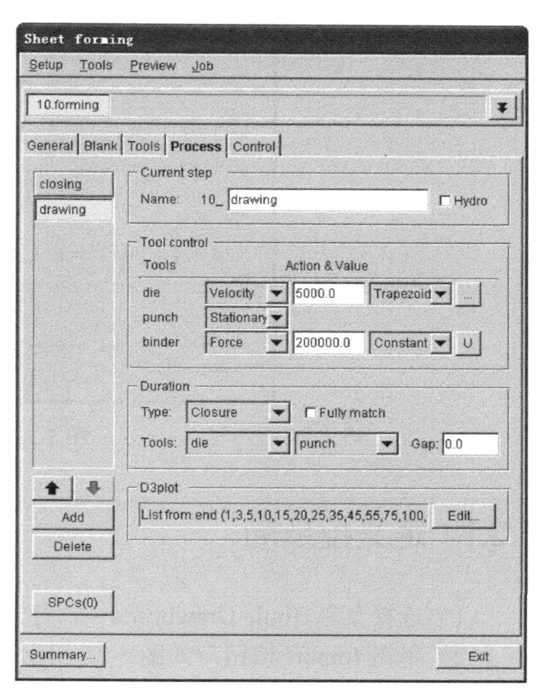

（b）拉延工序定义

图 5-32　工序定义

5.3 控制参数

Control 页面的参数默认为程序推荐的参数，针对不同的模型大小和网格尺寸，可以对时间步长与自适应步数进行如下的操作。

（1）单击时间步长（Time step size）后面的 ... 按钮，程序根据输入的材料参数和板料的单元尺寸自动计算时间步长，单击 OK 按钮接受计算出的时间步长。

（2）单击自适应步数（Time steps）后面的 ... 按钮，程序根据工具移动的最大距离计算出推荐的自适应步数，单击 OK 按钮接受计算出的自适应步数，如图 5-33 所示。

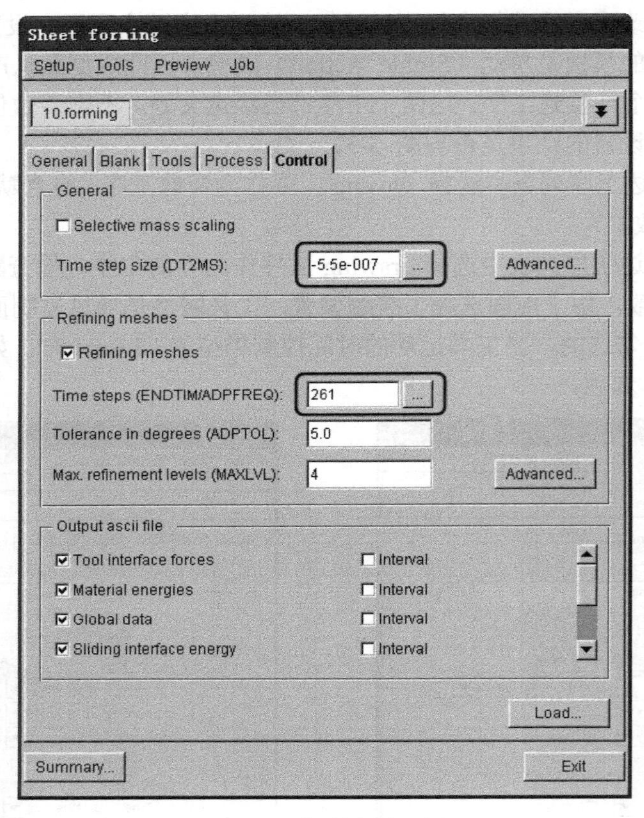

图 5-33 控制参数设置

5.3.1 定义拉延筋

（1）选择菜单 Tools Drawbeads…，打开拉延筋设置对话框，如图 5-34 所示。

（2）单击 Import 按钮，如图 5-35 所示。

（3）将文件类型切换到 iges，选择拉延筋文件 drawbead.igs，单击“确定”按钮。

（4）采用默认的网格划分参数，单击 Apply 生成等效拉延筋，如图 5-36 所示，生成的拉延筋如图 5-37 所示。

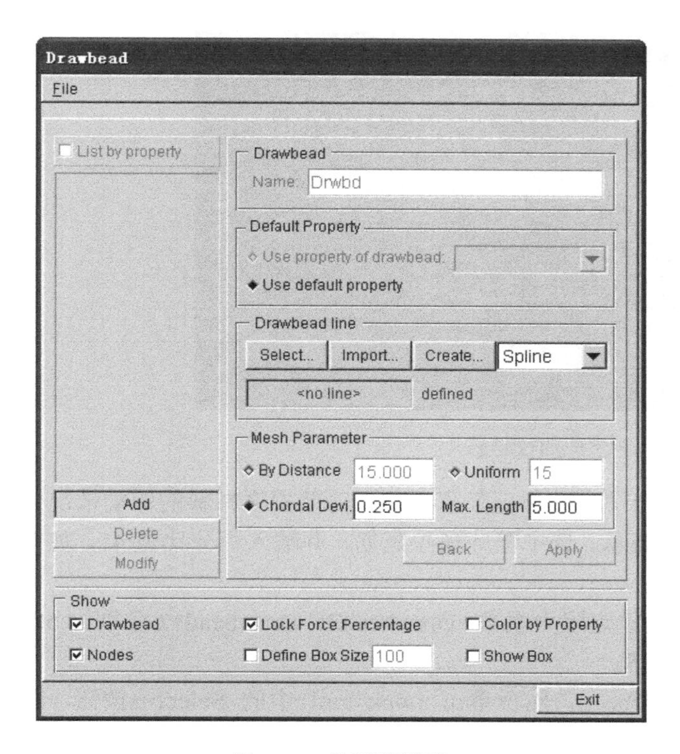

图 5-34　拉延筋设置

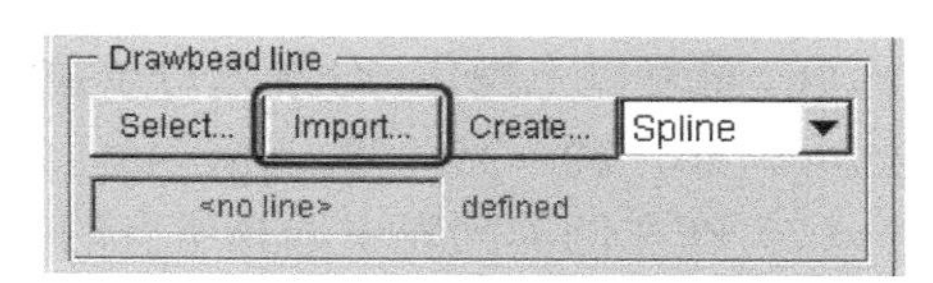

图 5-35　导入拉延筋中心线

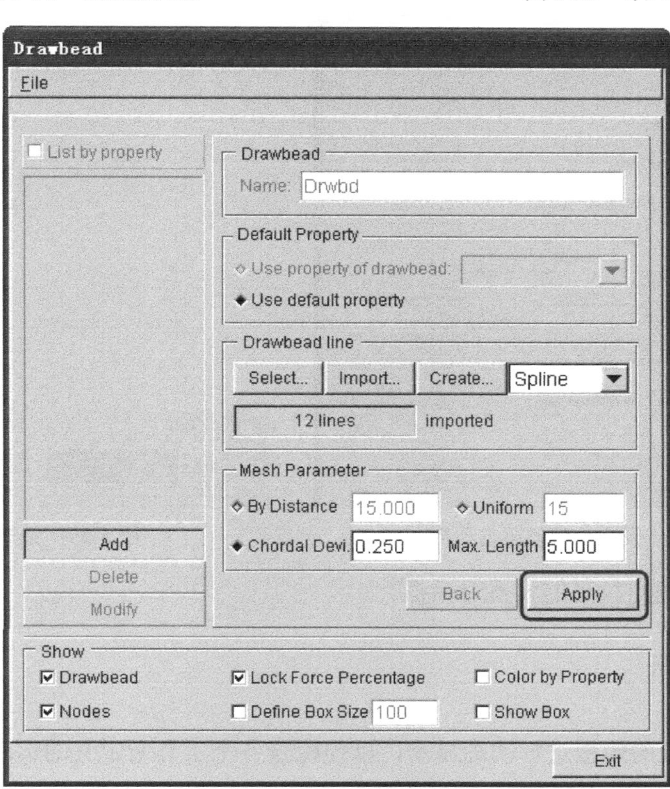

图 5-36　导入拉延筋中心线

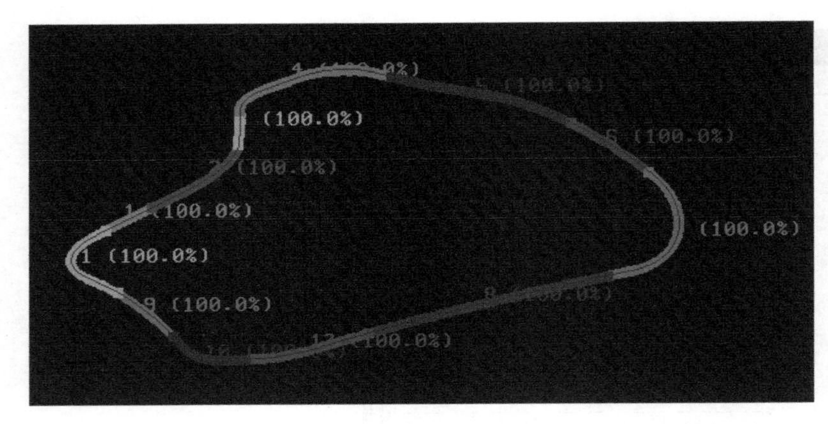

图 5-37　生成的拉延筋

（5）在板料定义后，程序会计算出完全锁定的拉延筋阻力值，需要根据材料的流动情况分别为每条拉延筋设定阻力系数，用百分数表示。选中第一条拉延筋，并输入百分比值 45，如图 5-38 所示。

（6）重复以上操作，分别为每条拉延筋设定阻力系数，Drawbead2～Drawbead12 分别为 50，45，40，50，20，25，70，65，40，50，35。

（7）在左侧的列表中选择所有的 Drawbead，然后单击 Lock tool 中的 Select…按钮，在 Select Part 列表中选择 DIE，单击 OK 按钮退出，将拉延筋锁定到凹模上，如图 5-39 所示。

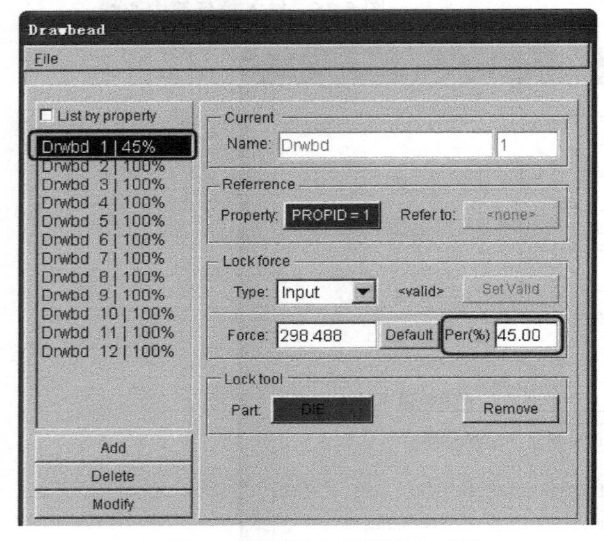

图 5-38　设置拉延筋阻力系数

图 5-39　锁定拉延筋

（8）单击 Exit 退出拉延筋设置对话框。

5.3.2　动画显示

现在可以对设置的模型进行动画显示，以便检查各个工具所定义的运动情况。

（1）选择菜单 Preview/Animation…，如图 5-40 所示。

（2）单击 Play 按钮，工具将根据定义的移动曲线以动画的形式显示其运动状态。

（3）可以选中 Individual Frames，然后单击中的按钮来显示每步的状态，如图 5-41 所示。

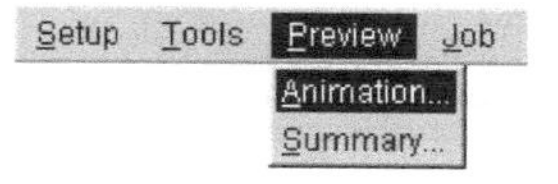

图 5-40　显示动画菜单

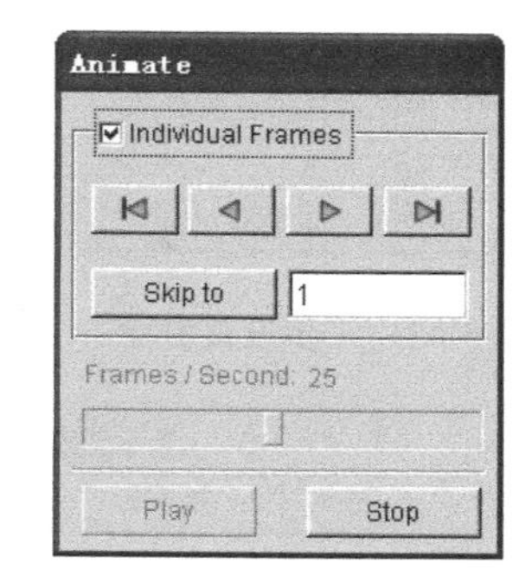

图 5-41　动画控制对话框

（4）屏幕上显示所有工具相对其初始状态的位置，工具运动到第 6 帧的模型，如图 5-42 所示。

（5）单击 Exit 按钮返回 AutoSetup 界面。

（6）单击菜单栏 Setup/Save 保存数据库。

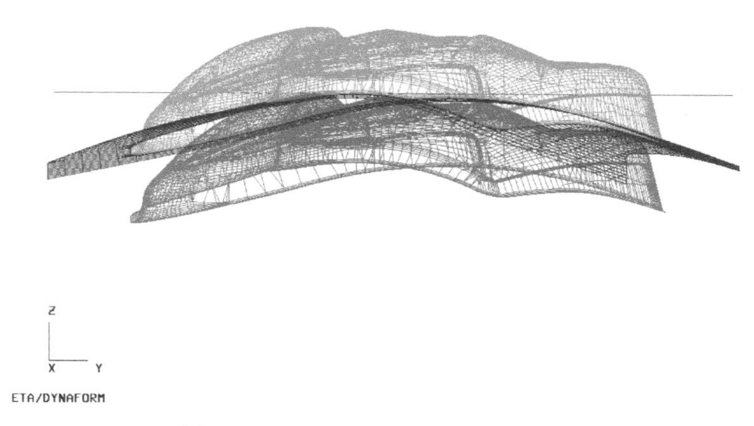

图 5-42　工具运动到第 6 帧的模型

5.3.3　添加重力工步

（1）在工步设置栏单击按钮，程序弹出工步设置界面，如图 5-43 所示。

（2）单击 Add…按钮添加新的工步，程序弹出新建工步对话框，如图 5-44 所示。

（3）在类型下拉列表中选择 Gravity，单击 OK 按钮退出。

（4）单击按钮，将 gravity 工步移动到 forming 之前，这表明在成型分析之前进行重力加载分析，如图 5-45 所示。

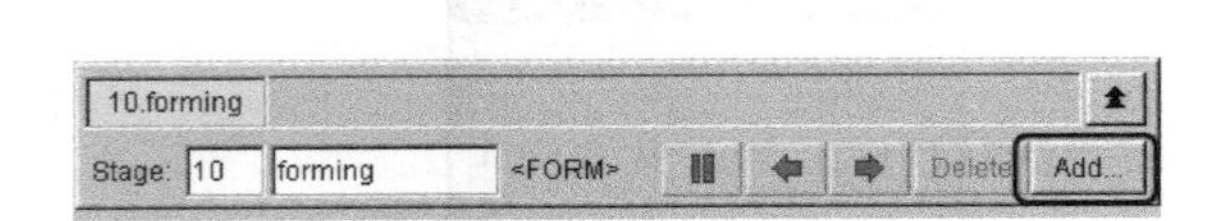

图 5-43 工步设置界面

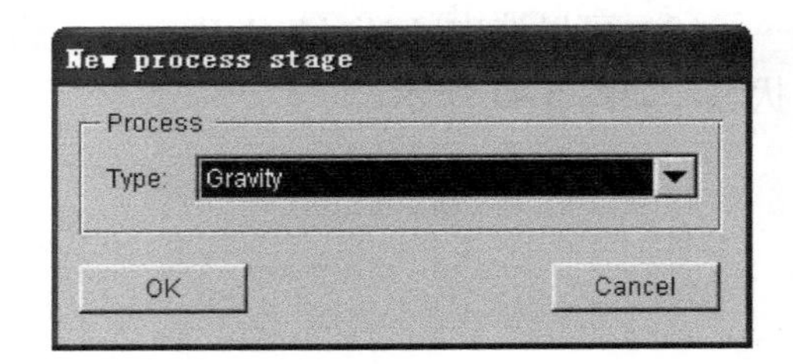

图 5-44 新建工步

图 5-45 移动 Gravity 工步

（5）在 gravity 工步的 General 页面输入标题（Title）：Fender_gravity。

5.3.4 工具定义

（1）将页面切换到 Tools 页面进行工具定义。单击自动设置页面上红色的 Tools 标签，程序会进入工具定义页面。

（2）在工具页面的左边，程序默认定义有两个工具，即工具 lotool1 和 lotool2。将当前工具切换到 lotool1，在左边的工具列表中选择 lotool1，在界面上选择几何定义右侧的 Share…按钮，对工具 lotool1 进行定义，如图 5-46 所示。

（3）程序弹出 Tool shared 对话框。选择 punch 作为参考的工具，如图 5-47 所示，单击 OK 按钮退出。

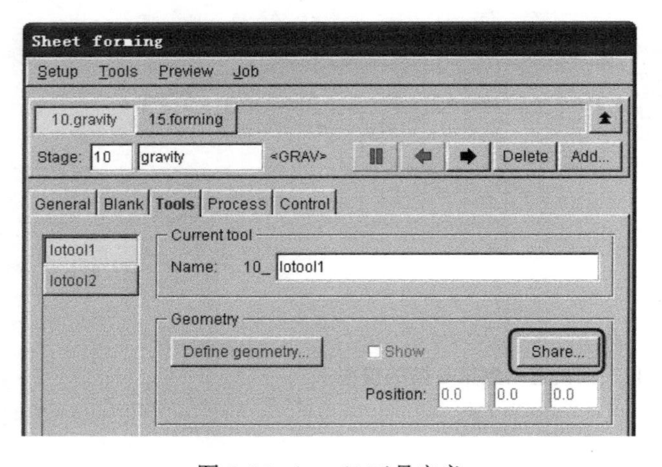

图 5-46 lotool1 工具定义

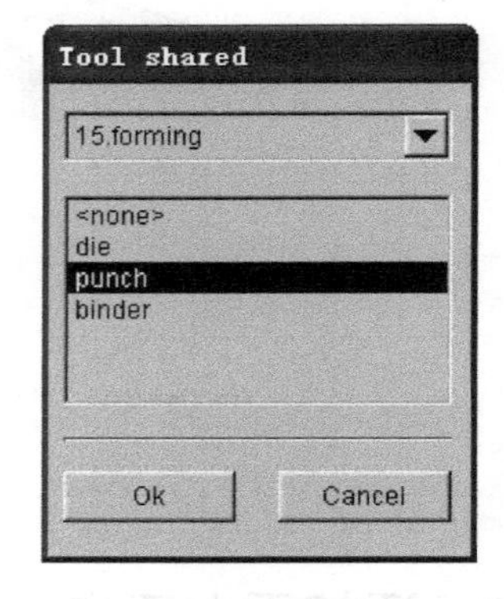

图 5-47 Tool shared 对话框

（4）将当前工具切换到 lotool2，在左边的工具列表中选择 lotool2，在界面上选择几何定义右侧的 Share…按钮，对工具 lotool2 进行定义。用同样的方法，选择 binder 作为 lotool2 参考的工具。

（5）选择菜单 Setup/Save 保存数据库。

5.3.5　工序定义

单击设置界面上 Process 标签进入工序设置界面。在新建设置时选择了程序内置的模板后，程序会自动添加一些必要的工序。本例中该工序已经定义好，不需要做任何修改就可以进入下一步，只需要检查自己设置的结果是否与图 5-48 一致。默认设置如图 5-48 所示。Control 页面的参数默认为程序推荐的参数，新用户可以不去修改这些参数，取默认值即可。

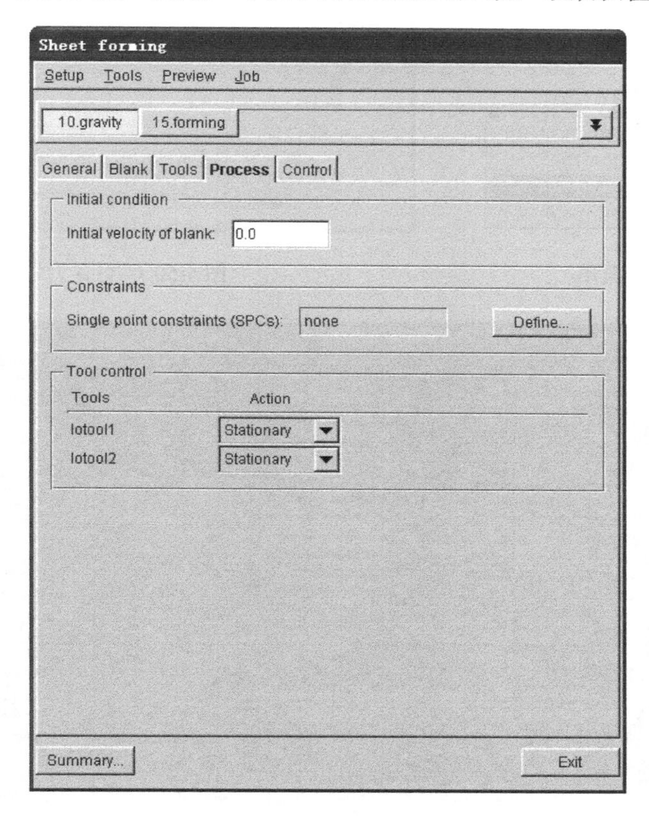

图 5-48　工序定义页面

5.4　任务提交

在定义完所有的设置后，可以对当前设置进行任务提交。

（1）选择菜单 Job/Job Submitter…，如图 5-49 所示，弹出图 5-50 所示的“另存为”对话框，输入文件名并保存，在默认情况下，文件位于工作目录下。

（2）这时程序将当前的任务已经提交给 Job Submitter 进行统一管理了，如果在 Job submitter 任务列表中已经有其他的任务在计算，那么当前任务在任务列表中排队等待，如果没有其他任务，程序就会弹出 LS-DYNA 的计算窗口，如图 5-51 所示。

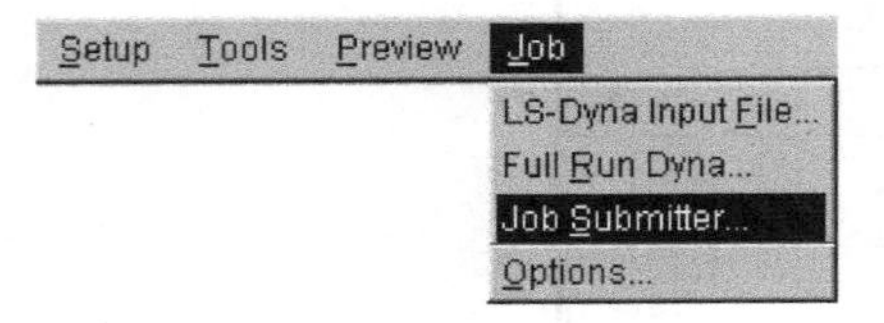

图 5-49 任务菜单

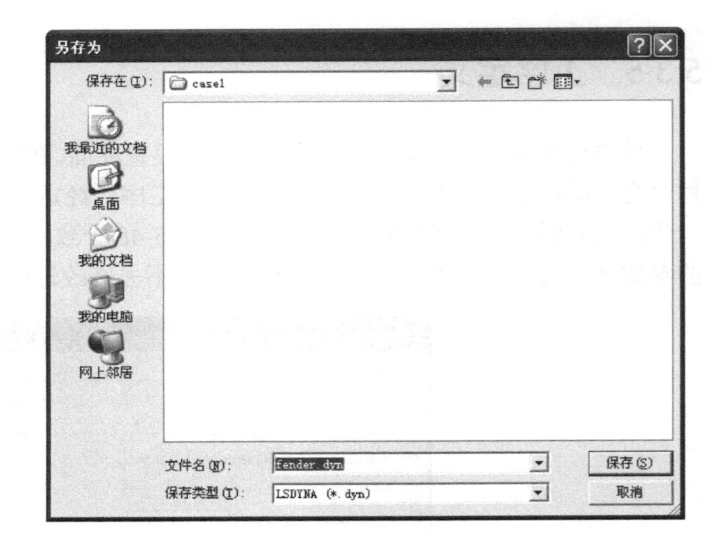

图 5-50 “另存为”对话框

```
LSDYNA - D:/Example/case1/FENDER~1.DYN
 internal energy................   1.00000E-20
 spring and damper energy.......   1.00000E-20
 system damping energy..........   0.00000E+00
 sliding interface energy.......   0.00000E+00
 external work..................   0.00000E+00
 eroded kinetic energy..........   0.00000E+00
 eroded internal energy.........   0.00000E+00
 eroded hourglass energy........   0.00000E+00
 total energy...................   1.00000E-20
 total energy / initial energy..   1.00000E+00
 energy ratio w/o eroded energy.   1.00000E+00
 global x velocity..............   0.00000E+00
 global y velocity..............   0.00000E+00
 global z velocity..............   0.00000E+00
 cpu time per zone cycle............     63653 nanoseconds
 average cpu time per zone cycle....     63653 nanoseconds
 average clock time per zone cycle..     20878 nanoseconds

      1 t 0.0000E+00 dt 1.00E-02 flush i/o buffers
      1 t 0.0000E+00 dt 1.00E-02 write d3plot file

 BEGIN implicit statics  time step       1    time =  1.00000E-02

  minimum memory for in-core stiffness factorization =       9.9 Mw
```

图 5-51 求解器计算窗口

在求解器提供了估计的完成时间后，可以按下 Ctrl-C 刷新估算的时间。Ctrl-C 将暂停求解器的计算，提示 enter sense switch：等待用户输入切换命令，可以输入相应的切换命令，各命令功能如下：

sw1——输出一个重启动文件，然后终止计算。

sw2——刷新估计完成计算的时间，并且继续进行计算。

sw3——输出一个重启动文件，并且继续进行计算。

sw4——输出一个 d3plot 结果文件，并且继续进行计算。

输入 sw2 并回车。注意观察估计完成的时间已经更新了。在求解器运行的时候，用户可以使用这些切换命令。

当从 DYNAFORM 提交一个工作时，就自动建立了一个输入卡片组文件。求解器 LS-DYNA 用这个文件来进行分析计算。默认的输入卡片组文件名为*.dyn 和*.mod，其中*代表输入的名称或原有数据库的名称，*.dyn 文件包含了所有的控制卡片，*.mod 文件包含了几何数据。鼓励高级用户了解*.dyn 文件控制卡片。可参考 LS-DYNA Keyword User’s Manual 获得更多的信息。所有的由 eta/DYNAFORM 或者 LS-DYNA 计算生成的文件都会保存在和数据库文件相同的目录下，这里将包含所有的控制卡片输入文件和后处理文件。应当为不同的数据库建立不同的文件夹，这样可以避免最后计算的一组结果文件覆盖以前计算的结果文件。如果为同一个*.dyn 文件指定不同的 job id，则计算结果不会被覆盖。

5.5 应用 eta/POST 进行后处理

eta/POST 能够读取和处理 d3plot 文件中所有可用的数据。除了包含没有变形的模型数据，d3plot 文件还包含所有的由 LS-DYNA 生成的结果文件（应力、应变、时间历史曲线，变形过程等）。

5.5.1 读入结果文件 d3plot 到 eta/Post

选择 eta/DYNAFORM 主菜单上的 PostProcess 菜单启动 eta/POST。eta/POST 默认的安装路径是 C:\Program Files\DYNAFORM5.7。在这个目录下，双击执行文件 EtaPostProcessor.exe 也可以启动，或者从开始菜单的 DYNAFORM5.7 程序组启动，如图 5-52 所示，后处理界面如图 5-53 所示。

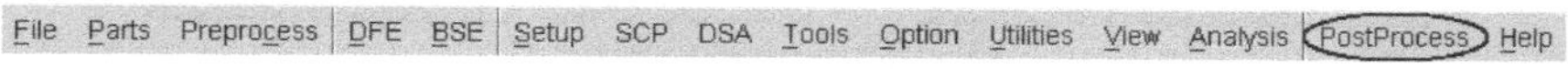

File　Parts　Preprocess　DFE　BSE　Setup　SCP　DSA　Tools　Option　Utilities　View　Analysis　PostProcess　Help

图 5-52　后处理菜单

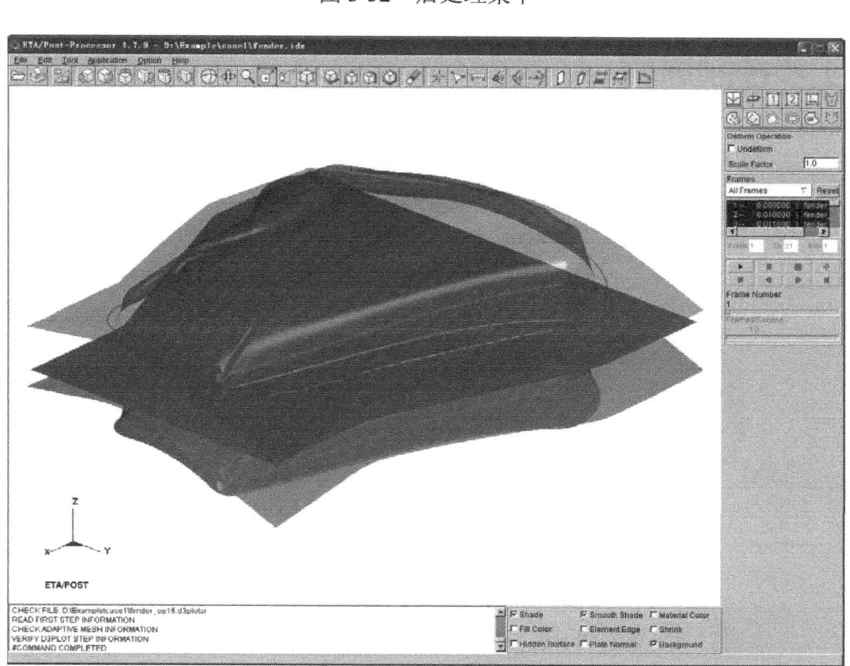

图 5-53　后处理界面

（1）在 eta/Post 中选择菜单 File/Open，打开如图 5-54 所示的对话框。

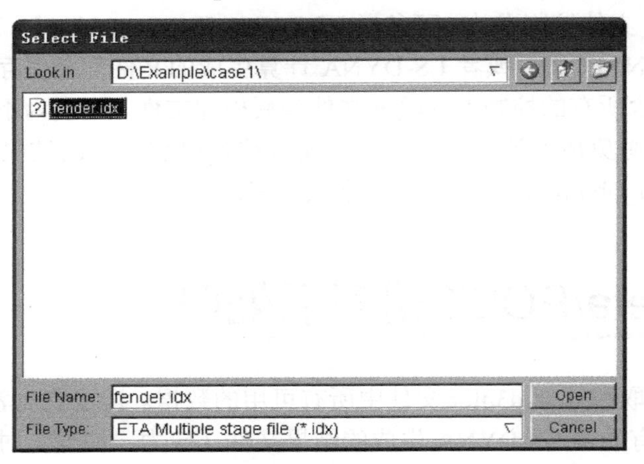

图 5-54　Select File 对话框

（2）将文件类型切换到 ETA Multiple stage file（*.idx），选择 fender.idx 文件。Index 文件是由 DYNAFORM 随*.dyn、*.mod 文件一起输出的，它包含工艺参数等相关信息，对于多工步来说，用户打开该文件后，所有工步的后处理结果文件都被读入 eta/POST 中，然后可以进行结果文件的后处理操作，操作工具栏如图 5-55 所示。

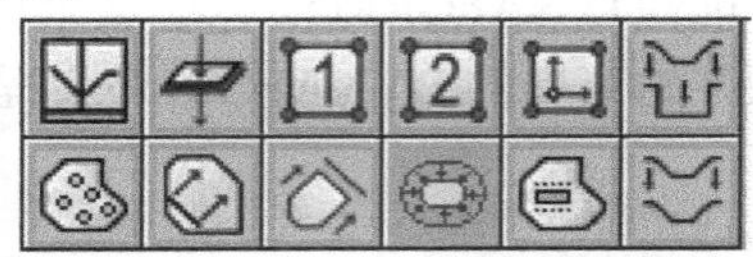

图 5-55　后处理工具栏

5.5.2　多工步控制选项

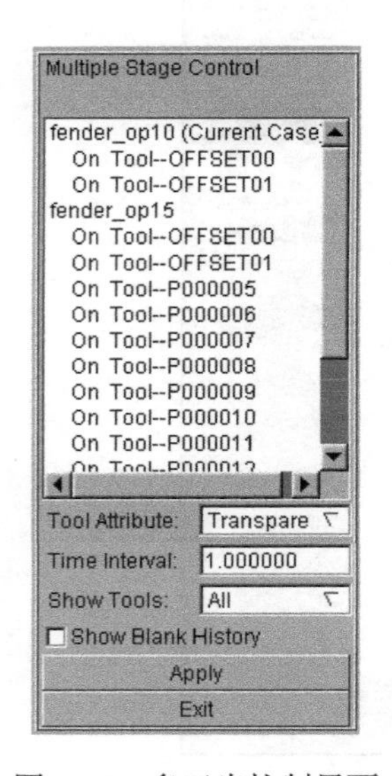

图 5-56　多工步控制界面

（1）选择菜单 Application/Multiple Stage Control（多工步控制），打开如图 5-56 所示的界面。

（2）将 Show Tools 选项改为 Current，只显示当前工步的工具。

（3）单击 Exit 按钮退出多工步控制选项对话框。

用户可以根据需要选择其他选项，每个选项的具体含义请参考 eta/POST 用户手册。

5.5.3　变形过程

（1）默认的绘制状态是绘制变形过程（Deformation）。在帧（Frames）下拉菜单中，选择 Select Cases 选项，如图 5-57 所示。

（2）选择 fender_op15 工步，单击 Play 按钮动画显示变形过程。如图 5-58 所示。

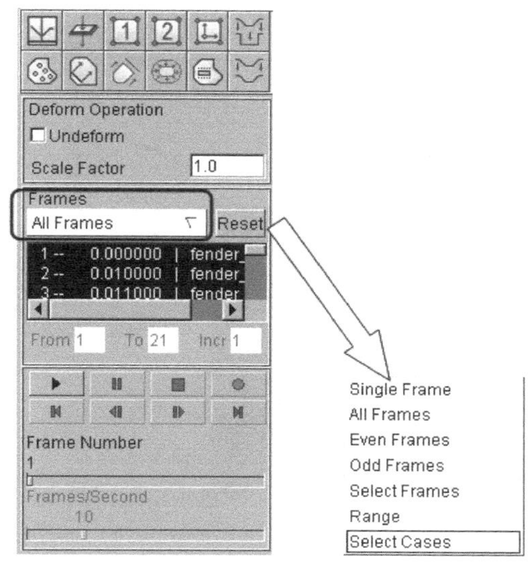

图 5-57　变形对话框

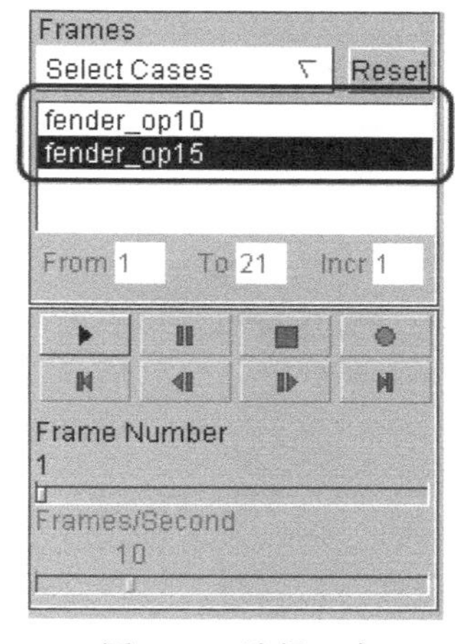

图 5-58　选择工步

（3）为了方便观察板料，可以关闭所有的工具，只打开板料零件层，从工具栏中选择按钮。

（4）在零件层操作对话框关闭所有的工具，只保留板料零件层，所有关闭的零件层的颜色变为白色。

（5）单击 Exit 按钮退出操作绘制变形过程对话框。

（6）也可以用视图操作工具改变视图，视图操作和前处理相同，如图 5-59 所示。

图 5-59　视图操作工具

5.5.4　成型极限图

（1）单击按钮，切换到成型极限图控制选项面板。

（2）单击 Play 按钮进行动画显示。

（3）单击按钮，并再次单击按钮，图形区显示最后一帧应变在 FLD 上的分布，通过成型极限图很容易观察板料的成型情况，如图 5-60 所示。

1）减薄率

（1）在工具栏中单击按钮。

（2）在 Current Component 下拉菜单中选择 THINNING（减薄率），如图 5-61 所示。

（3）单击 Play 按钮动画显示减薄率变化过程。

（4）移动 Frames/Second 滑块，设置动画速度。

（5）单击 Stop 按钮停止动画显示。

2）绘制单帧显示的结果

显示单帧的绘制结果比全部的动画模拟方便。在帧（Frame）下拉菜单中选择 Single Frame，然后在帧列表中，拾取单个帧查看单帧显示的结果。也可以移动 Frame Number 下的滑块来选择单帧，如图 5-62 所示。

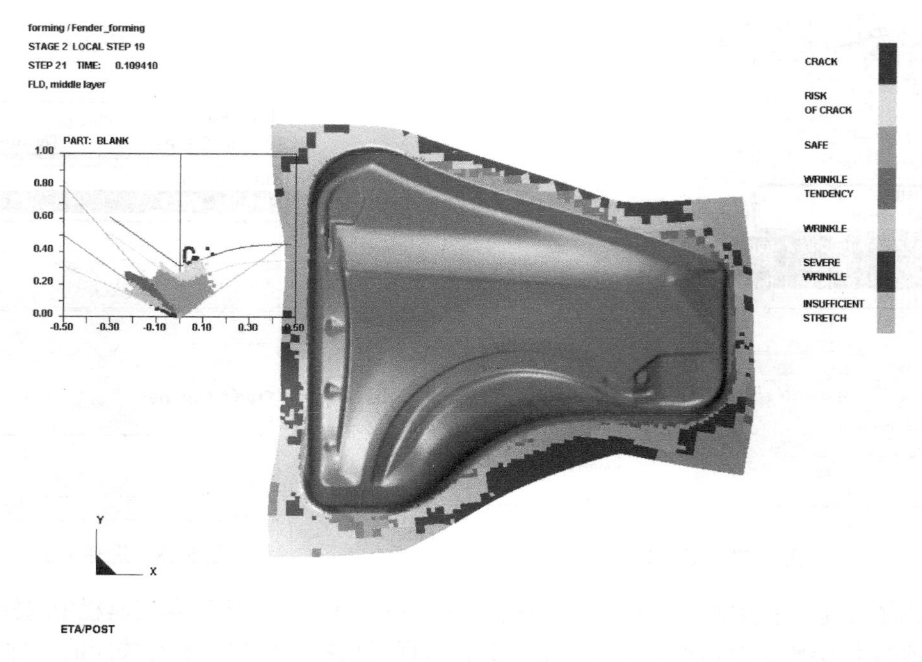

图 5-60 成型极限图

3）查看拉延筋阻力系数

在后处理中查看设置的拉延筋阻力系数，这样可以根据成型情况重新调整拉延筋阻力。

（1）选择菜单 Application /Drawbead Force Factor（拉延筋阻力系数），打开如图 5-63 所示的界面。

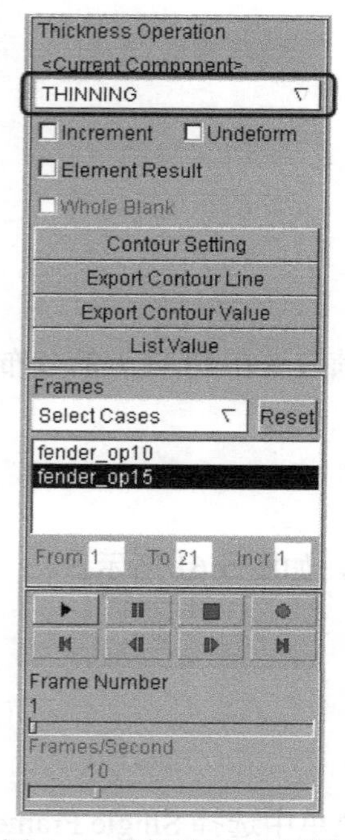

图 5-61 厚度显示对话框

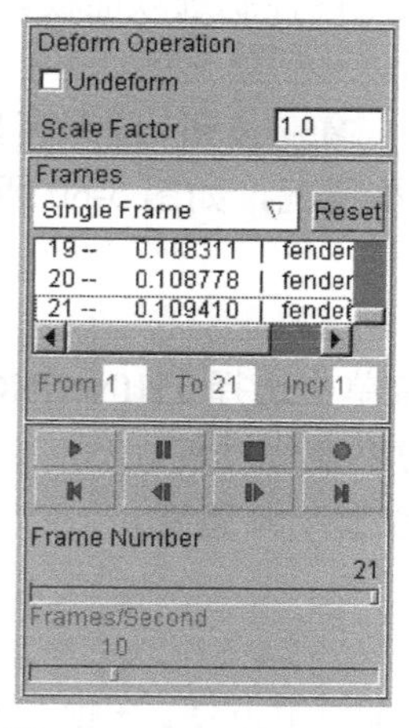

图 5-62 显示单帧结果

图 5-63 拉延筋阻力系数

（2）单击 Show All 按钮，显示所有的拉延筋阻力系数。也可以在列表中选择部分拉延筋以显示其阻力系数。

5.5.5 录制 AVI 电影文件和 E3D 文件

eta/POST 有一些有用的工具，允许用户通过对动画窗口的捕捉自动地生成 AVI 电影文件和 E3D 文件，其中 AVI 电影文件可以用媒体播放器播放来观看成型结果，E3D 文件是 ETA 开发的一种文件格式，能够保存三维动画，并在 eta/3Dplayer 软件中播放。

AVI 电影文件

（1）开始任意一个可以播放动画的过程。

（2）当动画开始显示时，单击位于中部靠右下的 Record 按钮，如图 5-64 所示。

（3）这时显示 Select File 对话框，输入一个文件名来保存 AVI 文件，如 fender_deform.avi，单击 Save 按钮保存。

（4）在弹出的 Select compression format（选择压缩格式）对话框中，从压缩程序列表中选择 Microsoft Video1，单击确定按钮保存文件，如图 5-65 所示。

（5）eta/POST 将开始屏幕动画的捕捉并输出到指定的文件保存。

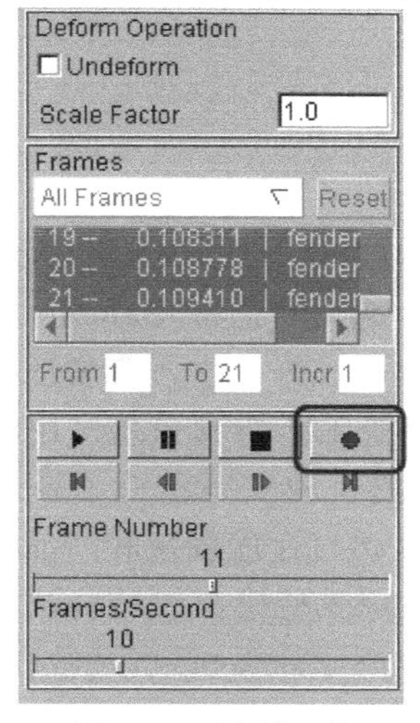

图 5-64　录制工具

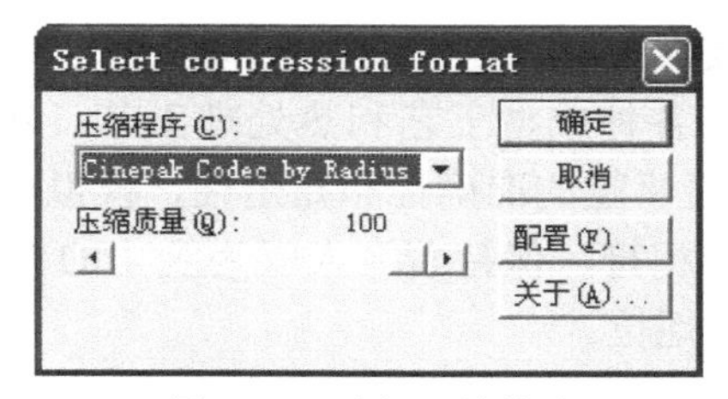

图 5-65　选择压缩格式

E3D 文件

eta/POST 允许用户以一种压缩比非常大的文件格式（*.e3d）来保存模拟结果文件。*.e3d 文件可以在 eta/3DPlayer 软件中观察，eta/3DPlayer 软件是 ETA 免费提供给用户的，可以从系统的开始菜单所有程序 DYNAFORM 5.7/Eta3DPlayer 启动。

Chapter 6

第6章 DEFORM软件介绍

6.1 DEFORM软件简介

DEFORM系列软件是由位于美国Ohio Clumbus的科学成型技术公司（Science Forming Technology Corporation，SFTC）公司开发的，它的前身是美国空军Battelle实验室开放的ALPID软件。该软件系统因其功能强大、应用成熟、界面友好、学习难度低而在全球制造业中占有重要席位。它是一套基于有限元分析方法的专业工艺仿真系统，用于分析金属成型及其相关的各种成型工艺和热处理工艺。20多年来的工业实践证明了基于有限元法的DEFORM有着卓越的准确性和稳定性，模拟引擎在大流动、行程载荷和产品缺陷预测等方面同实际生产相符，保持着令人叹为观止的精度，被国际成型模拟领域公认为处于同类模拟软件的领先地位。

DEFORM不同于一般的有限元程序，它是专为金属成型而设计、为工艺设计师量身定做的软件。DEFORM可以用于模拟零件制造的全过程，从成型、热处理到机加工。DEFORM主旨在于帮助设计人员在制造周期的早期能够检查、了解和修正潜在的问题或缺陷。DEFORM具有非常友好的图形用户界面，可帮助用户方便地进行数据准备和成型分析。这样，工程师们便可把精力主要集中在工艺分析上，而不是去学习烦琐的计算机软件系统。

DEFORM 通过在计算机上模拟整个加工过程，帮助工程师和设计人员：

（1）设计工具和产品工艺流程，减少昂贵的现场试验成本；

（2）提高模具设计效率，降低生产和材料成本；

（3）缩短新产品的研究开发周期；

（4）分析现有工艺方法存在的问题，辅助找出原因和解决方法。

6.1.1 DEFORM 软件的特色

1）友好的图形界面

DEFORM 专为金属成型而设计，具有 Windows 风格的图形界面，可方便快捷地按顺序进行前处理及其多步成型分析操作设置，分析过程流程化，简单易学。另外，DEFORM 针对典型的成型工艺提供了模型建立模板，采用向导式操作步骤，引导技术人员完成工艺过程分析。

2）高度模块化、集成化的有限元模拟系统

DEFORM 是一个高度模块化、集成化的有限元模拟系统，主要包括前处理器、求解器、后处理器三大模块。前处理器完成模具和坯料的几何信息、材料信息、成型条件的输入，并建立边界条件。求解器是一个集弹性、弹塑性、刚（黏）塑性、热传导于一体的有限元求解器。后处理器是将模拟结果可视化，支持 OpenGL 图形模式，并输出用户所需的结果数据。DEFORM 允许用户对其数据库进行操作，对系统设置进行修改，并且支持自定义材料模型等。

3）有限元网格自动生成器及网格重划分自动触发系统

DEFORM 强大的求解器支持有限元网格重划分，能够分析金属成型过程中多个材料特性不同的关联对象在耦合作用下的大变形和热特性，由此能够保证金属成型过程中的模拟精度，使得分析模型、模拟环境与实际生产环境高度一致。DEFORM 采用独特的密度控制网格划分方法，方便地得到合理的网格分布。计算过程中，在任何有必要的时候能够自行触发高级自动网格重划分生成器，生成细化、优化的网格模型。

4）集成金属合金材料

DEFORM 自带材料模型，包括弹性、弹塑性、刚塑性、热弹塑性、热刚黏塑性、粉末材料、刚性材料及自定义材料等类型，并提供了丰富的开放式材料数据库，包括美国、日本、德国的各种钢、铝合金、钛合金、高温合金等 250 种材料的相关数据。用户也可根据自己的需要定制材料库。

5）集成多种成型设备模型

DEFORM 集成多种实际生产中常用的设备模型，包括液压机、锻锤、机械压力机、螺旋压力机等。可以分析采用不同设备的成型工艺，满足用户在各种成型条件下模拟的需要。

6）用户自定义子程序

DEFORM 提供了求解器和后处理程序的用户子程序开发。允许用户自定义子函数，定义自己的材料模型、压力模型、破裂准则和其他函数，支持高级算法的开发，极大扩展了软件的可用性。后处理程序的用户子程序开发允许用户定制所关心的计算结果信息，丰富了后处理显示功能。

7）辅助成型工具

DEFORM 针对复杂零件锻造过程，提供了预成型设计模块 Preform，该模块可根据最终锻件的形状反算锻件的预成型形状，为复杂锻件的模具设计提供指导。针对热处理工艺界面热传导参数的确定，提供了反向热处理分析模块，帮助用户根据试验结果确定界面热传导参数。

6.1.2 DEFORM 软件的功能概览

DEFORM 用于分析变形、传热、热处理、相变和扩散以及晶粒组织变化等。以上的各种现象之间都是相互耦合的，拥有相应模块以后，这些耦合效应将包括由于塑性功、界面摩擦功引起的升温、加热软化、相变控制温度、相变内能、相变塑性、相变应变、应力对相变的影响、应变及温度对晶粒尺寸的影响，以及碳含量对各种材料性能产生的影响等。

1）成型分析

包括冷、温、热锻的成型和热-力耦合分析；丰富的材料数据库，包括各种钢、铝合金、钛合金和高温合金。提供材料流动、模具充填、成型载荷、模具应力、纤维流向、缺陷形成和韧性破裂等信息。刚性、弹性和热黏塑性材料模型，特别适用于大变形成型分析。完整的成型设备模型可以分析液压成型、锤上成型、螺旋压力成型和机械压力成型。用户自定义子函数允许用户定义自己的材料模型、压力模型、破裂准则和其他函数。流线和质点跟踪可以分析材料内部的流动信息及各种场量分布。 温度、应变、应力、损伤及其他场变量等值线的绘制使后处理信息更加丰富。自动接触条件及完美的网格再划分使得在成型过程中即便形成了缺陷，模拟也可以进行到底。

2）热处理

模拟的热处理工艺类型包括正火、退火、淬火、回火、时效处理、渗碳、蠕变、高温处理、相变、金属晶粒重构、硬化和时效沉积等。精确预测硬度、晶相组织体积比值（如马氏体、残余奥氏体含量百分比等）、热处理工艺引起的挠曲和扭转变形、残余应力、碳势和含碳量等热处理工艺评价参数，得到热处理变形和碳含量分布。专门的材料模型用于蠕变、相变、硬度和扩散。

3）热微观组织分析

可模拟微观组织在金属成型过程、热处理过程及加热、冷却过程中的演变，模拟晶粒生长，分析整个过程的晶粒尺寸变化，计算成型及热处理过程中的回复再结晶现象，包括动态再结晶、中间动态再结晶及静态再结晶，通过微观演变预测总体性能，避免缺陷，如图 6-1 所示。

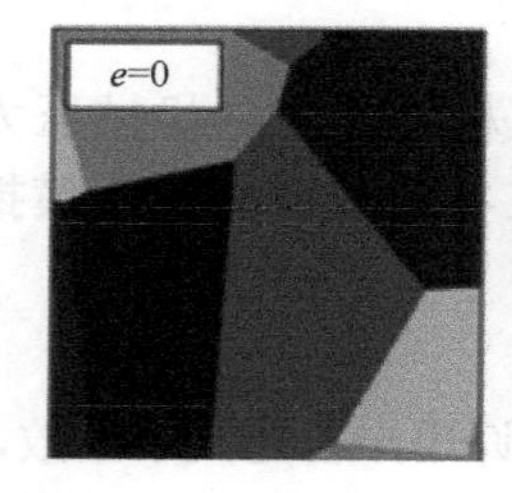

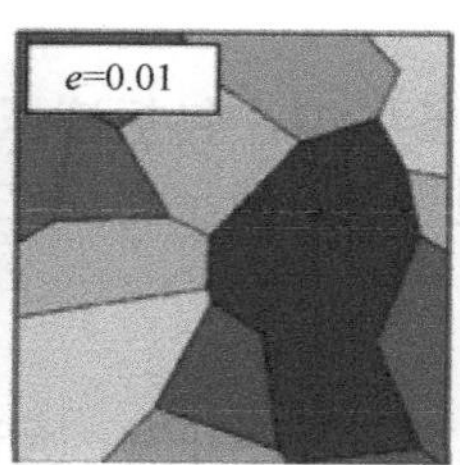

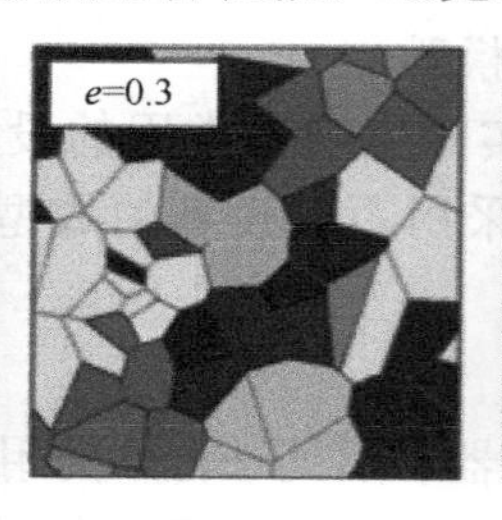

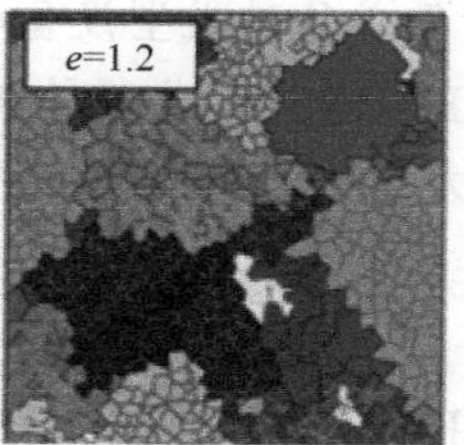

图 6-1 微观组织模拟

4）切削过程分析

可模拟车、铣、刨及钻孔等机械加工过程，模拟切削过程工件温度、变形及切屑产生，预测切削刀具的受力、温度变化，评估刀具的磨损情况。图 6-2 是模拟钻孔过程。

5）综合模拟方案

针对金属成型行业提供全方位的综合模拟方案（见图 6-3），从金属的开坯、轧制到成型、热处理、组装、机加工及微观组织计算，全面解决行业关注问题。

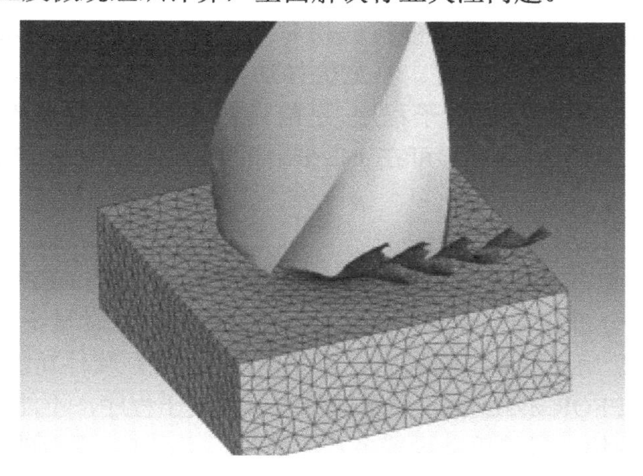

图 6-2　钻孔过程模拟

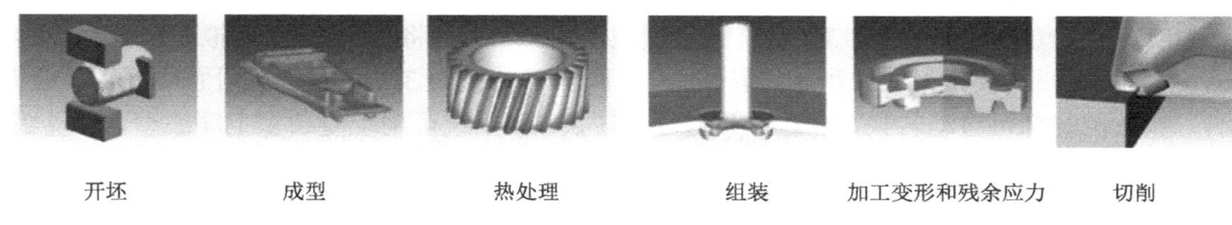

图 6-3　DEFORM 综合模拟方案

6.1.3　DEFORM 软件的主要模块

DEFORM 软件具有许多通用模块和专用模块，可根据分析对象选择合适模块或者几种模块的组合进行分析。DEFORM 针对典型的成型工艺提供了模型建立模板，采用向导式操作步骤，引导技术人员完成工艺过程分析，极大地方便了工程师的使用。

1）DEFORM-2D

在同一集成环境内综合建模、成型、热传导和成型设备特性等，主要用来分析成型过程中平面应变和轴对称等二维材料流动，适用于热、冷、温成型，广泛用于分析锻造、挤压、拉拔、开坯、镦锻和许多其他金属成型过程，提供极有价值的工艺分析数据，如材料流动、模具填充、锻造负荷、模具应力和缺陷产生发展情况等。包含 DEFORM 的核心功能，支持 PC 平台的 Windows XP/Vista 系列操作系统，支持 UNIX/Linux 系统。

2）DEFORM-3D

在同一集成环境内综合建模、成型、热传导和成型设备特性等，主要用于分析各种复杂金属成型过程中三维材料流动情况，适用于热、冷、温成型，提供极有价值的工艺分析数据，如材料流动、模具填充、锻造负荷、模具应力和缺陷产生发展情况等，DEFORM-3D 功能与 2D 类似，但它处理的对象为复杂的三维零件、模具等。支持 PC 平台的 Windows Vista/7/8 等系列操作系统，支持 UNIX/Linux 系统。

3）DEFORM-F2

集成前处理、求解器和后处理于一体的独立分析系统，具有向导式的操作界面，使得用户可以方便地建立模型并完成分析过程。主要用于典型的平面应变和轴对称等二维材料流动的冷、温、热成型以及传热过程分析。相对于 DEFORM-2D，DEFORM-F2 更容易使用，用户能够很轻松完成前处理设置。但是软件功能上有一些限制，比如，支持材料本构类型比 DEFORM-2D 少，不支持用户子程序，不能设置复杂的边界条件，不能配置 ADD-ON 的模块，只能手动设置多步成型等。可在 PC 平台的 Windows Vista/7/8 等系列操作系统下使用。

4）DEFORM-F3

与 DEFORM-F2 类似，DEFORM-F3 为 3D 的简化版本。相对于 DEFORM-3D，DEFORM-F3 更容易使用，主要用于分析各种复杂金属成型过程中三维材料流动情况，对于典型成型过程，具有向导化的操作界面，用户能够很轻松完成前处理设置。但是软件功能上有一些限制，比如，支持材料本构类型比 DEFORM-3D 少，不支持用户自定义子程序，不能设置复杂的边界条件，不能配置 ADD-ON 的模块，只能手动设置多步成型等。可在 PC 平台的 Windows Vista/7/8 等系列操作系统下使用。

5）DEFORM 2D/3D

DEFORM 2D 与 DEFORM 3D 整合的金属成型模拟系统，将 2D 与 3D 模拟系统合为一体，包含完整的 2D/3D 模拟系统并可无缝转接。2D 网格可转变为 3D 六面体及四面体网格，边界条件、参数控制都可自动转换，后处理数据可以转换。该系统可用于复杂多工序成型，实现 2D 模拟与 3D 模拟的结合分析，提高计算效率。

6）DEFORM F2/F3

DEFORM F2/F3 金属体积成型模拟系统，将 F2 与 F3 模拟系统合为一体，包含完整的 F2/F3 模拟系统，可用于模拟金属体积成型问题，具有向导化操作界面，可视为 2D/3D 的简化版，前处理、求解及后处理在同一界面。

7）DEFORM-HT（热处理）

可以独立运行也可以附加在 DEFORM-2D 和 DEFORM-3D 之上。DEFORM-HT 能分析热处理过程，包括硬度、晶相组织分布、扭曲、残余应力、含碳量等。能够模拟复杂的材料流动特性，自动进行网格重划和插值处理，除变形过程模拟外，还能够考虑材料相变、含碳量、体积变化和相变引起的潜热，计算出相变过程各相的体积分数、转化率、相变应力、热处理变形和硬度等一系列相变引发的参数变量。能够计算金属成型过程发生的再结晶过程及晶粒长大过程。

8）其他主要 ADD-ON 模块

包含 DEFORM-RR、Microstructure、Cogging、Machining、Shaping Rolling、Inverse Property Extraction（HTC）、Ring Rolling、Geometry Tool、Simulation Queue、Preform 等模块。

6.2 DEFORM-3D 的主界面及基本操作

随着计算机技术的飞速发展，CPU、内存和显卡的数据处理能力得到了很大的提高，多 CPU 并行运算及网络运算技术越来越成熟，制约 DEFORM-3D 广泛应用的最大瓶颈——运算时间长已不再是有限元模拟的主要障碍，而其对复杂形状零件的模拟和优秀的三维可视化功能成为人们关注的焦点。在 DEFORM 众多模块中，由于 DEFORM-3D 模块处理的对象为复杂的三维零件、模具，可用于分析各种复杂金属成型过程中三维材料流动情况，三维可视化效果好。而 DEFORM-2D 模块只能用来分析成型过程中平面应变和轴对称等二维材料流动，受限制较多，因此 DEFORM-3D 得到了广泛的应用。本节主要针对 DEFORM-3D 的功能进行详细讲解，其他模块如 DEFORM-2D、DEFORM-F3 等操作界面和菜单与 DEFORM-3D 基本类似，读者可借助系统提供的帮助文档自行学习。

DEFORM-3D 模块包括前处理程序（Pre-processor）、模拟程序（Simulator）和后处理程序（Post Processor）。首先要在 CAD 软件（如 Pro/E、UG 等）中进行实体造型，建立模具和坯料的实体信息并将其转换成相应的数据格式（STL）；然后在软件中设定变形过程的相应环境信息，进行网格剖分；再在应用软件上进行数值模拟计算；最后在后处理单元中将计算结果按需要输出。

事实上，由于设置了成型、工件材料、模具等信息后，环境条件几乎全是默认的。因此只要熟悉了操作步骤，严格按要求操作，可以顺利完成前处理工作；设置完成后，通过数据检查、创建数据库，将数据保存，然后退出预处理模块；开启模拟开关、运行模拟程序，进入模拟界面，模拟程序开始自动解算，在模拟解算过程中，可以打开模拟图表监视模拟解算进程，并进行图解分析，对变形过程、应力、应变、位移、速度等进行监视。

应用后处理器，分析演示变形过程，也可以打开动画控制开关，隐去工（模）具，进行动画演示，并同时可以打开概要和图表，对应力、应变、位移和速度等进行详细分析。

6.2.1 DEFORM-3D 主界面简介

双击桌面上 deform 图标 ，或者在 Windows“开始”菜单中单击“程序”→“DEFORM v10.2”→“DEFORM-3D”菜单，启动 DEFORM-3D，启动后出现如图 6-4 所示的主界面。DEFORM 的主界面包含 7 个区域：标题栏、菜单栏、工具栏、工作目录栏、项目信息窗口、状态栏以及主菜单栏。

（1）标题栏：指明当前系统所使用的 DEFORM-3D 的版本信息，本书均为 DEFORM-3D V10.2 版本。

（2）菜单栏：包含文件管理、模拟控制、工具、视图、环境设置和帮助菜单。菜单栏是我们和 DEFORM 交互操作的主要方式。

（3）工具栏：包含新建项目、工作目录选择、运行控制、模拟控制等常用的操作命令。

（4）工作目录栏：显示系统已有的项目信息。

（5）项目信息窗口：显示当前选中或运行项目的概要信息、分析模型的预览、模拟计算结果信息、运行日志等内容。

（6）状态栏：显示当前 DEFORM-3D 系统的状态、正在运行的任务数量以及当前所使用的处理器为 DEFORM-3D 主界面。

（7）主菜单栏：进行 DEFORM 分析时建模、计算和后处理等模块的菜单入口。包含前处理 Pre Processor ，模拟 Simulator ，后处理 Post Processor 等 DEFORM 的主要功能模块。

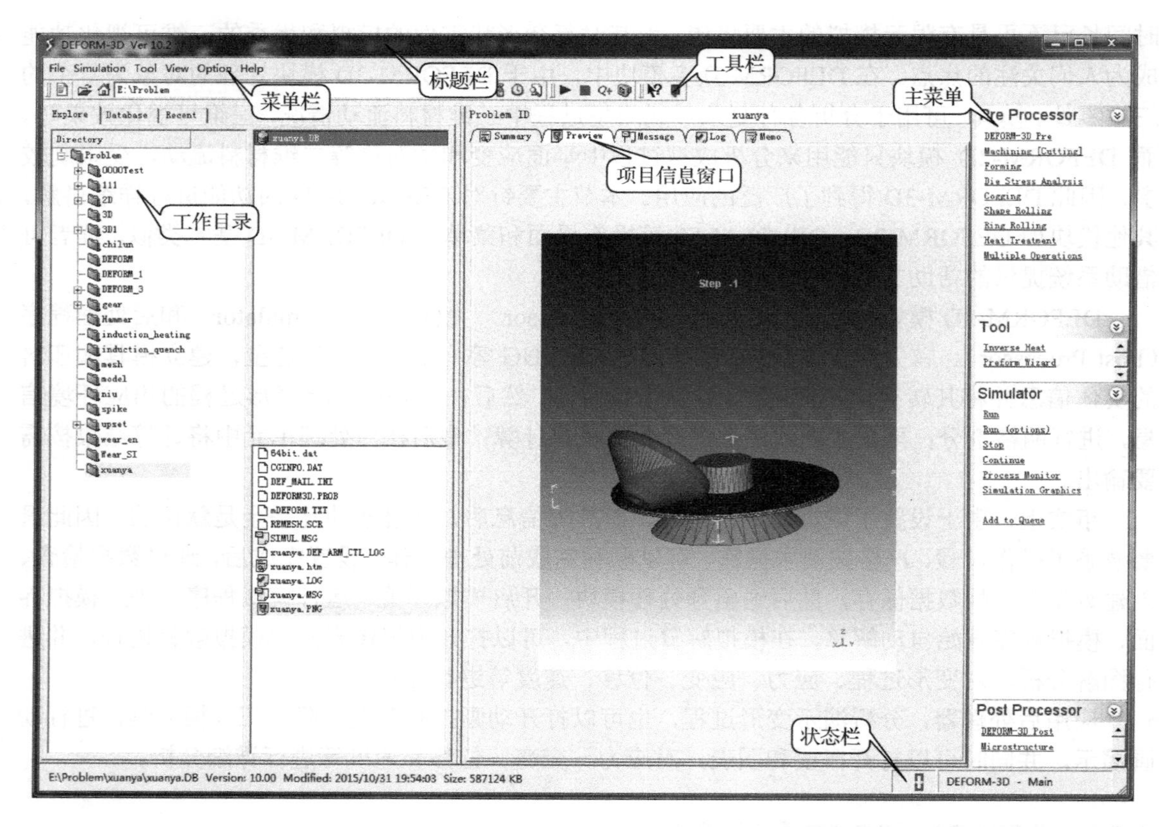

图 6-4 DEFORM 主界面

6.2.2 模具及坯料模型的建立

DEFORM-3D 的前处理模块只提供了一些简单的模型生成，包含长方体、圆柱体等最简单的模型，可满足一些最简单的工程分析。而工程实际中常用的模具形状都是很复杂的，DEFORM 本身的造型功能无法满足需要。因此，DEFORM 系统提供了与 UG、PROE、CATIA 等成熟的商业三维造型软件的数据交换方式。可以利用 UG、PROE 等软件的造型功能完成模具及坯料的造型，然后导出 IGES 或 STL 格式，最后在 DEFORM-3D 的前处理模块中导入相应的文件，实现前处理模块中造型的需要。

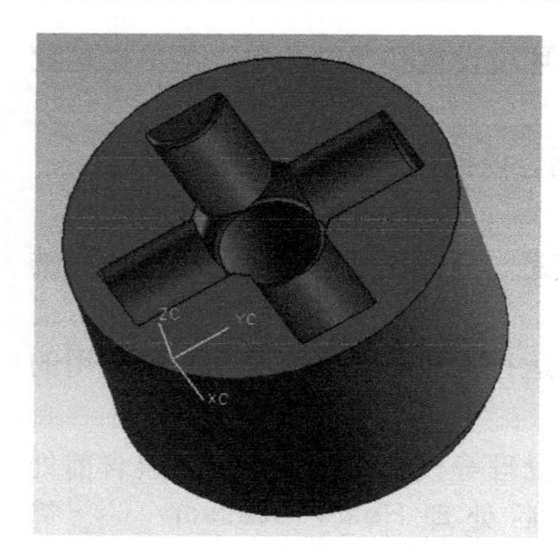

图 6-5 需要导入的三维模型

本节以 UG NX 6.0 软件为例，介绍 STL 图形数据文件的生成，以及在 DEFORM-3D 前处理模块中的输入方法。

（1）首先在 UG NX 6.0 软件中完成如图 6-5 所示的三维模型。选择“文件”→“导出”→“STL…”菜单（见图 6-6），然后根据提示指定保存文件夹及文件名，选择相应的对象，完成导出操作。

（2）在 DEFORM 主界面上，单击主菜单前处理部分中的 Pre Processor DEFORM-3D Pre 进入 DEFORM-3D 前处理模块（见图 6-7），

在前处理模块的主界面中单击 Geometry ，然后单击 Import Geo... ，弹出 Import Geometry 对话框，如图 6-8 所示，找到刚刚保存文件的文件夹，选择相应文件，单击打开按钮，完成模型的导入，如图 6-9 所示。

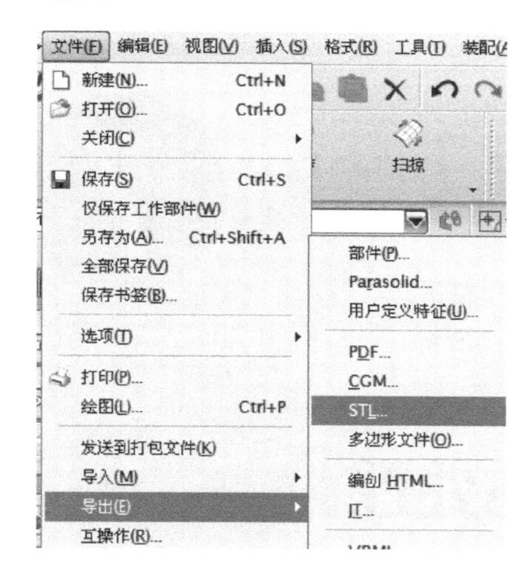

图 6-6　UG NX6.0 导出菜单

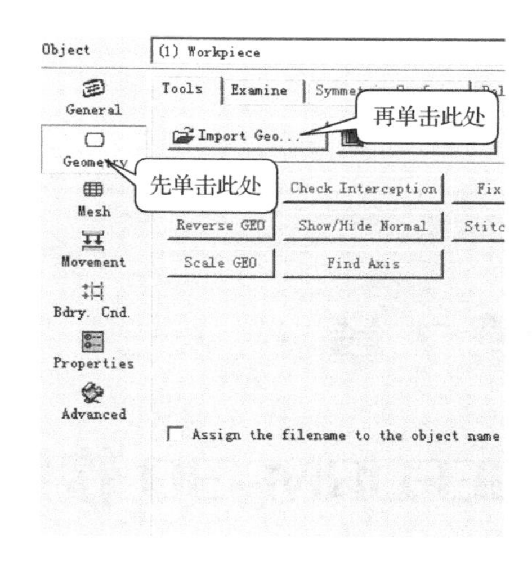

图 6-7　DEFORM 前处理模块界面导入操作

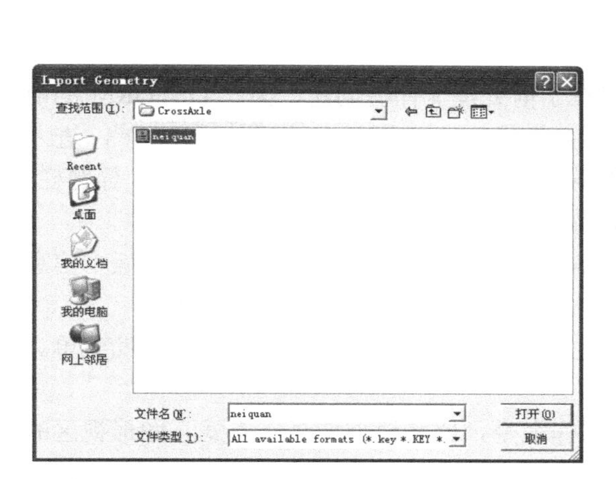

图 6-8　Import Geometry 对话框

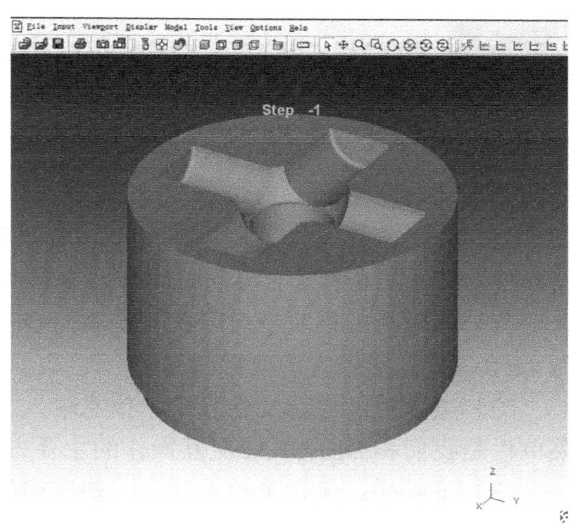

图 6-9　导入到 DEFORM 前处理模块中的模型

Chapter 7

第7章

DEFORM-3D 软件的前处理

7.1 DEFORM-3D 前处理主界面

DEFORM 的求解是否快捷而且精确，关键在于前处理文件的创建，因此 DEFORM 的前处理至关重要。在 DEFORM 主界面上，单击主菜单前处理部分中的 Pre Processor DEFORM-3D Pre，进入 DEFORM-3D 前处理模块（见图 7-1）。DEFORM-3D 的前处理主界面包含 6 个区域：标题栏、菜单栏、工具栏、模型显示区、对象设置区和状态栏。

（1）标题栏：指明当前所在的模块为 DEFORM-3D pre 模块，即预处理模块，版本信息为 ver10.2，方括号内是项目名称。

（2）菜单栏：包含文件管理、信息输入、工具、视区、显示、模型、选项和帮助菜单。菜单栏是我们和 DEFORM 交互操作的主要方式。

（3）工具栏：包含菜单选项中一些常用的操作命令，比如模型的显示方式、图形视区的变换、模拟控制等命令。

（4）模型显示区：显示通过 DEFORM 建立或导入的分析模型。

（5）对象设置区：在此区域完成分析模型所需的几何信息、材料信息、网格划分、边界条件、对象运动等信息的输入，是 DEFORM-3D 预处理工作最主要的内容。

（6）状态栏：显示当前操作命令的提示信息、拾取的节点坐标等信息。

使用 DEFORM-3D 预处理器可实现分析数据文件的生成，主要是通过菜单栏及对象设置区的操作来完成。下面就对这两部分内容进行详细讲解。

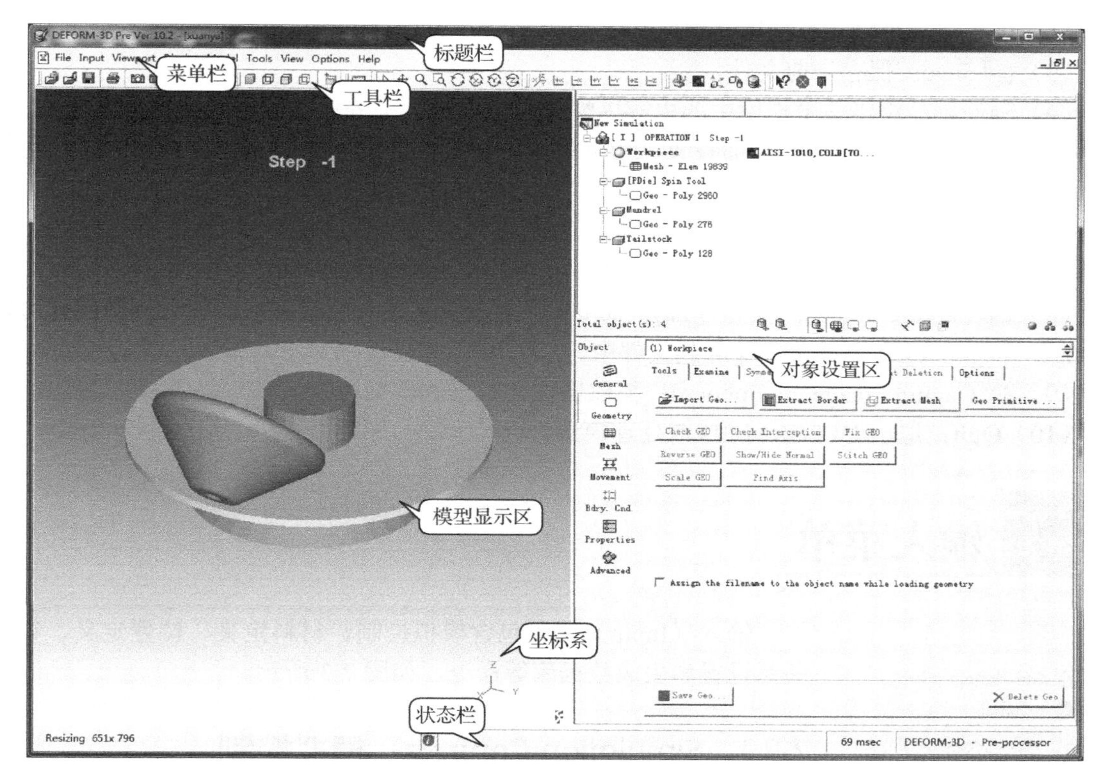

图 7-1 DEFORM-3D 的前处理主界面

7.2 文件菜单

文件（File）菜单包含了文件的打开、保存、图像抓取、打印设置等命令，如图 7-2 所示。

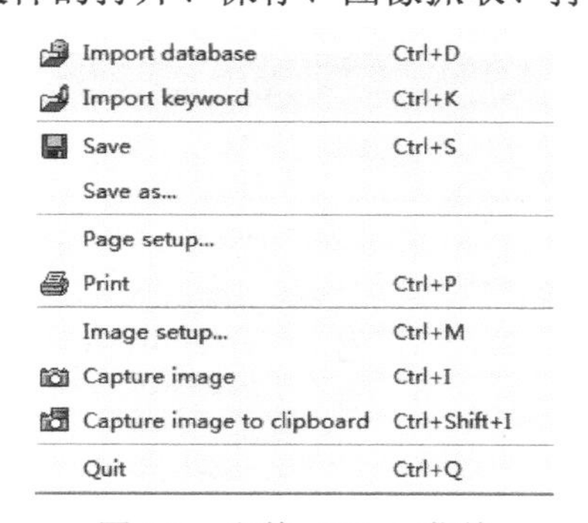

图 7-2 文件（File）菜单

（1）Import database：打开数据库文件（*.DB）。*.DB 文件包含完整的模拟分析数据，如对象信息、模拟控制等数据。菜单名称前面的图标表示工具栏上有相应按钮，后面的 Ctrl+D 代表该菜单选项的快捷键命令。其他菜单格式基本相同，不再特别说明。

（2）Import keyword：打开*.KEY 文件。*.KEY 文件包含特定问题定义的数据，可以是一个完整的项目信息，也可以是一个对象的模型信息、材料信息、物间关系信息等。经前处理调用后，可生成一个输入数据库文件。

（3）Save：保存当前文件。

（4）Save as：将当前数据库中的内容以*.KEY 文件类型另外保存到指定文件夹中。

（5）Page setup：打印的页面设置，可分别对分辨率、方向、页眉页脚、缩放、页边距等进行设置。

（6）Print：将模型显示区的内容进行打印。

（7）Image setup：进行抓取图像的设置，包含抓取区域和像素大小。

（8）Capture image：按照 Image setup 中的设置来进行图像抓取，抓取到的图像可以以.png，.jpeg 和.bmp 三种格式保存到文件中。

（9）Capture image to clipboard：抓取图像并输出到剪贴板上。

（10）Quit：退出 DEFORM-3D 前处理模块。

7.3 输入菜单

输入（Input）菜单包含模拟控制、材料定义、位置定义、物间关系设置和生成数据库等命令，如图 7-3 所示。

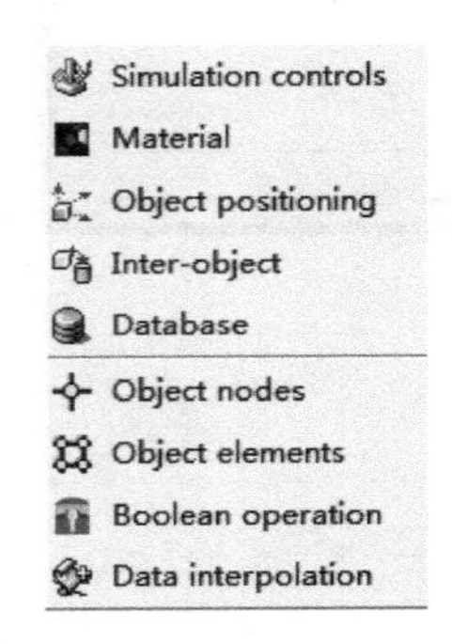

图 7-3 输入（Input）菜单

7.3.1 Simulation Controls：模拟控制

对 DEFORM-3D 模拟分析的过程及方法进行设置。执行此命令，弹出图 7-4 所示对话框。各选项的含义如下所述。

（1）Main：模拟分析的主要设置。

Name and Number：设置模拟分析的名称及操作。

Simulation Title：设置模拟分析标题，此标题会显示在对象设置区的左上角。

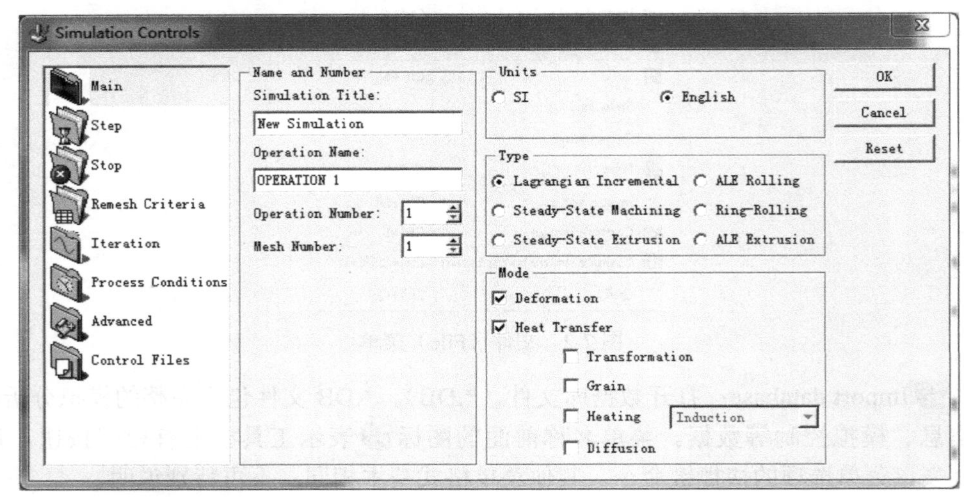

图 7-4 Simulation Controls 对话框

Operation Name：设置操作名称。

Operation Number：此操作的序号。

Mesh Number：网格划分次数，不需改变；

Units：进行模拟分析单位的设定。DEFORM 提供了“SI”和“English”两种单位系统。单位系统的设置应是最先完成的操作。

SI：设置单位系统为国际单位制。

English：设置单位系统为英制。

表 7-1 提供了两种系统各物理量的单位及互换标准。在进行模拟分析参数的输入时，应严格按照表 7-1 所示的单位进行设置。例如某模拟分析采用 SI 单位系统，则分析模型的尺寸如果以毫米为单位，力（Force）的设定以牛顿（N）为单位，分析结果中应力的单位自然就是 MPa。

表 7-1　DEFROM 的单位系统及互换标准

量	SI 单位	英制单位	1 英制单位=1SI 单位×系数
时间	s	s	1
长度	mm	in	25.4
面积	mm^2	in^2	6.4516e2
体积	mm^3	in^3	1.6387e4
力	N	Klb	4.4484e3
机械能	N-mm	Klb-in	1.13e5
应力	MPa	KSI	6.8918
热能	N-mm	BTU	1.055e6
温度	℃	℉	℃=(℉-32)/1.8
热传导率	N/s/℃	BTU/s/in/℉	7.4764e4
热流量	N/mm/s	$BTU/in^2/s$	1.6353e3
热容	N/mm^2/℃	BTU/in^3/℉	1.1589e2
热对流系数	N/s/mm/℃	$BTU/s/in^2$/℉	2.943e3
润滑热传导系数	N/s/mm/℃	$BTU/s/in^2$/℉	2.943e3

Type：设置模拟计算方法。DEFORM 系统共提供了 5 种不同的方法，可根据实际加工情况选择合适的方法。

Lagrangian Incremental：适用于一般成型过程、热传导、热处理。轧制、挤压、机加工等也可采用此方法。

ALE Rolling：ALE Rolling 是采用 ALE（Arbitraty Lagrange-Euler）方法进行轧制过程的模拟分析。ALE 方法的计算网格不固定，也不依附于流体质点，而是可以相对于坐标系做任意运动，因此广泛应用于研究固体材料的大变形问题。如果采用 Shape Rolling 快速分析，系统会自动把模拟方法设置为 ALE Rolling，并自动完成边界条件的设置。当采用通用预处理器进行轧制模型的设置时，必须手动把模拟方法改为 ALE Rolling，并进行正确的边界条件设置。

Steady-State Machining：用于稳态机加工模拟。当采用通用预处理器进行稳态机加工的设置时，必须手动把模拟方法改为 Steady-State Machining，并设置适当的自由面和热边界条件。

如果采用 Machining 快速分析，当进入稳态机加工阶段时，系统会自动把模拟方法设置为 Steady-State Machining，并自动完成边界条件的设置。

Ring-Rolling：用于环形件轧制过程的非等温模型处理。

Steady-State Extrusion：用于稳态挤压过程的分析。

Mode：DEFORM 提供了一组模拟分析模式，可单独打开或关闭，也可进行组合分析。

Deformation：变形模拟。对由于力、热、相变引起的变形进行模拟。

Heat Transfer：传热模拟。对传热过程进行模拟，包含对象间的传热，与环境的传热，以及由于变形和相变所产生的热能交换。

Transformation：相变模拟。对由于热力耦合和时间效应引起的相变进行模拟分析。

Grain：晶粒度及再结晶的模拟分析。

Heating：热处理模拟。主要用于由于电阻加热和感应加热产生的热能模拟。

Diffusion：扩散模拟。对碳原子在材料中的扩散过程进行模拟。

（2）Step：步长控制。在 Simulation Control 模拟控制对话框中单击左侧的 Step 选项，进入步长控制设置窗口，如图 7-5 所示。DEFORM 系统把一个连续的非线性问题分解为一系列离散时间段的组合。在设定好边界条件、材料的热性能和力学性能以及前一时间段状态变量的基础上，对每一个时间段内的节点速度、温度等参数进行计算，并由此计算出其他状态变量值。这个过程中时间段的控制即由步长控制设置窗口进行。各选项的含义如下所述。

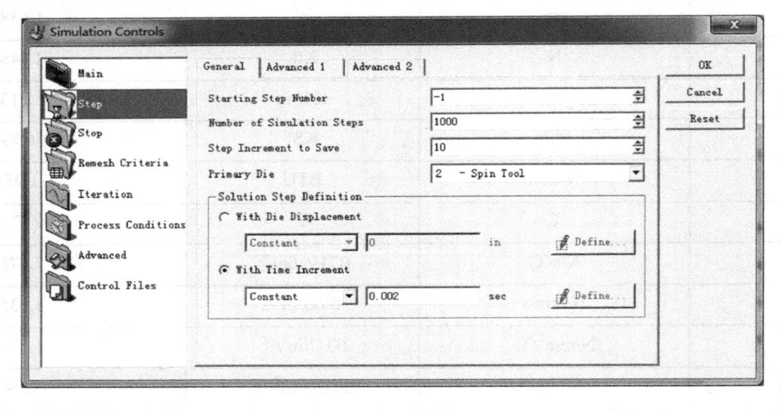

图 7-5 步长控制设置窗口

General：一般设置，包含步长控制的一些最常用的设置。

Starting Step Number：设定模拟分析的起始步。对于新生成的数据库，此时应该是第一步。如果往已存在的数据库增加数据，则应输入具体的数值。预处理器把新产生数据按照此数值追加到已有的数据库中。负号表明数据是由预处理器写入数据库中。图中“-1”即表明模拟分析由第一步开始，数据由预处理写入数据库中。

注意： 所有由前处理产生的起始步都应加负号。

Number of Simulation Steps：设置总的模拟步数，即由起始步开始，DEFORM 分析求解的总步数。例如：如果起始步为-35，总的模拟步数设为 30，系统会在第 65 步之后结束运行（如果设置了程序终止条件，则另当别论）。

Step Increment to Save：设置存储数据的间隔步数。当系统运行时，每一步都会进行计算，但并不一定都需要保存。此数值控制 DEFORM 软件要把计算结果保存到数据库中的步数，值越小，信息保存越完整，同时所占存储空间也越大。可根据总的模拟步数、工艺特点及计算机硬件水平来调整。

Primary Die：设置主模具。可在下拉菜单中选择系统中存在的对象作为主模具。主模具可用来控制程序的停止和增量步的设置。

With Die Displacement：通过设定主模具位移来定义模拟步长。

With Time Increment：通过设定每一步的时间来定义模拟步长。

Solution Step Definition：设定模拟步长，即每一步所需的时间或每一步模具运动的距离。DEFORM 软件提供了两种设置步长的方式，分别为由主模具位移和时间增量来控制。每种方式提供了 3 种不同的方法，Constant，f（time）和 f（stroke）。

Constant：每一步所需的时间或模具运动的位移为一个常数。

f（time）：时间与增量步序号的函数。

f（stroke）：行程与增量步序号的函数。

对于通常的变形问题，采用模具位移控制比较直观。对于没有模具运动或者模具的运动是由力来驱动的问题，必须设置每一步的时间。

注意：步长的正确设定十分重要。步长太大会导致计算结果不准确，网格发生快速畸变，甚至引起计算的不收敛；步长太小会使得计算耗时增加，降低模拟分析效率。在实际的设置过程中，对于一般变形问题，每一步节点的最大位移不应超过单元边长的 1/3。对于边角变形严重或其他局部严重变形的问题，如飞边成型，步长应选单元最小边长的 1/10。

实际的操作步骤：先把对象划分网格，测量网格最小单元的边长 l。估算变形坯料质点的最大速度 v，l/v 即为运动最小单元边长所需的时间，取 l/v 的 1/3 作为时间步长，或者取 $l/3$ 作为位移步长。

Advanced1：步长高级控制 1，提供了更多选项，如图 7-6 所示。

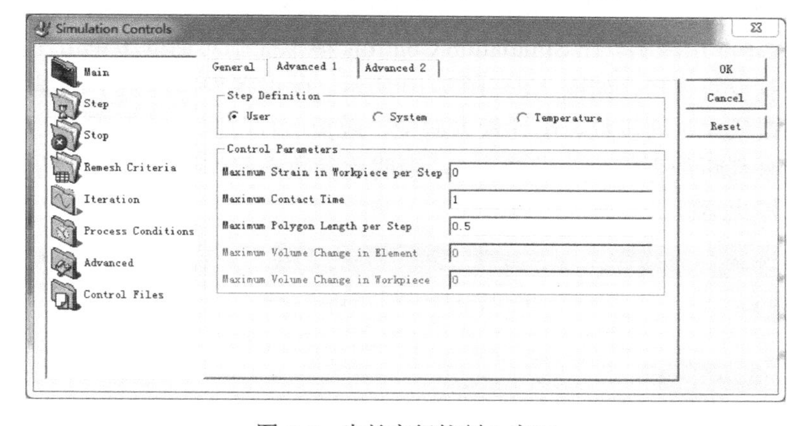

图 7-6　步长高级控制 1 窗口

Step Definition：步长的定义方式有三种。

User：和一般设置中的 Number of Simulation Steps 相关，一般情况都采用此模式

System：此模式下每一个子增量步都保存到数据库中，并且作为一个增量步来处理，一般用于程序调试。

Temperature：用于热引起的变形模拟分析中时间步长的设定。

Control Parameters：控制参数，是上面的步长定义模式的具体参数设置。

Maximum Strain in Workpiece per Step：当一个步长的变形中应变超过此值，系统自动产生一个子步长。

Maximum Contact Time：最大接触时间。一般设为 1，不会产生子步长。

Maximum Polygon Length per Step：当节点的位移超过此值即自动生成子步长。一般取 0.2～0.5，取 0.2 则计算较慢；取 0.5 计算较快，但精确程度下降。

Advanced2：步长高级控制 2，提供了更多选项，如图 7-7 所示。

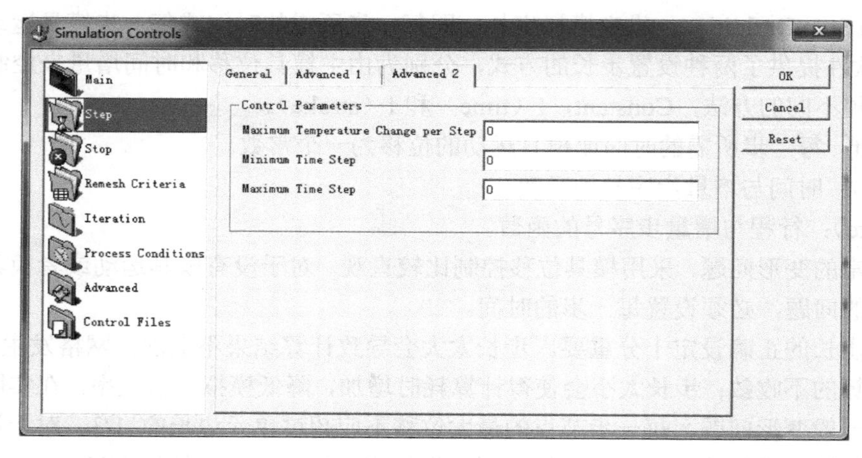

图 7-7　步长高级控制 2 窗口

Maximum Temperature Change per Step：当一个步长的变形中温度的变化超过此值，系统自动产生一个子步长。

Minimum Time Step：以温度变化控制子步长的生成时最小时间步长。

Maximum Time Step：以温度变化控制子步长的生成时最大时间步长。

（3）Stop：程序停止控制。在 Simulation Controls 模拟控制对话框中单击左侧的 Stop 选项，进入程序停止控制设置窗口，如图 7-8～图 7-10 所示。此设置窗口提供了使程序停止运行的参数。程序可以根据最大时间步数、单元最大应变、最长运行时间、最小速度、最大行程、主模具上最大载荷等来判断是否停止。设置为 0，表明此参数不起作用。不为 0 的参数中只要有一项满足，程序即停止运行。

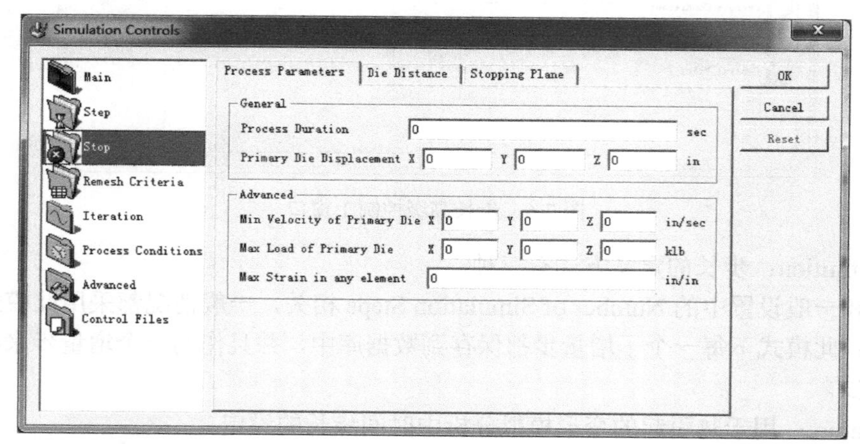

图 7-8　程序停止控制窗口 1

Process Duration：当总运行时间达到此数值程序停止。

Primary Die Displacement：当主模具总位移达到此数值程序停止。

Minimum Velocity of Primary Die：当主模具速度低于此数值程序停止，一般用于模具受力运动的场合。

Maximum Load of Primary Die：当主模具载荷大于此数值程序停止，一般用于指定了模具运动速度的场合。

Maximum Strain in any Element：当任何单元内累计的应变达到此值程序停止。

图 7-9 所示对话框是以模具上两点间距离来确定程序停止条件。在 Reference 1（参照）和 Reference 2 栏里的 Object（对象）下拉栏中选取对象，输入该对象上的节点或坐标值，或单击下方的鼠标按钮，然后在模型显示区对象上单击选取参照点。当两点间距离达到 Distance 框内的数值时，程序即停止。两个参照点间距离可以是线性距离、X 向距离、Y 向距离和 Z 向距离，可在 Method 栏中选取。

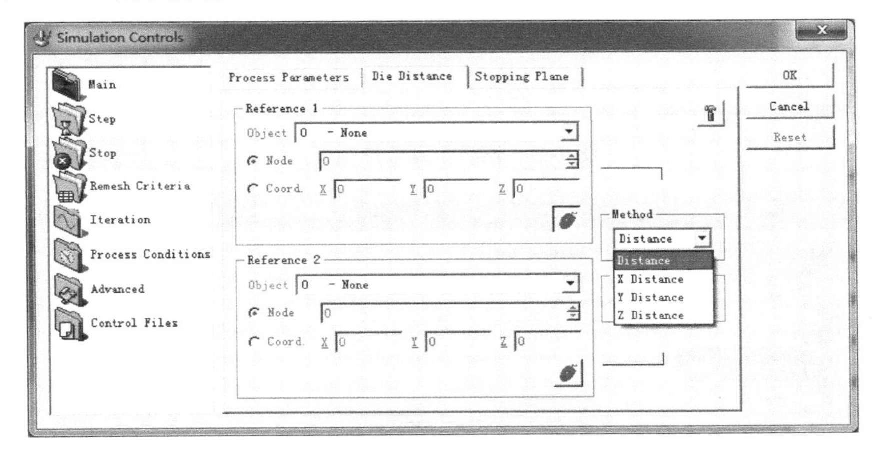

图 7-9　程序停止控制窗口 2

Stopping Plane：坯料一旦穿过此平面，程序即停止运行。一般用于瞬态轧制工艺分析中，通过一点和法向矢量来确定此平面，见图 7-10。

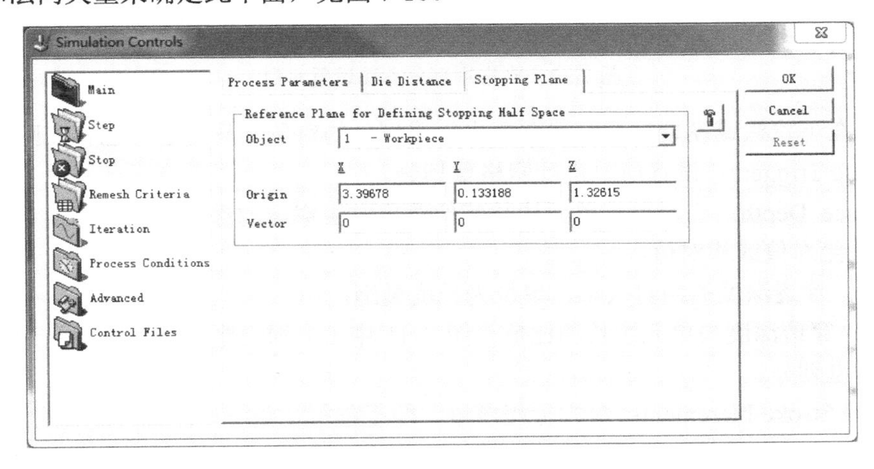

图 7-10　程序停止控制窗口 3

（4）Remesh Criteria：网格重划分规则。塑性变形过程一般为大变形，随着变形的产生，网格会随之变化。当变形达到一定程度时，原有网格畸变严重或者蜕化，使得后续的计算精度降低，甚至引起计算的不收敛。此时需要对变形体的网格进行重划分，重新生成规则的网格，把已有的计算结果映射到新网格中。图 7-11 和图 7-12 即为网格重划分规则的设置，可以设置什么时候和什么方式进行网格重划分。

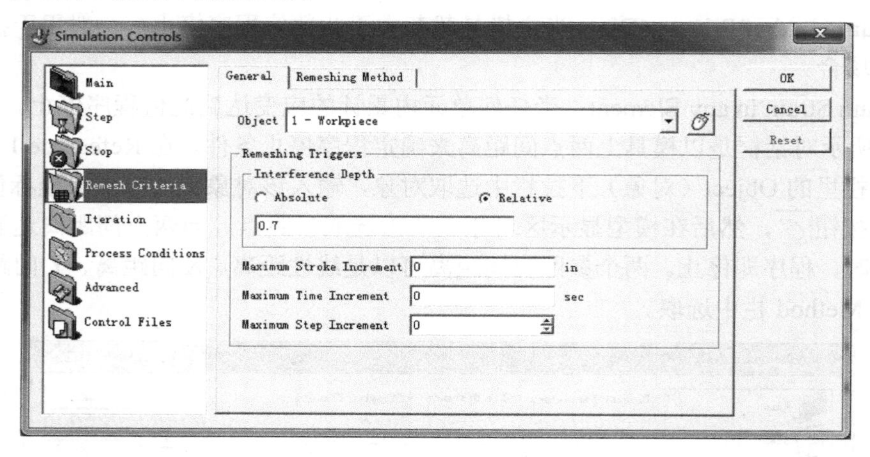

图 7-11 网格重划分控制窗口

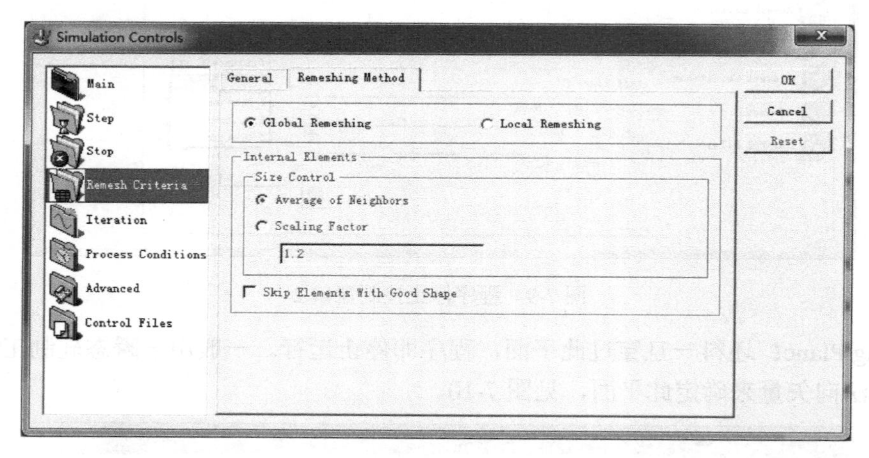

图 7-12 网格重划分方法设置窗口

Object：在下拉栏或模型显示区选取要进行重划分的对象，只能选择已存在网格的对象。

Remeshing Triggers：设置何时进行网格重划分。

Interference Depth：当对象上单元边与其他对象发生穿透的深度达到一定值，进行网格重划分，可设置绝对值或相对值。

Absolute：穿透深度的绝对大小，单位为长度量纲。

Relative：穿透深度与单元边长的比值，图 7-11 中 0.7 即当穿透深度与单元边长的比值达到 0.7 时进行重划分。

Maximum Stroke Increment：最大行程增量，即行程每达到一定距离即重划分。

Maximum Time Increment：最大时间增量，即变形时间每达到一定程度即重划分。

Maximum Step Increment：最大步数增量，即每变形多少步数即重划分。

Global Remeshing：全局重划分，当任一个网格畸变严重时就对整个对象进行网格重划分。

Local Remeshing：局部重划分，只对畸变严重的网格重划分。

（5）Iteration：设定有限元对每一增量步进行求解时所使用的求解方法。系统默认选择适合大多数成型模拟，当模拟计算不收敛时可换其他求解器，如图 7-13 和图 7-14 所示。

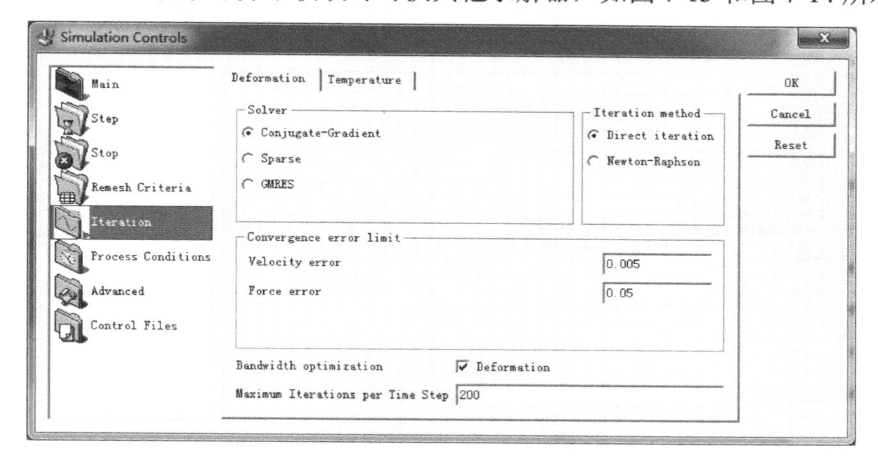

图 7-13　变形求解设置窗口

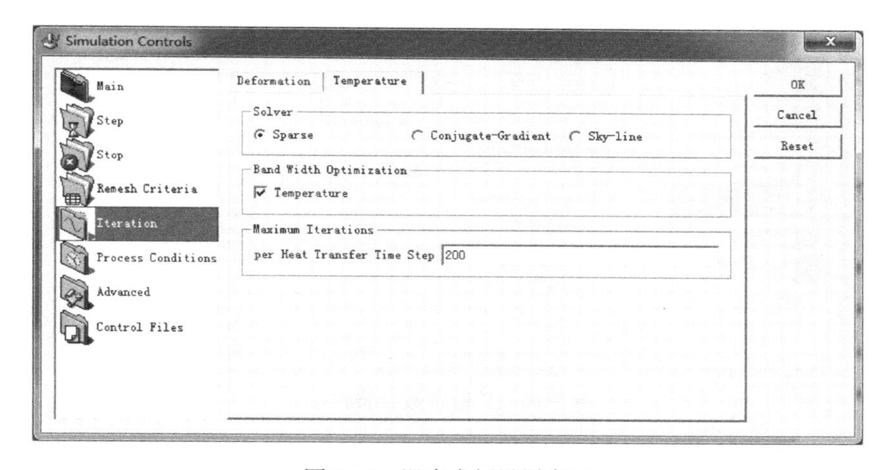

图 7-14　温度求解设置窗口

Conjugate-Gradient Solver：共轭梯度求解器，默认的求解器，所需计算时间较短，占用内存较少，适于网格数多的分析。

Sparse Solver：稀疏求解器，计算费时。

GMRES：用于多 CPU 环境下的求解。

Direct Iteration Method：直接迭代法，易于收敛但收敛较慢。

Newton-Raphson Method：牛顿-拉普森法，如果收敛则收敛较快但是经常不收敛，适合于大多数问题。

Convergence Error Limits：当速度或力的变化小于此数值则认为问题收敛，不再继续迭代。

Bandwidth Optimization：对刚度矩阵的带宽进行优化，可极大减少计算时间，绝大多数情况下都要选中。

Sparse Solver：是求解热问题唯一适用的求解器。图 7-14 中的选项大多数情况下无须改变。

（6）Process Conditions：设定工艺条件。包含 Environment Temperature（环境温度）、

Convection Coefficient（对流换热系数）、Diffusion（扩散）等参数的设置，可以是常数，也可以是一个与时间有关的函数，如图 7-15 和图 7-16 所示。

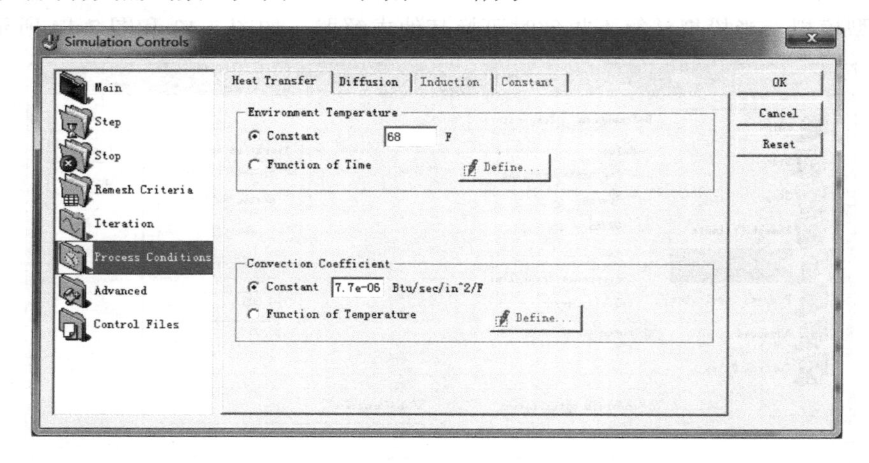

图 7-15 热交换设置窗口

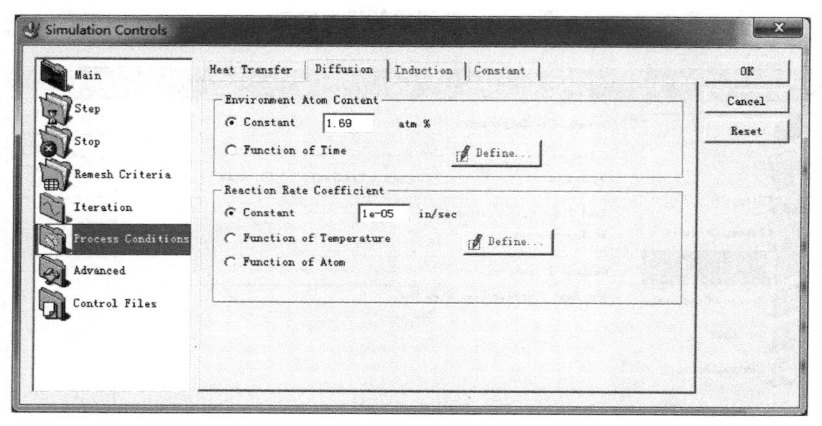

图 7-16 扩散参数设置窗口

（7）Advanced：进行高级设定的对话框。包含 Variables（变量）、Error Tolerances（误差）、User Defined（用户定义变量）和 Output Control（输出控制）四个标签，如图 7-17～图 7-20 所示。

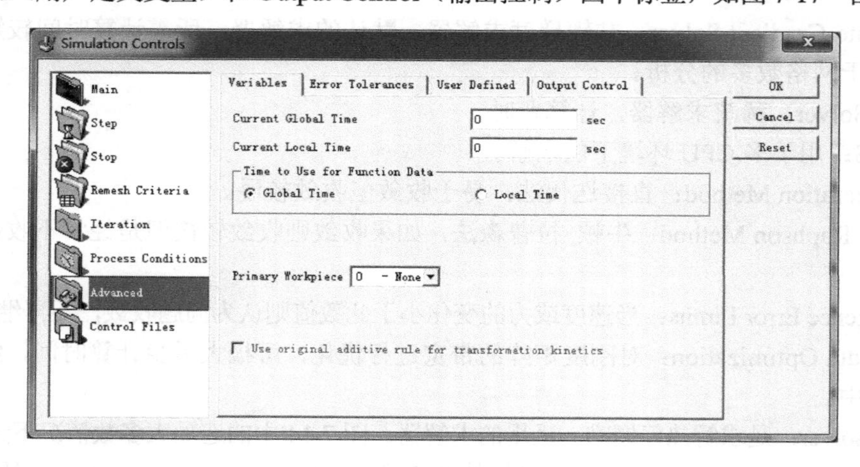

图 7-17 变量设置窗口

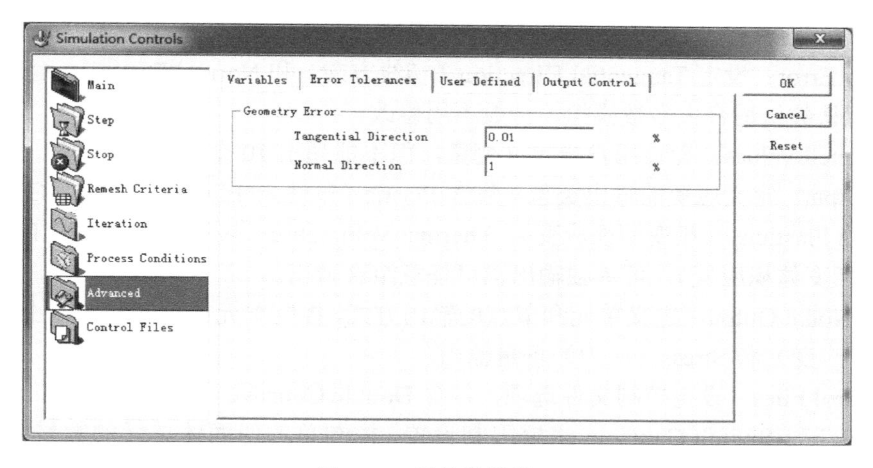

图 7-18　误差设置窗口

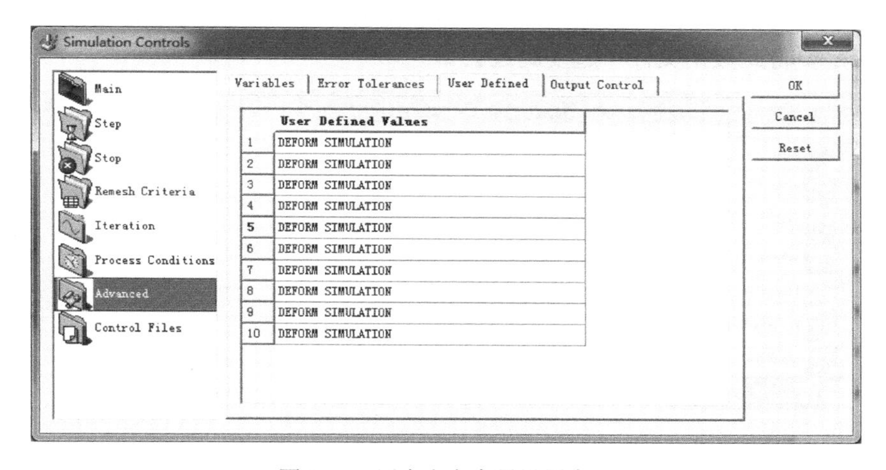

图 7-19　用户定义变量设置窗口

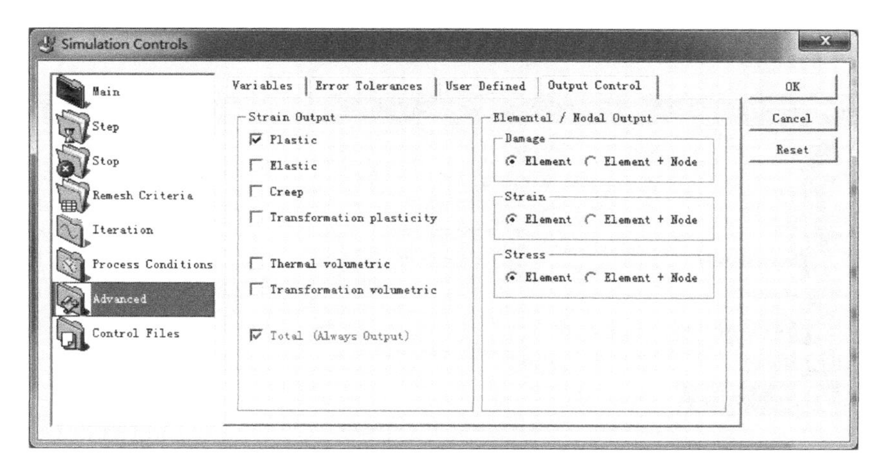

图 7-20　输出控制设置窗口

Current Global Time：显示当前模拟时间，此数值不能被修改。

Current Local Time：设定一个局部时间值。

Primary Workpiece：设置工件，此工件不能是刚体。

Geometry Error：设定 Tangential Direction（切线方向）和 Normal Direction（法线方向）的几何误差，默认数值适合大多数模拟，一般不用修改。

User Defined Values：允许用户自定义变量，但不能超出 10 个。

Strain Output：定义应变的输出类型，包含 Plastic（塑性）、Elastic（弹性）、Creep（蠕变）、Transformation Plasticity（相变塑性应变）、Thermal Volumetric（热体积应变）和 Transformation Volumetric（相变体积应变），可单独输出也可任意组合输出。

Element/Nodal Output：定义单元和节点的输出方式，控制单元或单元和节点上 Damage（缺陷）、Strain（应变）和 Stress（应力）场量输出。

（8）Control Files：设定控制文件选项，包含 Double Concave Corner Constraints（双倍接触限制条件）、Solver Switch Control（求解限制设置，控制总的四面体单元的数量）、Additional Remeshing Criteria（附加网格重划分规则）和 Body Weight（物体重量设定），如图 7-21 和图 7-22 所示。由于数据库文件和 KEY 文件中都不会包含此部分数据文件，在更换路径或者变换计算机时一定要将此数据文件一起复制过去。

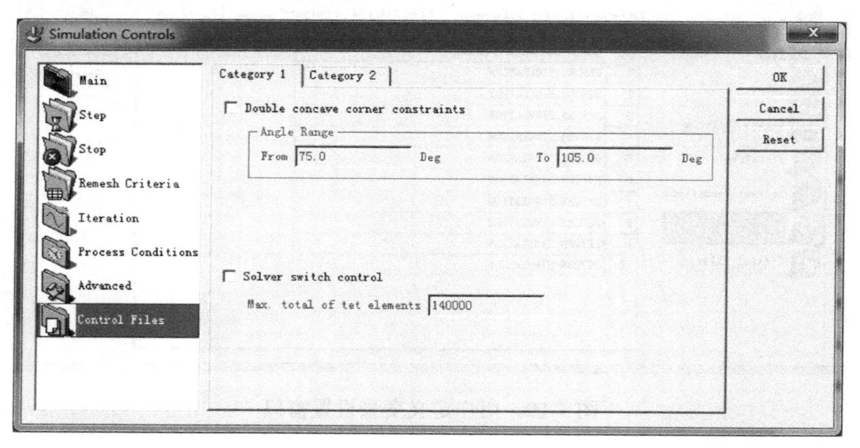

图 7-21　控制文件 1 窗口

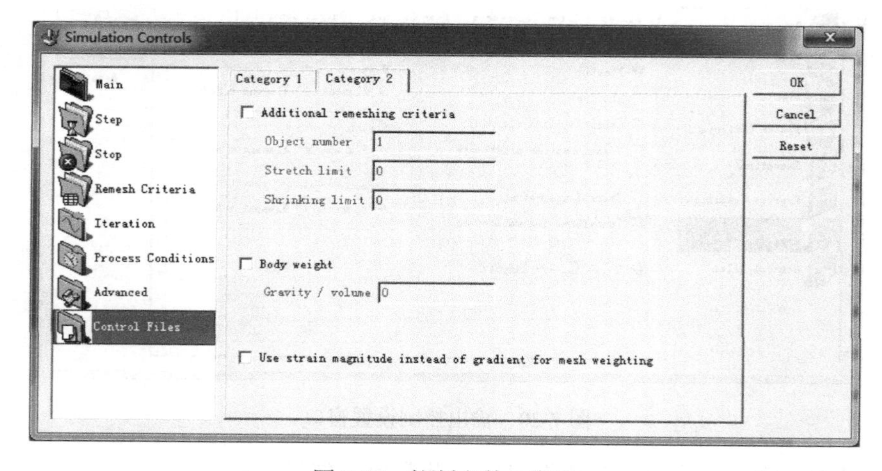

图 7-22　控制文件 2 窗口

7.3.2 Material：材料设置

对 DEFORM-3D 模拟分析中所使用的模具和坯料的材料性能进行设置。执行此命令，弹出图 7-23 对话框，此对话框分为材料列表、数据管理和材料性能三个区域。

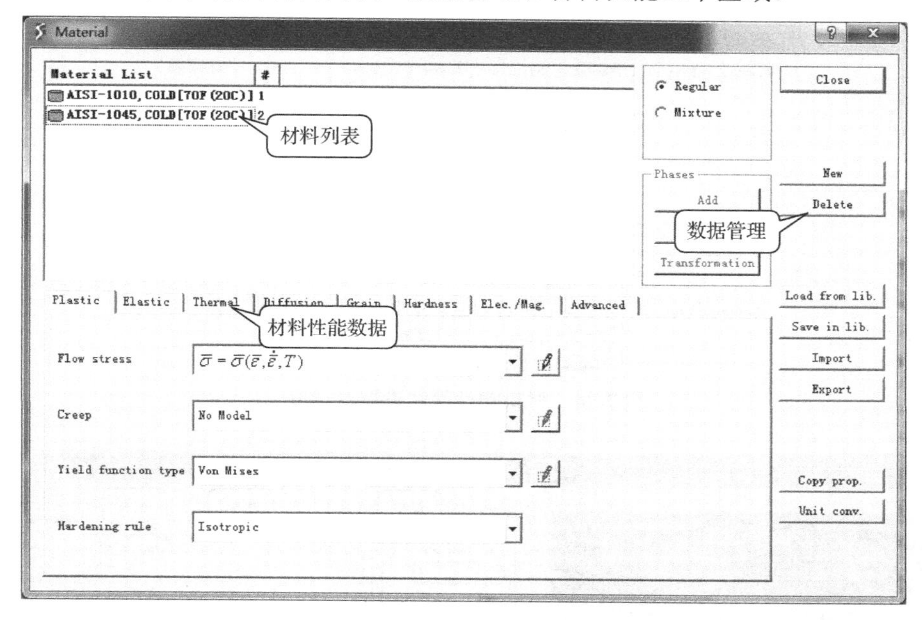

图 7-23 Material 对话框

Material List（材料列表）：列出当前项目中加载的材料型号。

数据管理区：用户在使用 DEFORM-3D 系统时，可以通过图 7-24 对话框右方的数据管理按钮来进行材料数据的管理工作，材料数据管理按钮具体功能如下所述。

New：新建一种材料，单击后在材料列表中就会出现 New Material，可以对此材料性能进行定义。

Delete：在材料列表中选中一种材料，点此按钮则将此材料由当前项目中去除。

Load From Lib.：从系统材料库加载一种材料，其性能均已定义好。

Save in Lib.：将自定义的材料保存到系统数据库中，保存时可设置其使用范围。

Import：从已有的 DEFORM-3D 数据库文件或 KEY 文件中读入相关材料数据。

Export：将选中的材料导出为 Key 文件，可供别的项目使用。

Copy Prop.：将一种材料的某项性能数据复制到另一种材料数据中。

Unit Conv.：可执行英制-公制和公制-英制的材料数据转换。

材料性能区：对当前材料的 Plastic（塑性）、Elastic（弹性）、Thermal（热）、Diffusion（扩散）、Grain（晶粒）、Hardness（硬度）、Elec./Mag.（电磁）、Advanced（高级）等分别进行设置，如图 7-24 所示。下面针对塑性加工中最常用的 Plastic（塑性）、Elastic（弹性）、Thermal（热）三种材料性能的设置进行详细介绍。

（1）Plastic：材料塑性性能设置。

Flow Stress：定义流动应力与应变、应变速率和温度之间的函数关系。流动应力模型有很多，DEFORM-3D 系统预置了许多流动应力模型，在下拉列表中选取一种模型之后，单击右边的按钮，弹出流动应力函数设置对话框，通过输入列表中函数的系数值即可完成材料塑性流动应力性能的定义。如果系统提供的模型满足不了需求，可通过下拉列表最下方的用户子程序编程来完成特定流动应力模型的输入。在实际的使用过程中，经常直接利用由材料性能实验得到的应力-应变数据进行分析。在 Flow Stress 列表中选取 $\bar{\sigma}=\bar{\sigma}(\varepsilon,\dot{\varepsilon},T)$ 模型，单击其右方的按钮，弹出图 7-25 所示的流动应力函数定义对话框。

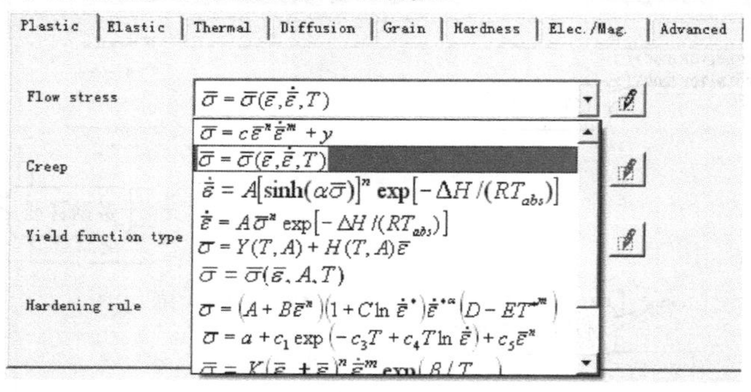

图 7-24　材料塑性性能设置对话框

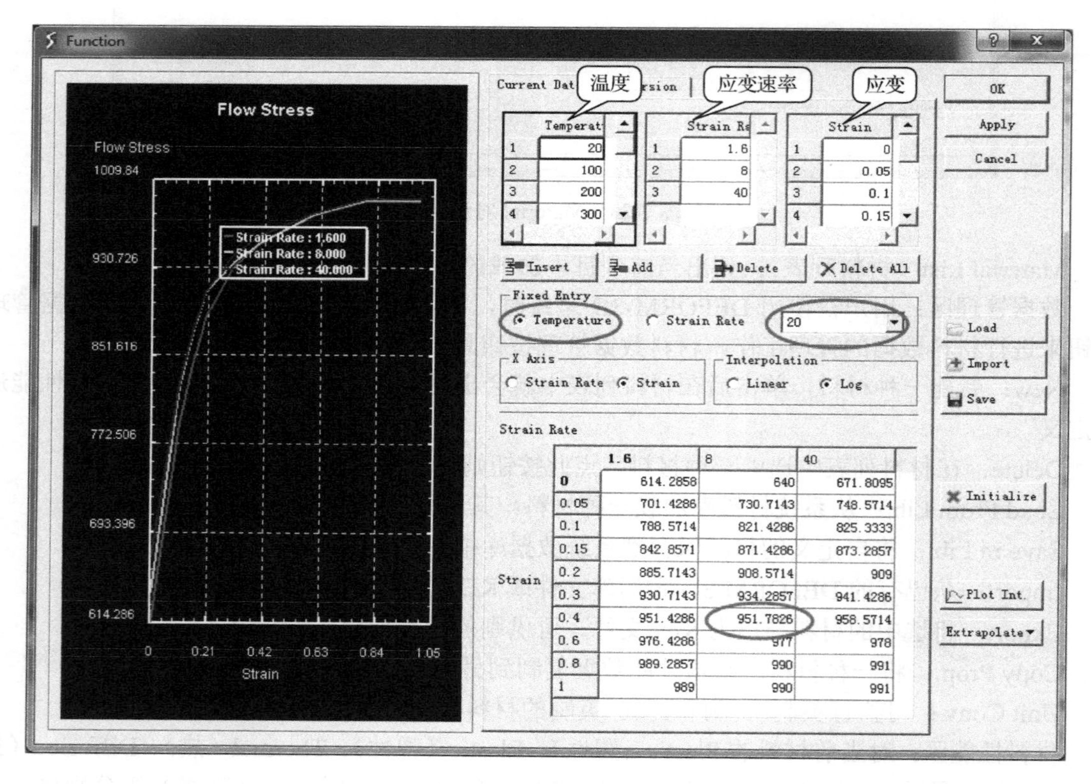

图 7-25　流动应力函数定义对话框

首先，在对话框上面的 Temperature（温度）、Strain Rate（应变速率）和 Strain（应变）栏中增加各项基本参数。图 7-25 中温度分别有 20℃、100℃、200℃直到 1100℃，单元格周围有黑边框表明是当前单元格，可对其数值双击进行修改或直接输入。其下方的 Insert、Add、Delete、Delete All 可用来插入、增加、删除、删除所有的单元格。每一组参数对应的应力值可在下方的表中输入，如图 7-25 所示，横坐标为应变速率，纵坐标为应变，表中的数值即为应力。例如，由热模拟实验测得某变形参数温度为 20℃、应变值为 0.4、应变速率值为 8 时的应力为 951.7826MPa，则输入的时候先单击 Add 按钮，在最上方的列表中分别增加温度为 20℃、应变值为 0.4、应变速率值为 8 三个选项。然后在 Fixed Entry 中点选 Temperature 选项，其右方的下拉列表中选择 20℃，即当温度保持 20℃不变时，随着应变和应变速率的变化，应力是变化的。在最下面的表，找到应变值为 0.4 的行和应变速率值为 8 的列相交的单元格中输入数值 951.7826。重复上述步骤，完成所有参数下应力的输入。左边的区域即显示出材料的应力-应变曲线。

由于实验数据局限于某个参数范围，当变形的过程中参量超出给定的范围时，DEFORM-3D 系统无法找到对应的应力值，对模拟分析结果的准确性就会造成影响。因此，通过把实验数据拟合为某个数学模型即可解决此种问题。DEFORM-3D 系统提供了此功能，单击图 7-25 上方的 Conversion 标签，弹出图 7-26 所示的流动应力变换对话框。在上方 New model 列表中选取某种模型，单击下方的 Fit（拟合）按钮，观察拟合结果与实验数据间的一致性，最后单击下方的 Accept Conversion（接受变换）按钮即可。

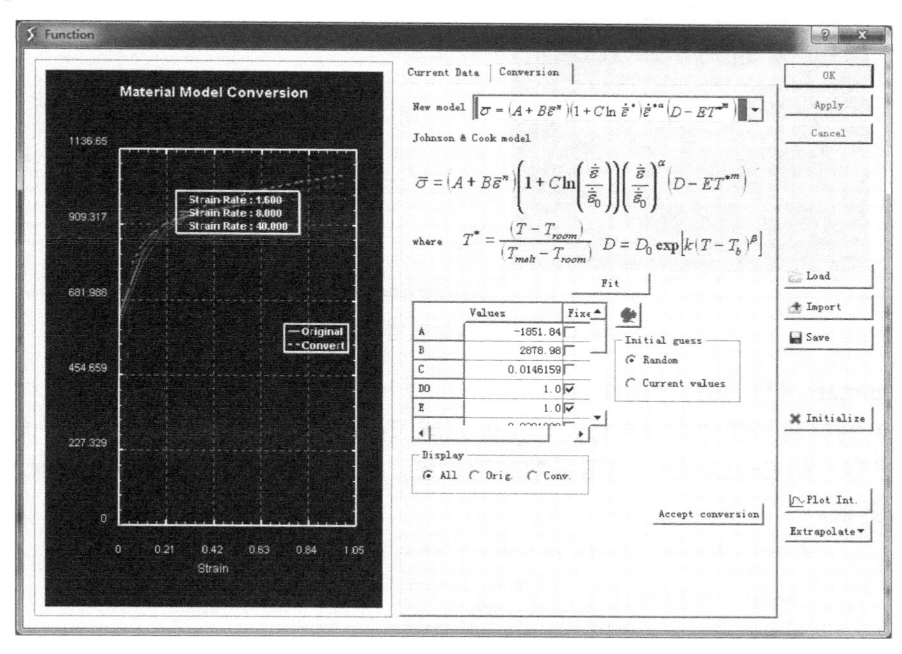

图 7-26　流动应力变换对话框

Creep：定义材料的蠕变性能，其设置与 Flow Stress 的设置基本相同。

Yield Function Type：定义材料的屈服准则。

Hardening Rule：定义材料的硬化准则。

（2）Elastic：材料弹性性能设置。

图 7-27 为材料弹性性能设置对话框，主要完成 Young's Modulus（杨氏模量）、Poisson's ratio（泊松比）和 Thermal Expansion（热膨胀系数）的设置。可设为 Constant（常量）或与某一参数有关的函数。当选择 Constant 时，在其右方的框内输入数值即可。当选择某一函数例如 f(temp)时，单击其右方的按钮，弹出如图 7-28 所示的函数设置界面，其设置与 Flow Stress 的设置

基本相同，可参照前述章节内容完成设置。

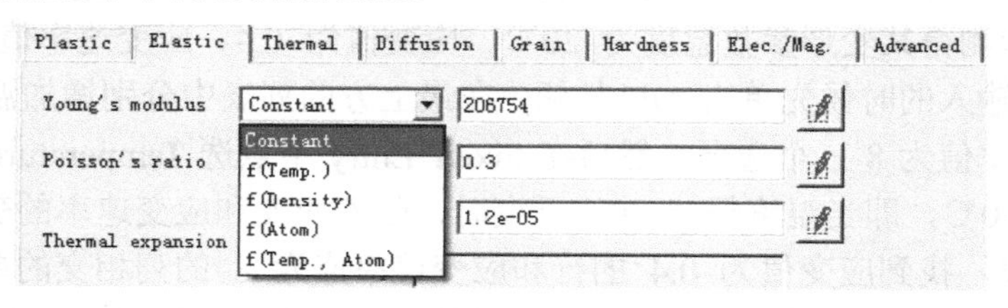

图 7-27　材料弹性性能设置对话框

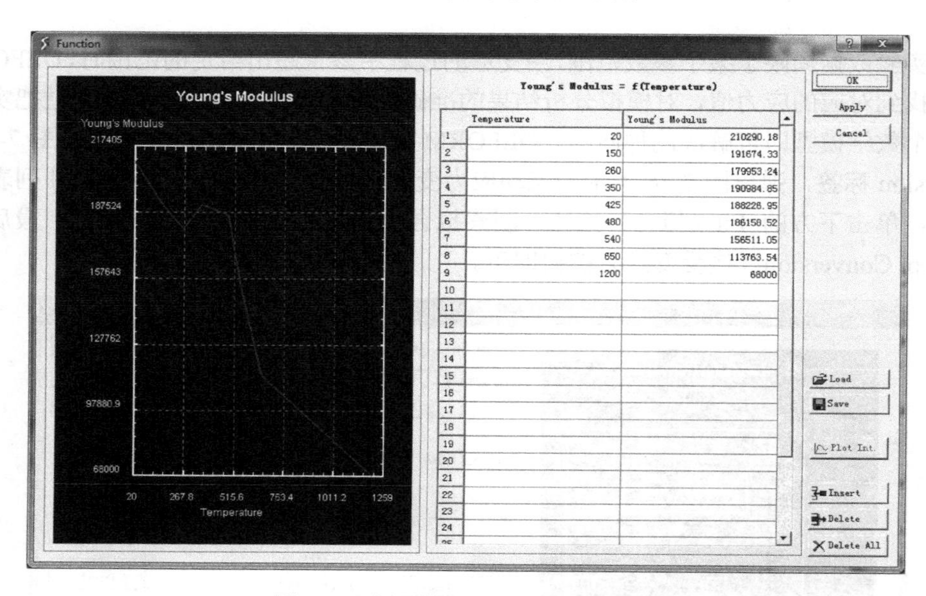

图 7-28　杨氏模量与温度的函数设置

（3）Thermal：材料热性能设置。

图 7-29 为材料热性能设置对话框，主要完成 Thermal Conductivity（热传导系数）、Heat Capacity（热容）和 Emissivity（辐射系数）的设置。同样，可设为 Constant（常量）或与某一参数有关的函数。

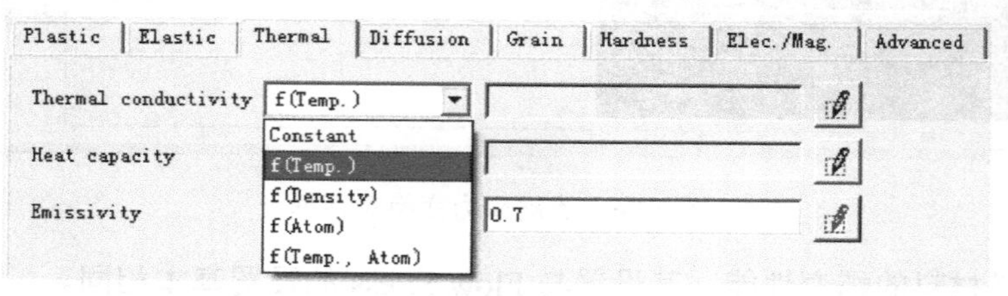

图 7-29　材料热性能设置对话框

DEFORM 已经预置了一些常见材料的性能参数，通过单击图 7-23 材料设置对话框中的 Load from lib.按钮，弹出图 7-30 材料库对话框。在图 7-30 中从分类列表中选择一种类型的材料，在其右边的材料列表中会列出此种类型所有的型号，选中某种型号的材料，在下方的材料描述框中会给出具体信息。由于材料型号很多，DEFORM-3D 系统提供了过滤功能。可通过对话框左下方的 Material Standard（材料标准）、Units（单位制）和 Application（使用）来进行筛选。当选择了某种材料后，单击 Load 按钮完成加载，回到图 7-23 所示材料设置对话框，可查看系统自带材料的 Plastic、Elastic、Thermal 等性能。

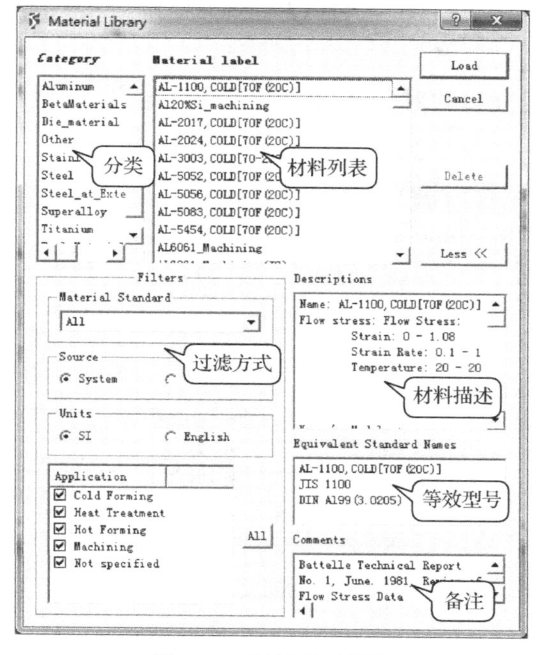

图 7-30　材料库对话框

7.3.3　Object Positioning：对象位置定义

对 DEFORM-3D 模拟分析的对象间位置进行定义。执行此命令，弹出图 7-31 所示对话框。由于 DEFORM-3D 系统的建模能力较差，因此大多数情况下坯料和模具的几何模型都是由 UG、Proe 等完成造型，然后导入 DEFORM-3D 系统中（详细步骤可见 6.2.2 节模具及坯料模型的建立）。各个模型导入之后，其位置关系一般不符合实际变形情况，因此需要对这些对象即模型的空间位置关系进行调整。调整方法有 Drag（鼠标拖拽）、Drop（落入型腔）、Offset（平移）、Interference（接触）、Rotational（旋转）五种，具体操作在后续章节实例部分详细阐述。

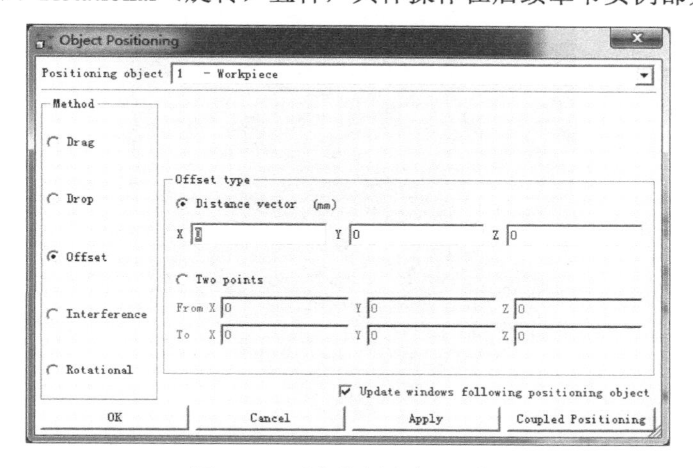

图 7-31　对象位置定义对话框

7.3.4 Inter-Object：物间关系定义

对 DEFORM-3D 模拟分析的对象间接触关系进行定义。执行此命令，弹出图 7-32 对话框。

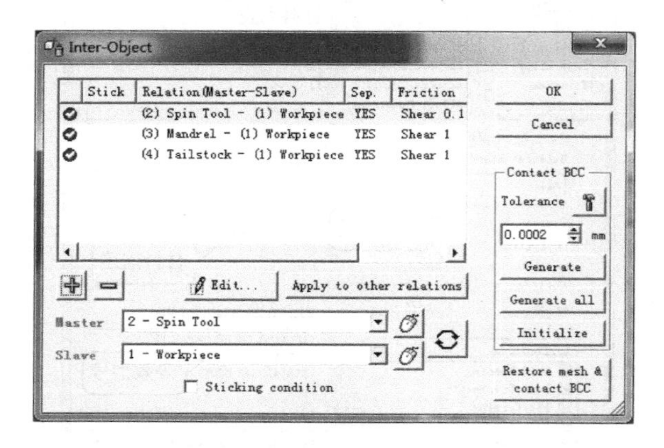

图 7-32 物间关系对话框

变形过程中模具与坯料之间存在接触和摩擦，当接触关系设置完成，在模型显示区即以点的形式显示，如图 7-33 所示。单击增加一个新的接触关系，在 Master 和 Slave 下拉列表或者通过其右方的在模型显示区选取主从对象，然后单击 Edit... 按钮，弹出图 7-34 所示物间关系数据定义对话框。在图 7-34 中，主要是定义两接触物体间的 Deformation（变形中的摩擦）、Thermal（两接触物体的热传导）、Heating（加热）、Friction Window（摩擦控制窗口）、Tool Wear（工具磨损）、Rigid Contact（刚性接触）。其中，最关键的因素是摩擦系数的类型及大小、接触面间的热传导系数、分离关系、分离准则。

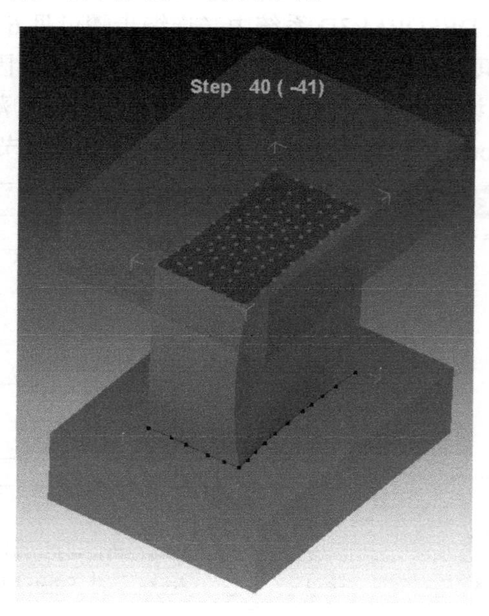

图 7-33 模型显示区定义好的物间关系

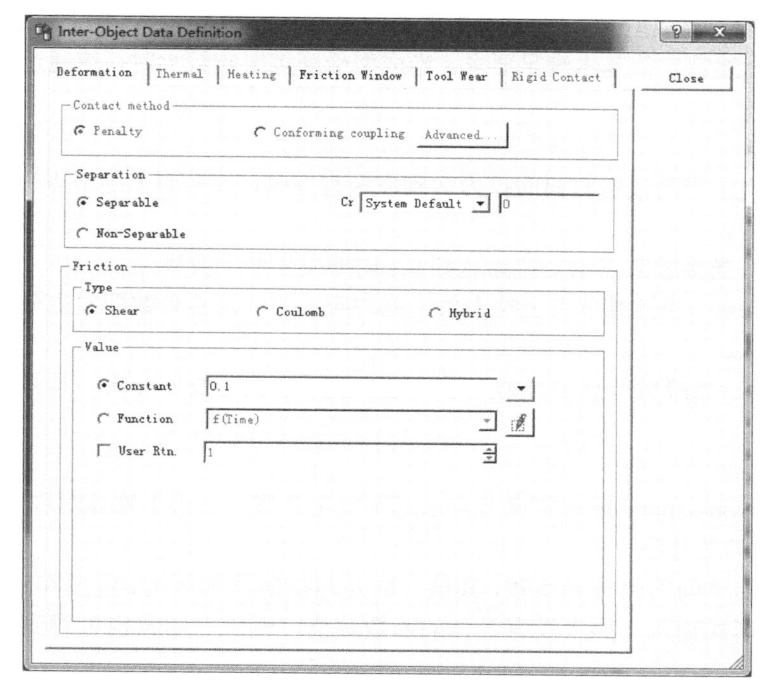

图 7-34　物间关系数据定义对话框

1）摩擦设定

塑性变形过程中的摩擦主要有两种模型，分别为 Shear 和 Coulomb 模型。

Shear：常摩擦力条件。在体积成型中一般采用常摩擦力条件，这一条件认为，接触面上的摩擦切应力τ与被加工金属的剪切屈服强度 K 成正比，即

$$\tau=mK$$

式中，τ——摩擦切应力；

m——摩擦因子，取值范围为 $0\leqslant m\leqslant 1$；

K——被加工金属的剪切屈服强度。

$m=1$，即$\tau=\tau_{max}=K$，称为最大摩擦力条件。在热塑性成型中，常采用最大摩擦力条件；冷、温塑性成型一般采用常摩擦力条件。

Coulomb：库伦摩擦条件。库伦摩擦通常用于两弹性体间或者一弹性体和一刚性体间摩擦的定义，通常用于板料成型等压力不太大、变形量较小的冷成型工序。库伦摩擦条件认为摩擦符合库伦定律，即摩擦力与接触面上的正压力成正比，其数学表达式为

$$\tau=\mu\sigma_n$$

式中，μ——外摩擦系数（简称摩擦系数）；

σ_n——接触面上的正压力。

摩擦系数μ应根据实验来确定，在实际测量中一般采用圆环镦粗法来测量。

Hybrid：混合模型，即 Shear 和 Coulomb 两种模型的混合形式。当$\mu\sigma_n\leqslant mK$ 时采用 Coulomb 模型，反之则用 Shear 模型。

不管采用何种模型，摩擦系数μ和摩擦因子 m 都可设置为常数或者与时间、温度等有关的函数。在塑性加工模拟分析中，一般采用常摩擦力条件，具体值的选取可根据下述数据来选择。

冷成型为 0.08～0.1，温成型为 0.2，有润滑的热成型为 0.2～0.3，无润滑的为 0.7～0.9。对于大多数成型工艺，上述特定值基本满足要求。当成型受摩擦影响较大时，应通过实验测量具体的摩擦因子。

2）分离准则

分离准则定义了当两接触材料间拉力达到何种程度时，接触面上的节点进入分离状态。具体定义方法有三种。

（1）Default：当接触节点承受拉力达到 0.1 时即发生法向分离。

（2）Flow Stress：当接触节点上拉力大于流动应力的一定百分数即发生分离，具体的数值在后面的框内输入。

（3）Absolute：当接触节点上拉力大于一输入的压力值时发生分离，具体值在后面的框内输入。

3）分离关系

还可以通过 Non-separable 来定义节点永远不发生分离，适用于物体对称面上的节点。

4）接触面间的热传导

设定两接触物体间的热传导系数，其值一般是与接触面间压力、温度和距离有关的函数，可以采用表格的形式输入。如果没有具体的函数数值，输入一常数也可得到较好的效果，如图 7-35 所示。

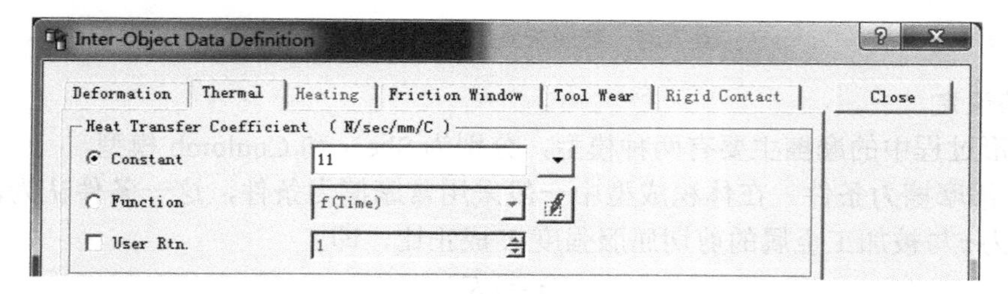

图 7-35 物间热传导数据定义对话框

7.3.5 Database：数据库生成

当所有的前处理设置完成之后，执行此命令，弹出图 7-36 所示数据库生成对话框。单击 Browse... 按钮切换数据库文件所在文件夹，数据的生成分为 Old（在已有数据库的内容上追加）和 New（生成一个新的数据库）两种。选择一种类型，单击 Check 按钮，对前处理设置的内容进行检查，在 Data Checking 框内显示检查结果。如果前处理设置没有问题，则 Data Checking 框内最下方会显示 Database can be generated，表明前处理设置没有问题。如果前处理有设置错误或者忘记设置，Data Checking 框内就会以表明错误来源，并提示 Database can NOT be generated，如图 7-37 所示，错误信息为 Stroke per step or time per step must be defined，即每一步的步长或时间没进行设定，根据提示信息进行修改即可。如果 Data Checking 框内有表示数据警告，警告不会导致数值仿真无法运行，但可能会产生错误的结果，因此应仔细检查，确认有无影响。当提示数据库可以生成时，单击 Generate 按钮生成数据库，如图 7-38 所示，至此数值分析前处理任务即结束。

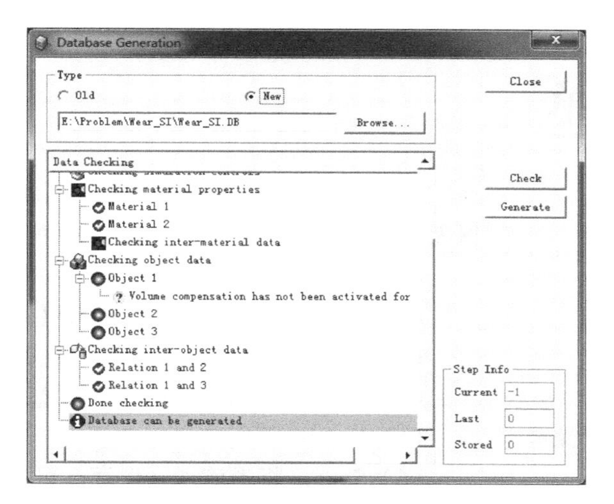

图 7-36　数据库生成对话框

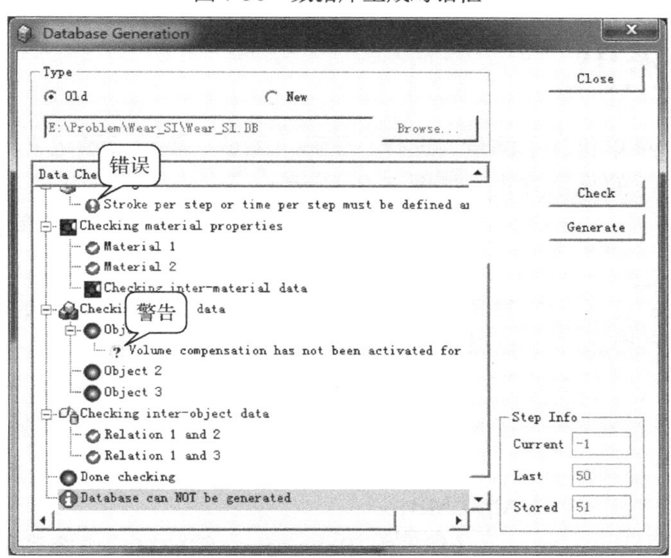

图 7-37　数据库检查出错

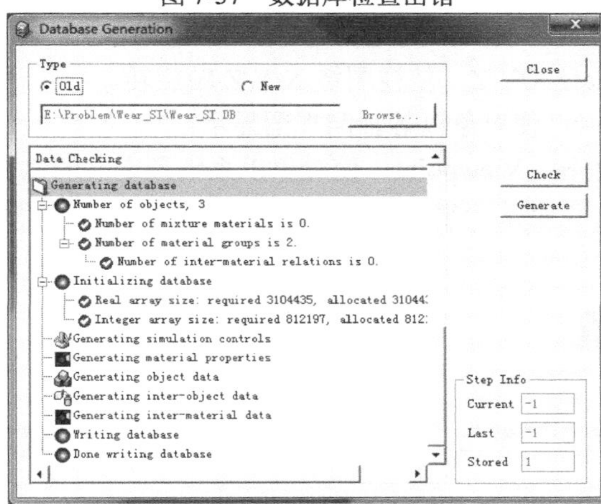

图 7-38　数据库生成

7.4 视区菜单

视区（Viewport）菜单包含了刷新、适合视区、上一个视区及自定义视区等菜单，如图 7-39 所示。

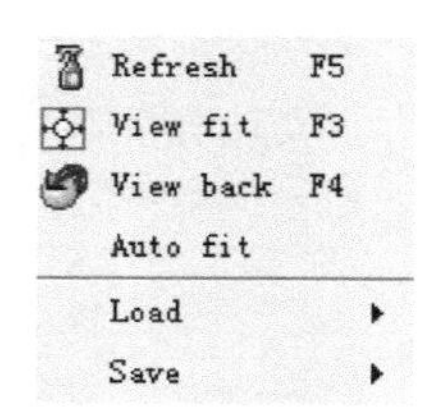

图 7-39 视区（Viewport）菜单

（1）Refresh：刷新视区；

（2）View fit：使模型充满整个视区；

（3）View back：返回上一视区；

（4）Auto fit：自动将模型充满整个视区；

（5）Load：调用定义好的视区；

（6）Save：将当前视区保存，可在使用中调用。

7.5 显示菜单

显示（Display）菜单包含了测量、选择、平移、缩放、旋转及预定义的视图等菜单，主要控制对象在模型显示区的显示方式，如图 7-40 所示。

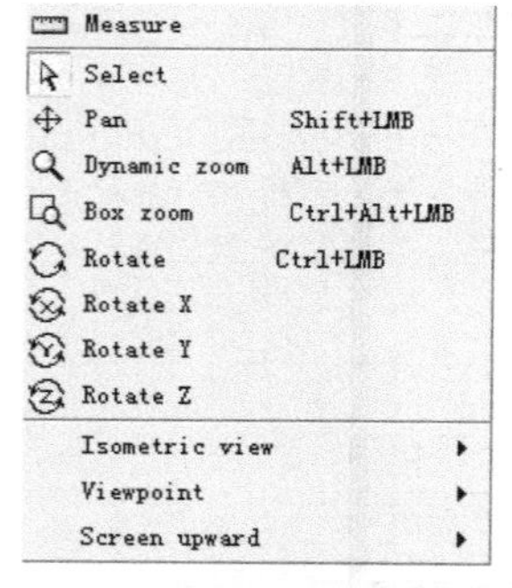

图 7-40 显示（Display）菜单

（1）Measure：测量对象上两点间的三维距离；

（2）Select：点选模型显示区的点或节点，在状态栏会显示所选点的坐标或节点的编号及坐标，点以红色显示，节点以绿色显示；

（3）Pan：平移视图，其快捷键为 Shift+LMB，即按住 Shift 键和鼠标左键移动鼠标，视区即发生平移；

（4）Dynamic zoom：动态缩放视图，快捷键为 Alt+LMB；

（5）Box zoom：缩放窗口内容到整个视图，快捷键为 Ctrl+Alt+LMB；

（6）Rotate：动态旋转视图，快捷键为 Ctrl+LMB；

（7）Rotate X/Y/Z：使视图绕 X/Y/Z 轴旋转。

（8）Isometric view：使对象以等轴测视图显示；

（9）+X -X +Y -Y +Z -Z Viewpoint：使对象以系统预定义的六种视图显示；

（10）Screen upward：设定某一坐标轴方向指向视图屏幕上方，默认是+Z 方向。

7.6 模型菜单

模型（Model）菜单包含了着色、线框、着色加线框、轮廓等菜单，主要控制对象的显示形式，如图 7-41 所示。

（1）Shading：以着色方式显示对象，即实体模型；

（2）Wireframe：以线框模式显示对象；

（3）Shading and wireframe：以实体+线框模式显示对象；

（4）Surface patch：以轮廓方式显示对象；

（5）+Surface patch：以轮廓方式组合前几种方式显示对象。

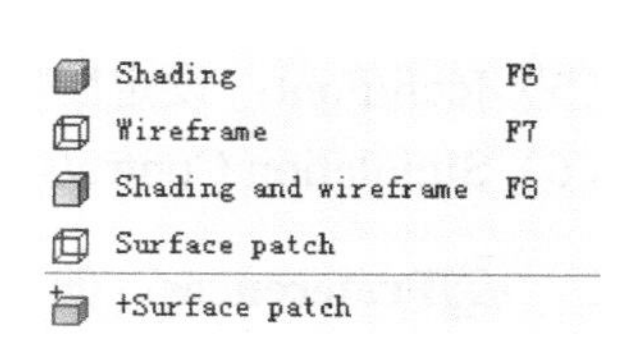

图 7-41　模型（Model）菜单

7.7 选项菜单

选项（Options）菜单包含了环境设置、偏好设置、显示设置、图表设置等菜单，主要控制前处理界面的显示形式，如图 7-42 所示。

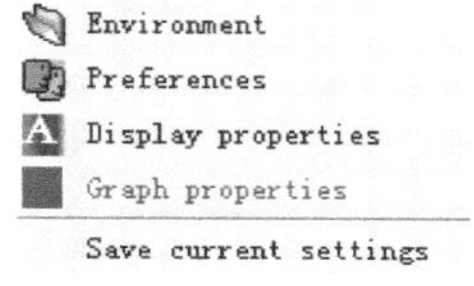

图 7-42　选项（Options）菜单

1. Environment：环境设置

执行此菜单命令，出现图 7-43 所示环境设置对话框。此对话框共有六个标签，分别进行 Region（区域）、User Type（用户类型）、User Directory（用户目录）、System Directory（系统目录）、Icon/Font（图标和字体）和 Simulation Controls（输出控制）的设置。

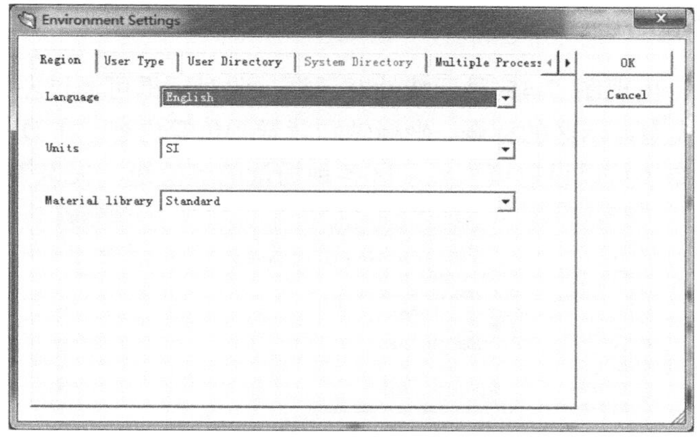

图 7-43　环境设置对话框

（1）Region：区域设置。

Language：设置系统的语言环境；

Units：设置系统的单位制，有 SI（公制）和 English（英制）两种；

Material library：设定材料库，系统提供了 Standard（标准）和 Japan（日式）两种材料库，系统默认是标准材料库。

（2）User Type：根据用户的熟练程度设定用户类型，分为 Novice（初学者）、Intermediate（中级用户）和 Advanced（高级用户）三种类型。

（3）User Directory：通过此标签设置用户目录，包含用户工作目录、用户数据目录、几何模型输入目录和临时文件目录。

（4）System Directory：设定系统目录。

（5）Icon/Font：设定图标和字体的大小。

（6）Simulation Controls：设定缺陷、应力和应变的输出类型，在 7.3.1 节中已说明。

2. Preferences：偏好设置

执行此菜单命令，出现图 7-44 偏好设置对话框。此对话框共有四个标签，分别进行 Display（显示颜色）、Entity Color（实体颜色）、Color Bar（颜色控制条）和 Object Color（对象颜色）的设置。

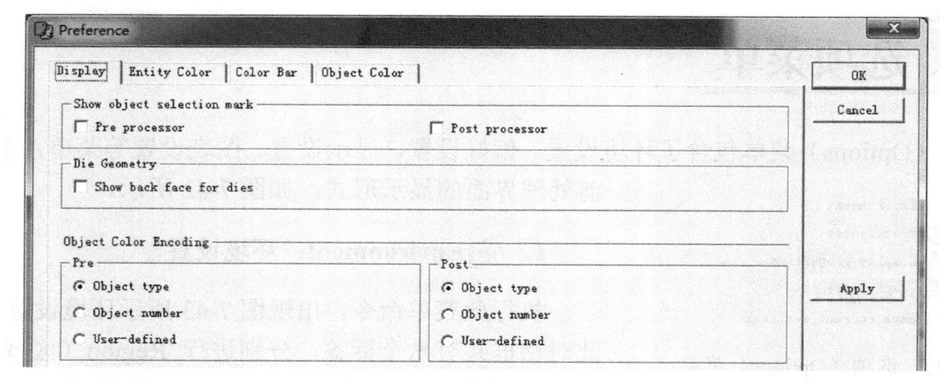

图 7-44 偏好设置对话框

3. Display Properties：显示特性

执行此菜单命令，出现图 7-45 显示特性对话框。此对话框可通过左侧的属性栏单击相应选项完成设置，包含模型显示区的标题、坐标轴和背景颜色等内容。在 DEFORM-3D Post 后处理程序中，通过此命令还可以设置模型显示区各种场量的等值线、矢量等的显示形式。

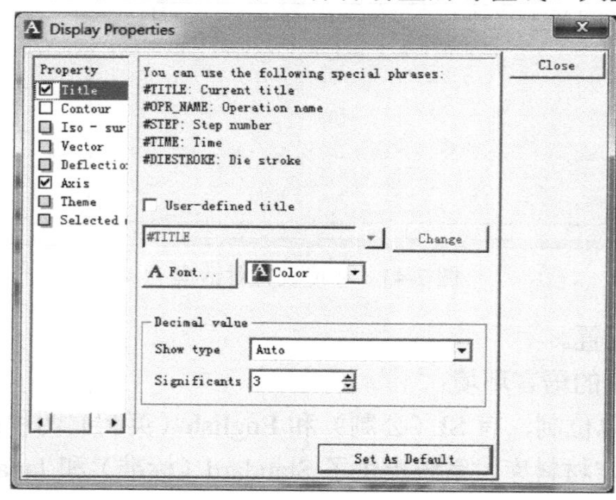

图 7-45 显示特性对话框

4. Graph Properties：图表特性

执行此菜单命令，出现图 7-46 显示特性对话框。此对话框可通过左侧的属性栏单击相应选项完成设置，包含图表的标题、坐标轴、网格、点追踪、背景和主题等内容。只有在

DEFORM-3D Post 后处理程序中存在图表时，才可以激活此命令。

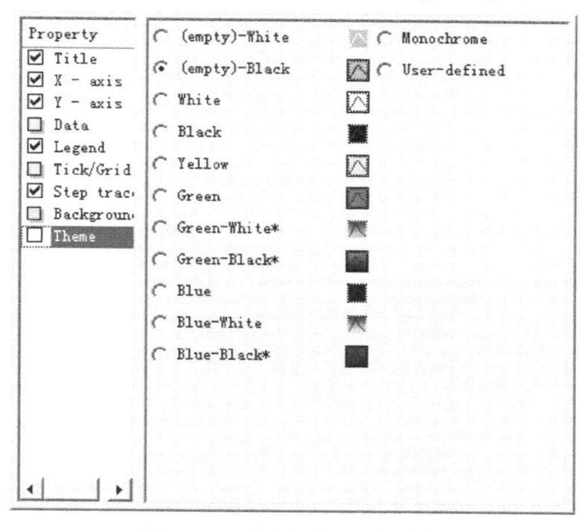

图 7-46　图像特性对话框

7.8 对象设置区

在此区域完成分析模型所需的几何信息、材料信息、网格划分、边界条件、对象运动等信息的输入，是 DEFORM-3D 预处理工作最主要的内容，如图 7-47 所示，各项设置具体含义在后面实例章节中将详细说明。

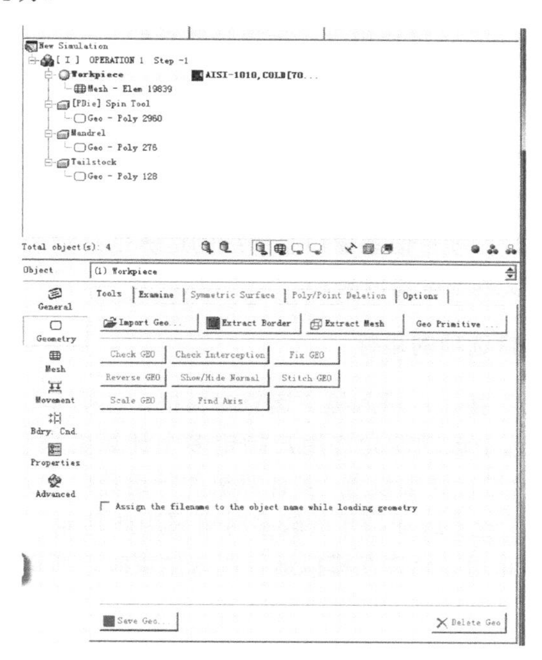

图 7-47　对象设置区

Chapter 8

第8章 DEFORM-3D软件的模拟计算及后处理

8.1 模拟计算

当通过前处理器生成数据库文件之后，即可提供给系统进行运行计算。在 DEFORM-3D 主界面右侧主菜单中的 Simulator 模块提供了模拟计算功能。

1．Run：运行

在 DEFORM-3D 主界面左侧的工作目录中选中一个数据库，单击“Run”按钮，向系统提交计算任务。任务提交后，在工作目录窗口的项目名称及数据库文件上会出现绿色的进度条，代表运算进行中。同时在项目信息窗口有详细的运算信息动态输出，用户可观察运算进行，如有无再划分、是否收敛等重要信息。

2．Run（Options）：带选项的运行

单击“Run（Options）”按钮，进入提交运算对话框，如图 8-1 所示。

Multiple Processor：选中该功能允许用户指定多个计算机来联合求解。 可以在右侧的 Multiprocessor Options 栏内进行详细设置。多计算机并行运算可大大减少运算所需时间，因此当模型复杂、网格单元数量较多或成型步数较多时可采用此功能。

Simulation Graphics：此功能允许在模拟运行尚未结束时，所运行并保存的结果可以图形化显示。

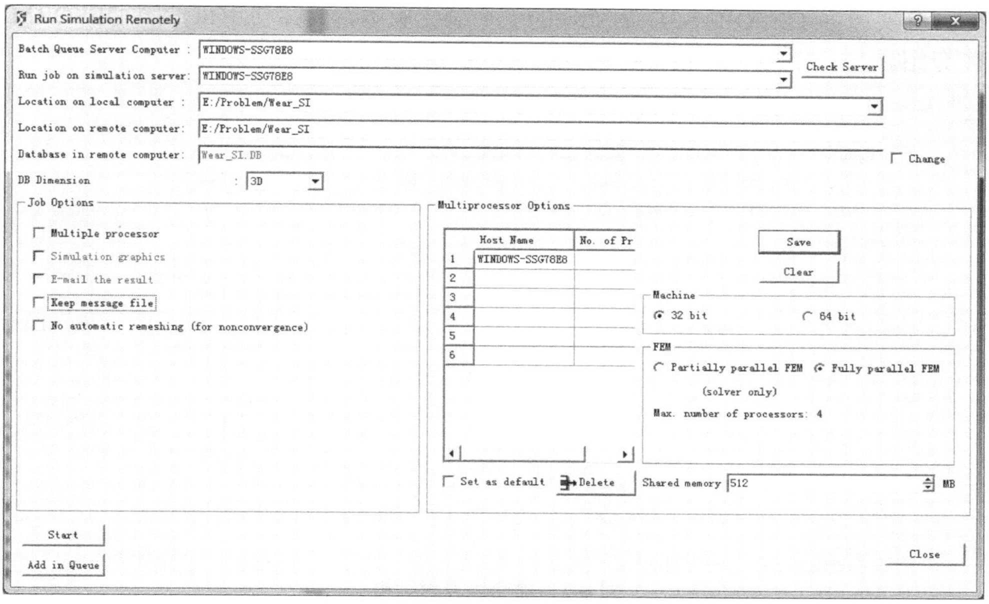

图 8-1　提交运算对话框

E-mail the Result：此功能在仿真结束后自动发送一份电子邮件。通过在 DEFORM-3D 主界面的 Options/Environment 菜单中的 E-mail 标签进行电子邮件地址及服务器设置。

Keep message File：选中该功能可防止由于网格重划分带来的信息文件丢失。

No Automatic Remeshing（for Nonconvergence）：选中此功能，可防止程序由于不收敛而中止。系统会在自动重新划分网格后，重新开始模拟过程。

3．Stop：停止

单击“Stop”按钮，停止计算任务，此时在工作目录窗口的项目名称及数据库文件上会出现进度条 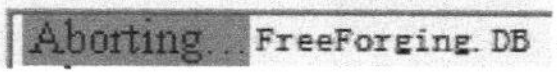 Aborting... FreeForging.DB，表明正在退出计算任务。当完全停止后，项目名称及数据库文件上没有进度条。

4．Continue：继续

单击“Continue”按钮，继续以前停止的任务。

5．Process Monitor：计算过程监控

单击“Process Monitor”按钮，对目前存在的任务处理情况进行监控。如图 8-2 所示，可以看到当前任务名为 Wear_SI，网格划分 1 次，运算到第 1 步，总共 50 步等信息。还可以通过右侧的几个按钮来中止某些任务的运行。

6．Simulation Graphic：模拟图表监视

单击“Simulation Graphic”按钮，对目前正在运行的任务进行实时可视化观察，如图 8-3 所示。可通过右方的按钮对结果输出进行一些简单控制，如对应变、应变速率、应力、速度、位移、温度、缺陷等物理量进行可视化观察。也可控制模型的显示方式，执行着色、线框、缩

放等操作，其实质为 DEFORM-3D 后处理的一个简化版本，具体使用可参照 DEFORM-3D 后处理操作介绍。

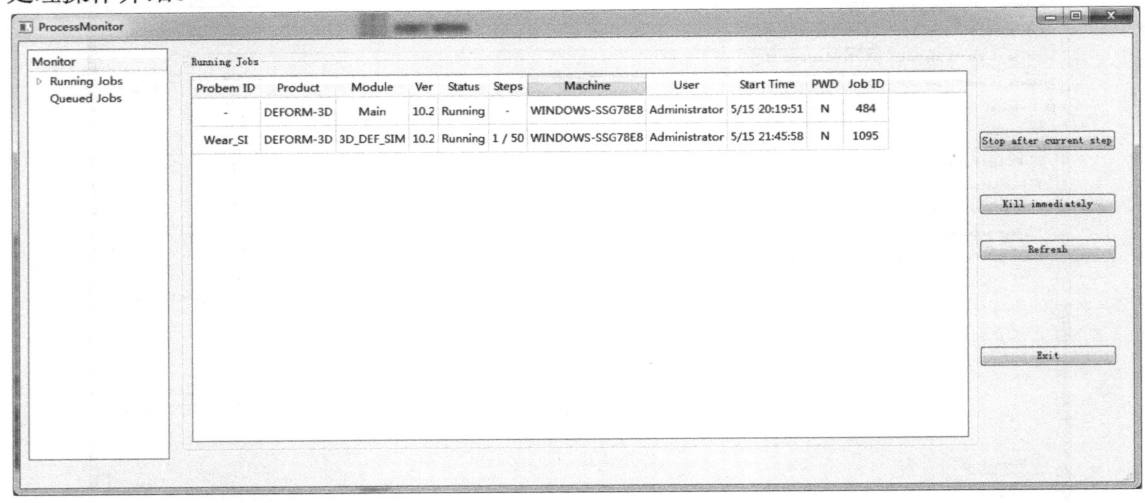

图 8-2　提交运算对话框

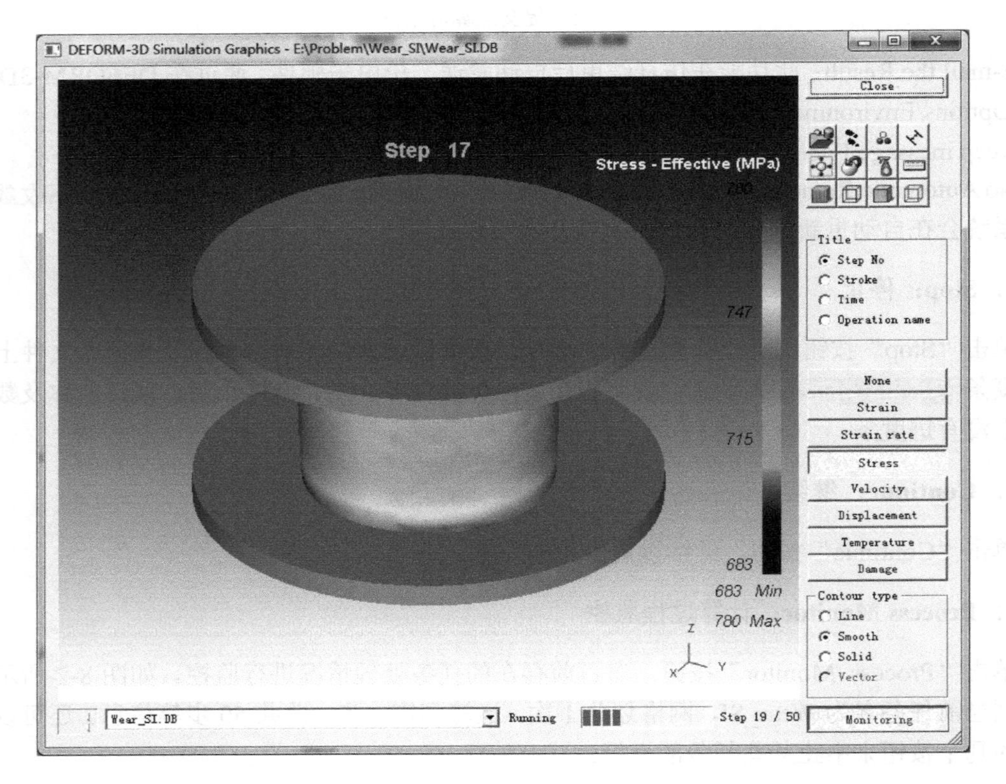

图 8-3　模拟图表监视窗口

7．Add to Queue：加入任务队列

单击“Batch Queue”按钮，将当前选中的数据库任务加入图 8-3 所示的批量任务窗口中，等待运行。

8．Run Remotely：远程运行

单击“Run Remotely”按钮，远程控制计算机、端口及数据库所在路径的设置，单击此对话框的 Submit（提交）按钮远程运行指定任务。

9．Remote Process Monitor：远程计算过程监控

单击“Remote Process Monitor”按钮，对远程运算的任务处理情况进行监控，同 Process Monitor（计算过程监控）界面类似。

8.2　DEFORM-3D 后处理主界面简介

经运算后，DEFORM 将求解结果保存到数据库中，包含每一步上万个节点和单元上各种物理量的信息，信息量特别大，直接读取某个信息非常困难，因此必须通过专门的软件将节点或单元信息读取，并通过可视化的形式表现出来，DEFORM-3D 后处理程序即能满足此要求。

在 DEFORM 主界面上，单击主菜单后处理部分 Post Processor 中的 DEFORM-3D Post 进入 DEFORM-3D 后处理模块（如图 8-4 所示）。DEFORM-3D 的后处理主界面包含六个区域：标题栏、菜单栏、工具栏、模型显示区、显示属性设置区和状态栏。大部分操作与前处理菜单一致，一致部分不再重复，本节着重对一些后处理特有的功能进行说明。包含 Step 菜单、Tools 菜单和显示属性设置区。

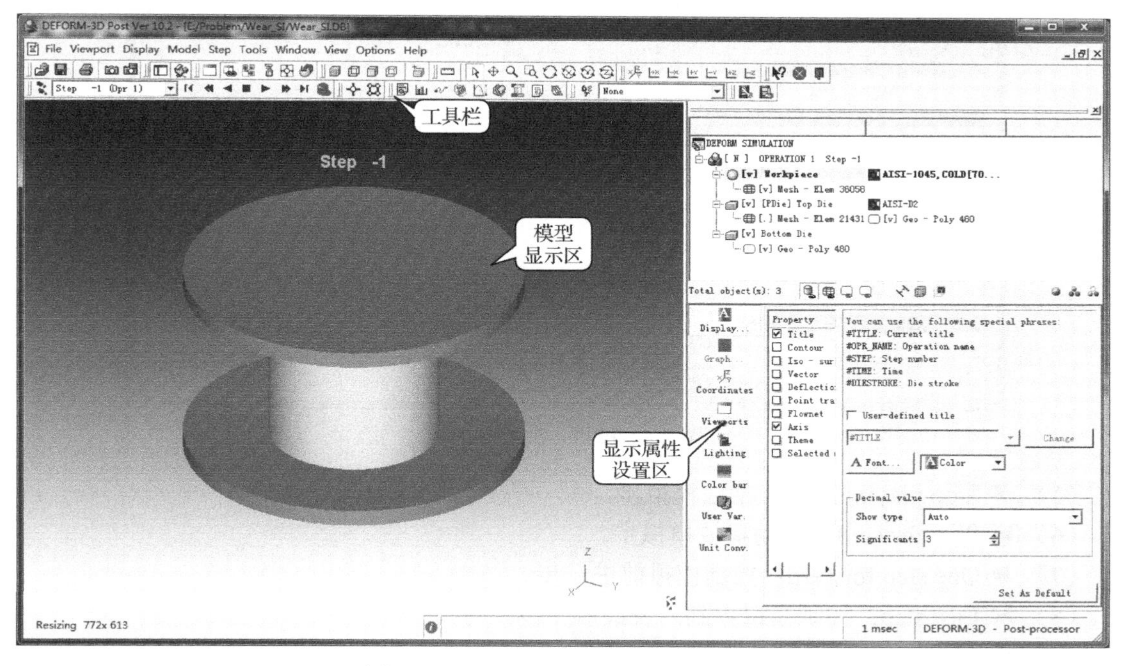

图 8-4　DEFORM-3D 的后处理主界面

8.3 模拟步菜单

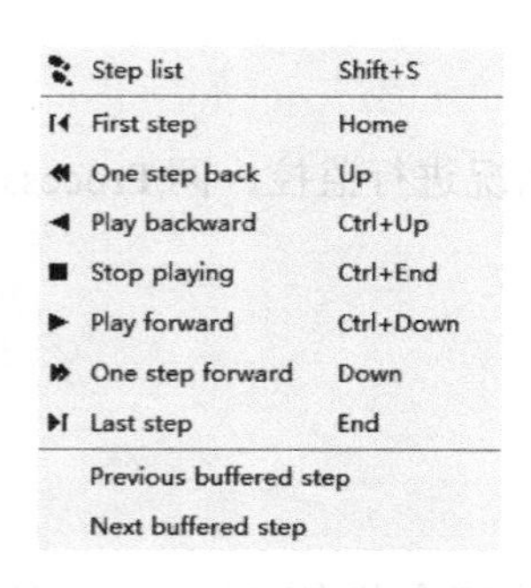

图 8-5　模拟步 Step 菜单

模拟步（Step）菜单包含了模拟步的播放、停止、快进、快退等菜单，如图 8-5 所示。

（1）Step list：以列表形式选择模拟步，如图 8-6 所示，可通过 Style 选择所有、起始步、结束步、网格重划分步，也可通过 Range 选择每几步选择一步，或者模拟步数后缀为某个数值，如图 8-6 即为通过设置 Increment 为 3 选择模拟步。假如数据中模拟步数较多，处理不方便，可通过下方的 Database Purging >> 按钮设置从现有数据库中提取选择的模拟步数据到一个新的数据库，具体的内容在 Purge 标签中设置。

（2）First step：控制模拟步回到第一步。

（3）One step back：控制模拟回退一步，这里的一步并不是模拟步的序号减一，而是通过 Step list 所选择的模拟步中间回退一步。

（4）Play backward：自动回放模拟步。

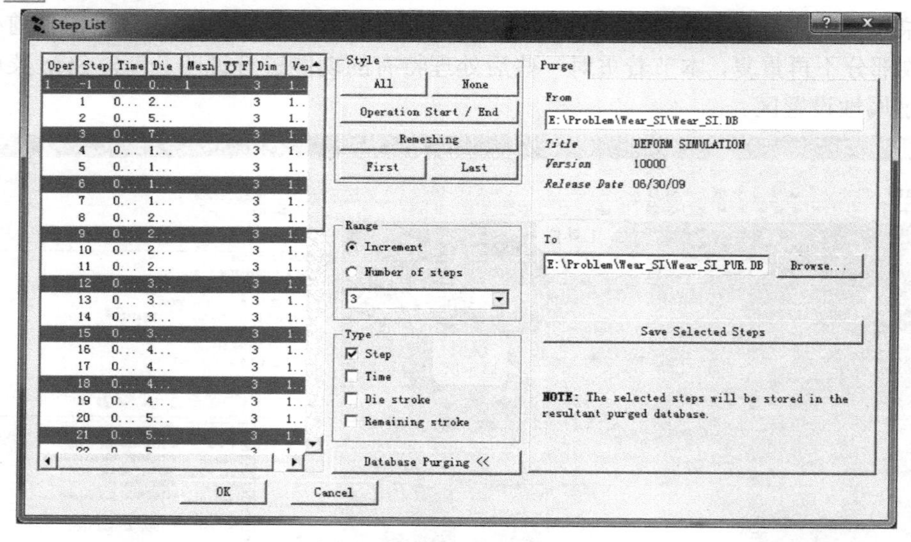

图 8-6　模拟步列表对话框

（5）Stop playing：停止播放模拟步。

（6）Play forward：自动播放模拟步。

（7）One step forward：控制模拟前进一步。

（8）Last step：控制模拟步到列表最后一步。

在工具栏按钮中还有 Step -1 (Opr 1) 按钮，可直接在下拉列表中选取模拟步列表提取出来的所有模拟步骤。

8.4 分析工具菜单

分析工具（Tools）菜单包含模拟步的播放、停止、快进、快退等菜单，如图 8-7 所示。

（1）Object nodes：显示指定节点的位置、物理量、边界条件等信息，如图 8-8 所示。可通过 Node 窗口输入节点号，或者在模型显示区对象上直接点选节点。

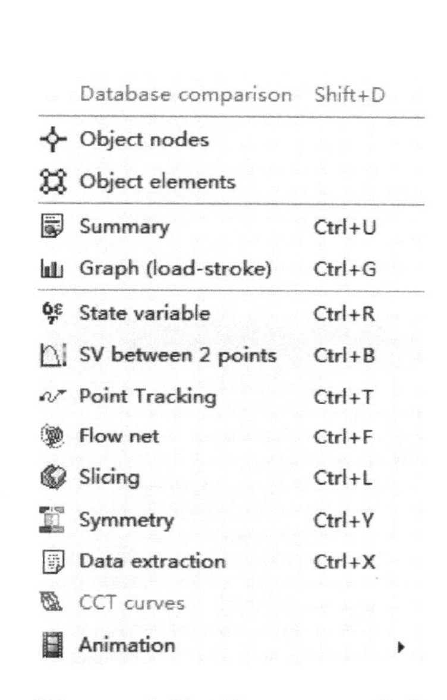

图 8-7 分析工具（Tools）菜单

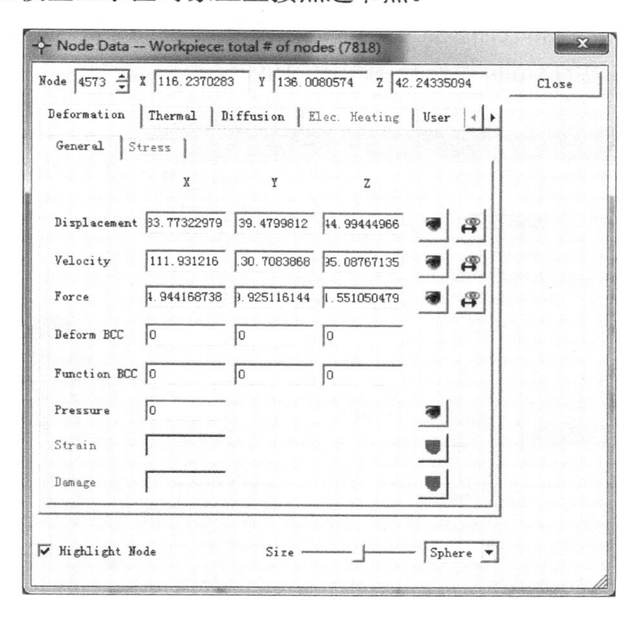

图 8-8 节点数据信息窗口

（2）Object elements：显示指定单元的位置、物理量、边界条件等信息，如图 8-9 所示。可通过 Element 窗口输入节点号，或者在模型显示区对象上直接点选单元。

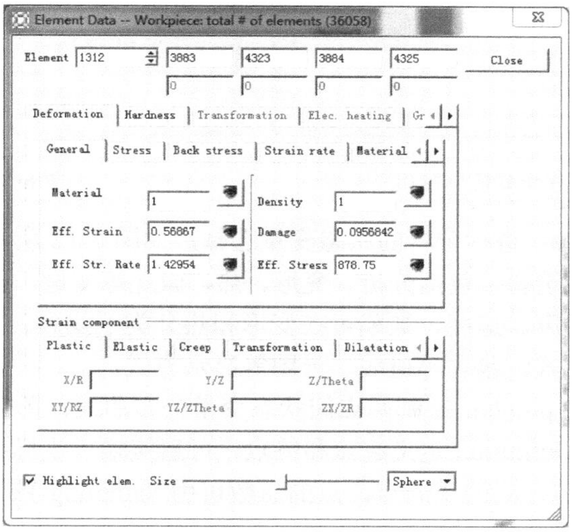

图 8-9 单元数据信息窗口

（3）Summary：显示模拟过程的概要信息，如图 8-10 所示。可在 Object 窗口选取对象，在左侧的 Step 窗口选取模拟步，显示当前对象的该模拟步的概要信息。模拟步前带有[v]表示有可视化数据，物理量右侧的按钮可显示此物理量的图表曲线。

（4）Graph（load-stroke）：以图表曲线形式显示模拟计算结果，主要用来生成变形过程载荷-行程（Load-Stroke）曲线，如图 8-11 所示。在 Plot Objects 中选定要提取数据的对象，在 X-axis 栏选择图表的 x 轴变量，系统提供了四种变量，分别是时间、行程、模拟步和力。在 Y-axis 栏选择图表的 y 轴变量，可供选择的变量有三坐标轴方向的载荷、速度、扭矩、角速度、体积、能量、行程和表面积。还可以通过左下方的 Display Options 控制曲线的平滑程度和显示方式，在最右边的 Units 栏选择图表中的单位。

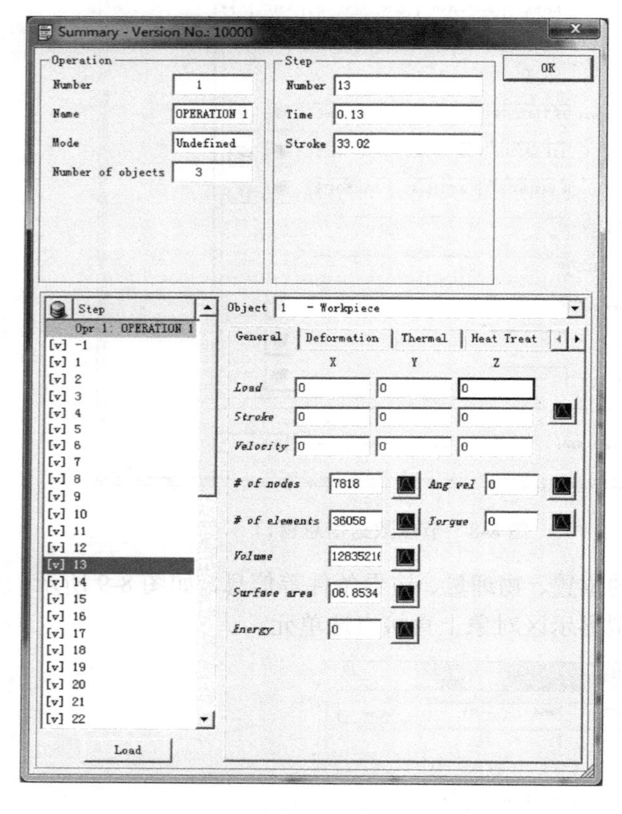

图 8-10 模拟过程概要信息窗口

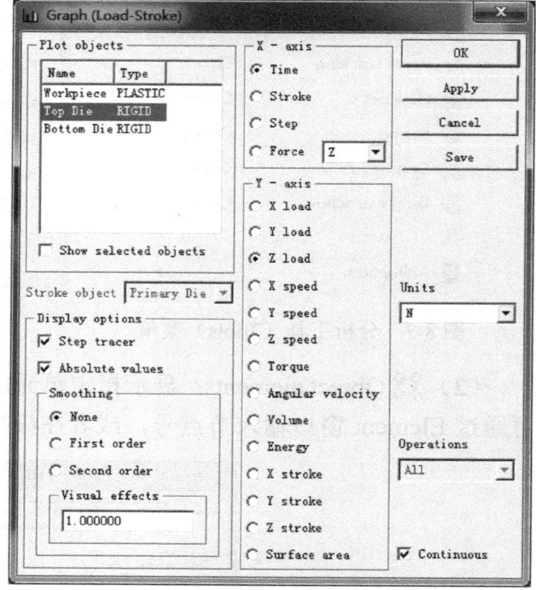

图 8-11 图表窗口

（5）State variable：进行分析的状态变量选择，如图 8-12 所示。在此对话框的左侧栏中提供了众多状态变量供选择，包括分析、变形、热、微观等变量，金属锻压成型数值模拟中最常用的应力、应变、温度、速度、缺陷可在变形和热分类下找到。在 Display 栏可控制模型显示区分析结果的显示方式，包含等值线、云图等显示方式。

（6）SV between 2 points：绘制两点间状态变量分布曲线，单击此菜单，弹出如图 8-13 所示对话框。通过 Point Definition 定义起点和终点，可直接输入坐标或在对象上点取，然后单击 Calculate 自动计算两点之间的中间点，点的总数可由 Sampling Points 选项控制，如图 8-13 中所示为总共 20 个点（包含起点和终点）。中间点可沿起点与终点的直线计算，也可沿对象的边界计算，通过两个标签 Straight Line 和 Following Boundary 来定义。

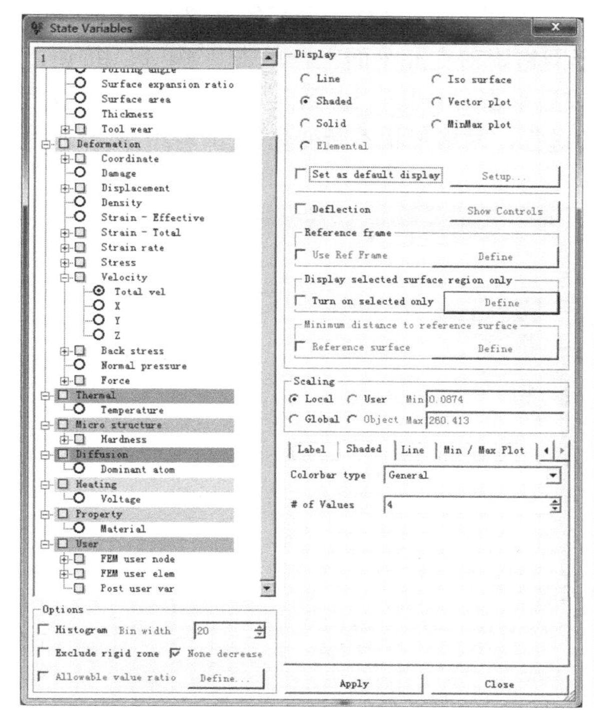

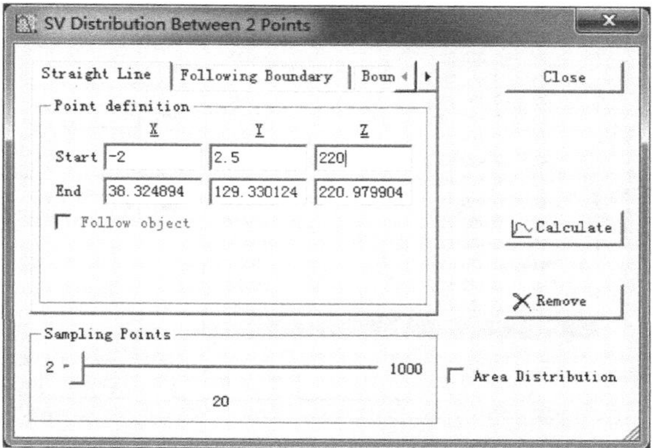

图 8-12　状态变量设置对话框　　　　图 8-13　两点间状态变量分布设置对话框

（7）Point Tracking：追踪变形过程中指定点的状态变量变化情况，如图 8-14 所示。在此对话框中输入所要追踪点的坐标或者在模型显示区对象上直接点取追踪点，然后单击 Next > 按钮，进入追踪点状态变量数据设置对话框，如图 8-15 所示，在此对话框中可以设置数据是否保存，或以点的编号或模拟步的编号来保存，单击 Finish 按钮即弹出 Point Tracking 图表。

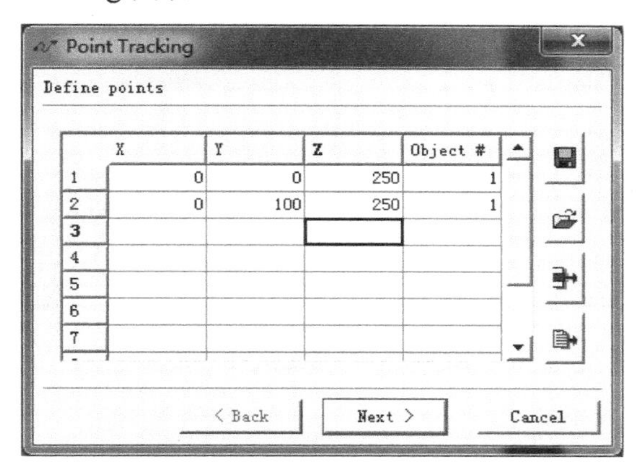

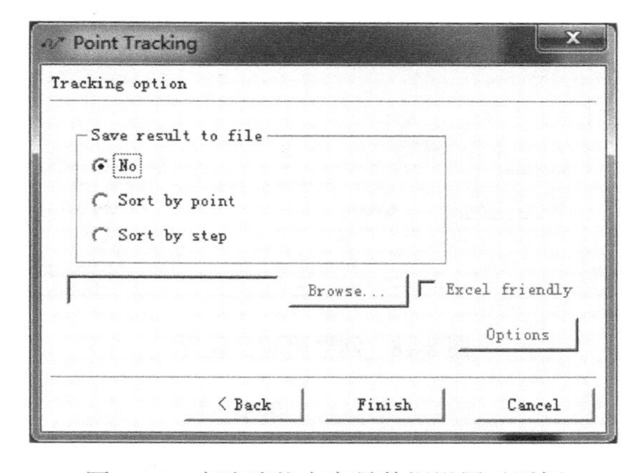

图 8-14　点追踪的设置对话框　　　　图 8-15　点追踪状态变量数据设置对话框

（8）Flow net：此菜单允许用户附加某种网格到对象上，跟踪变形过程中网格的变化情况，观察金属的流动及缺陷的产生。单击此菜单，弹出如图 8-16 所示网格追踪起止步设置对话框，在中间的栏中选取模拟步，单击右方的箭头分别添加到开始模拟步和结束模拟步，单击 Next > 按钮，进入网格类型的选择（图 8-17），系统提供长方体、矩形、多边形等七种网格类型，此处选择第二种，即矩形网格，单击 Next > 按钮，进入网格附着面的设置（见图 8-18），通过一点加法向或者三点定义一个平面，将矩形网格附着在此平面上，单击 Next > 按钮，进入矩形网格定义对话框（见图 8-19），定义完成后单击 Next > 直到向导结束。在模型显示区中对象上就会显示定义好的网格，随着变形的进行，网格形状不断变化，图 8-20 所示即为从第 2 步到第 50 步网格变化情况。

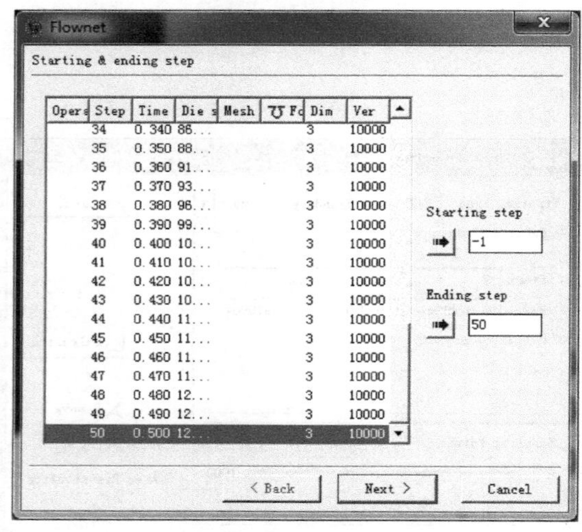

图 8-16　起止步设置对话框

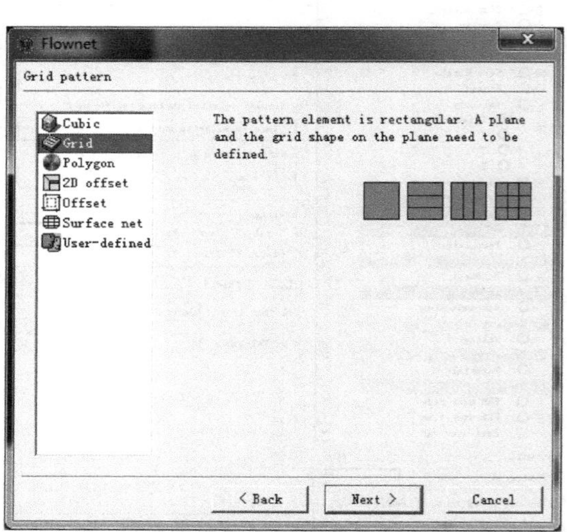

图 8-17　网格类型选择

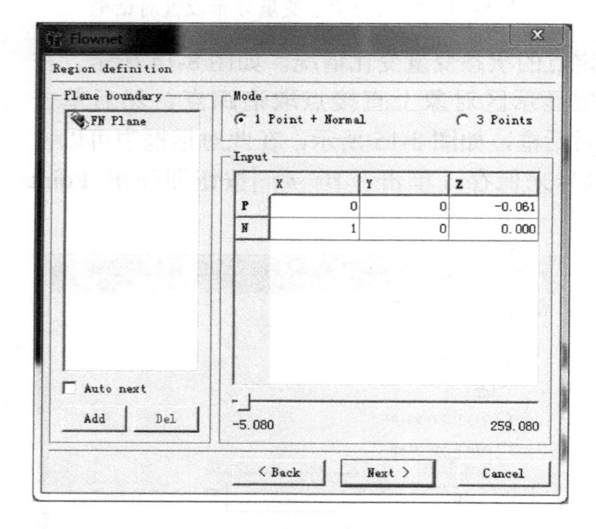

图 8-18　网格附着面设置

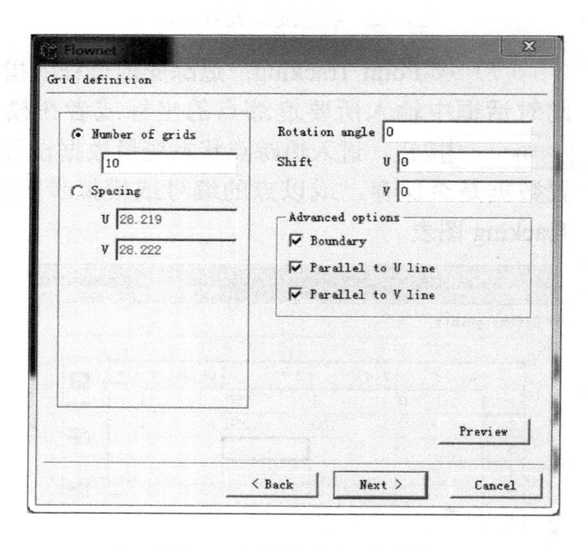

图 8-19　网格定义对话框

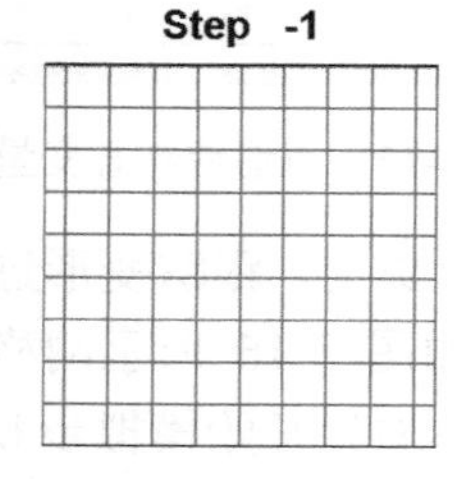

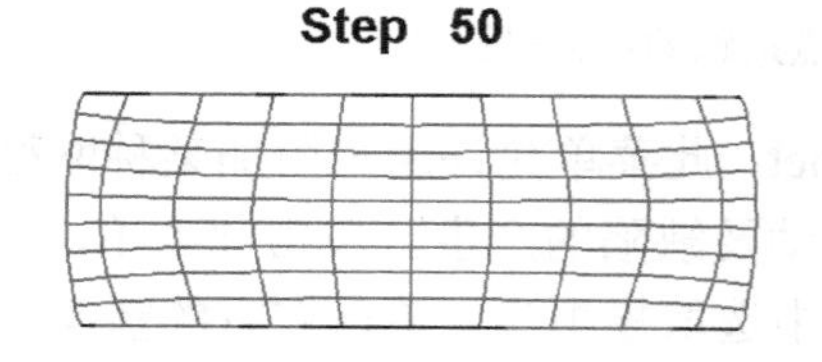

图 8-20　网格追踪结果

（9）Slicing：对模型显示区对象进行剖切，方便观察对象内部状态变量，剖切对话框如图 8-21 所示。可通过一点加法向或者三点定义一个平面来定义剖切面，也可以通过右方的 SV Max Point 按钮找到当前状态变量为最大值的点，通过 SV Min Point 按钮找到当前状态变量为最小值的点，通过 Duplicate 设置多个剖切面，通过下方的 Slice Plane Display 控制切面的显示方式，剖切结果显示在模型显示区，如图 8-22 所示。

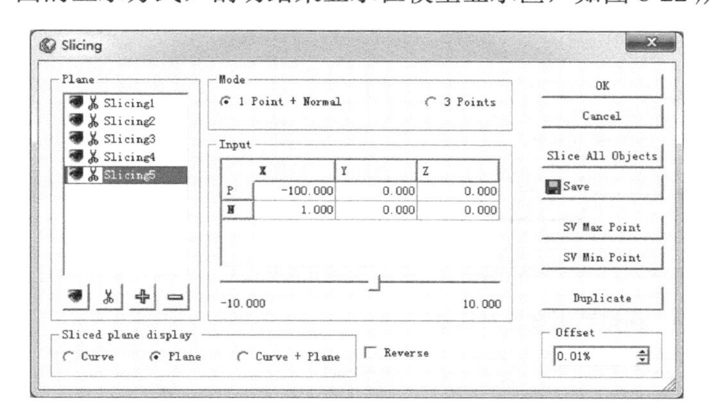

图 8-21 剖切对话框

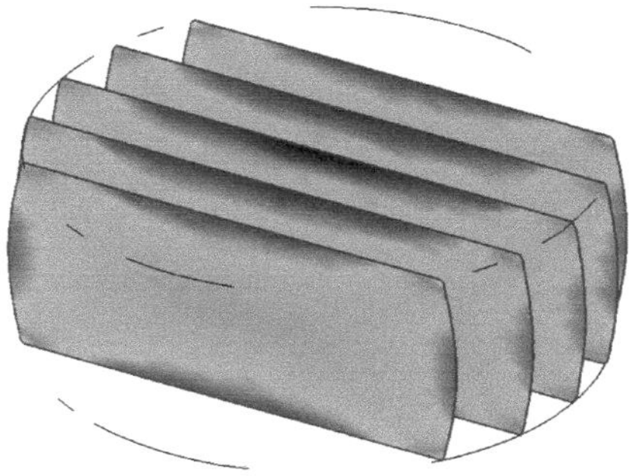

图 8-22 对象剖切结果

（10）Symmetry：对分析模型进行镜像操作。在分析对称零件时，为了减少网格和节点数，加快分析过程，一般选取有代表性的一部分进行分析，当分析完成后，可通过此功能显示完整的模型。

系统提供了两种镜像功能，分别是 Mirroring 和 Rotational Symmetry，即对平面镜像和沿周向镜像。平面镜像直接以点取的平面为镜像面进行，Add 按钮进行镜像的添加操作，Delete 按钮可将镜像出的对象删除。沿周向镜像需指定旋转中心、旋转轴、间隔角度和镜像次数，镜像结果如图 8-23 所示。

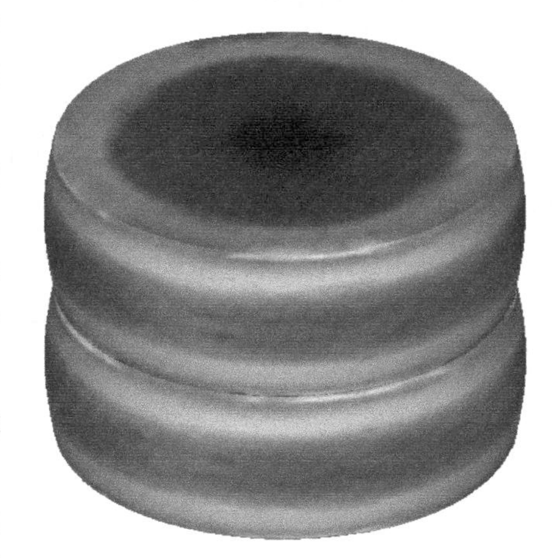

图 8-23 沿周向镜像结果

（11）Data extraction：提取选定模拟步的变量信息并输出到指定文件中，用户选定要提取的模拟步、分析对象、状态变量，最后单击 Extract 按钮，在弹出的对话框中指定文件名及路径即可，输出的文件以.DAT 格式保存，可供其他程序使用。

（12）CCT curves：控制 CCT（Continuous Cooling Transformation）曲线的生成设置。

（13）Animation：进行模拟过程动画的设置及动画的播放控制。单击（Animation Setup）按钮进入动画设置对话框，如图 8-24 所示。在 General 标签设置动画文件存放的路径、文件名及图片编号，在 Settings 标签设置动画两帧间隔时间，在 Export 控制动画的输出形式，可以为网页格式、WMV 和 AVI 视频格式及 PPT 格式（AVI 视频若采用 MPEG-4 压缩需先安装解码器）。设置完成单击 Save 按钮即可生成动画，单击则打开动画播放控制器，如图 8-25 所示是其控制工具条。

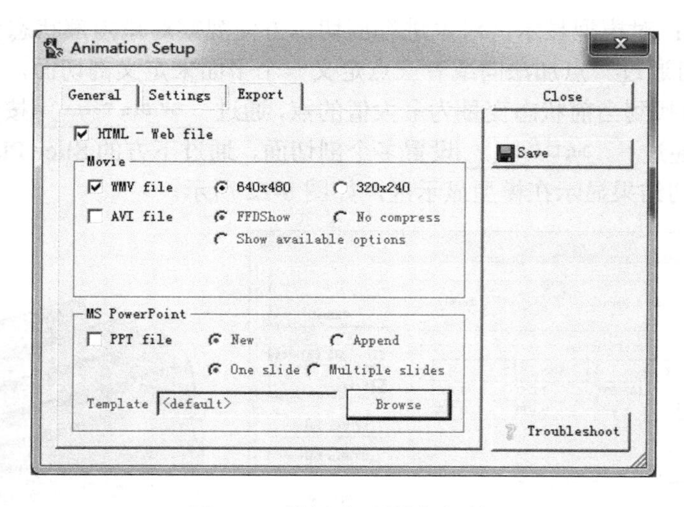

图 8-24 模拟动画设置对话框

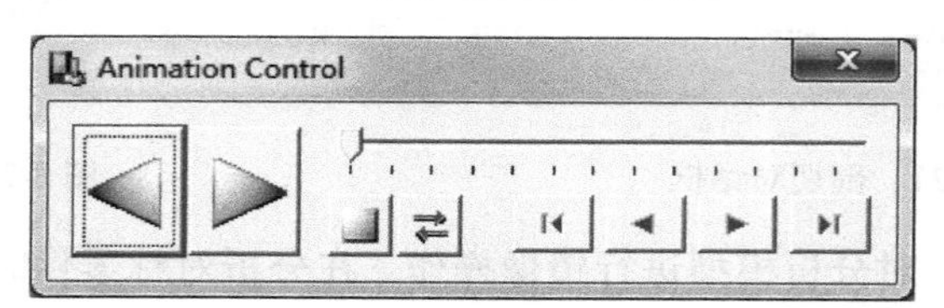

图 8-25 动画播放控制工具条

8.5 显示属性设置区

显示属性设置区主要功能是对模型显示区的图形图表的显示进行控制，如图 8-26 所示。左侧栏为控制选项，分别有 Display、Graph、Coordinates、Viewports、Lighting、Color bar、User Var.、Unit Conv.等属性的设置。

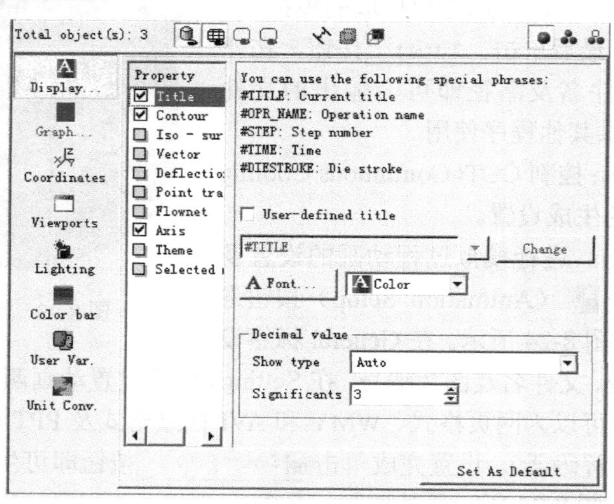

图 8-26 显示属性设置区

（1）Display：显示属性设置，此部分内容已在 7.7.3 节中叙述。

（2）Graph：图表属性设置，此部分内容已在 7.7.4 节中叙述。

（3）Coordinates：设定系统坐标形式，后处理程序提供了三种坐标系，分别是笛卡儿直角坐标系、圆柱坐标系和用户自定义坐标系，如图 8-27 所示。

（4）Viewports：设定模型显示区当前视区的大小，如图 8-28 所示。在模型显示区某一视区内单击，使其成为当前视区，即可通过此对话框设置其大小。多视区的显示可通过 Viewport/Multi 菜单进行切换，也使用系统设定的快捷键（Ctrl+1～Ctrl+6）进行快速切换，如图 8-29 所示。图 8-30 即采用 6 个视区分别显示缺陷、温度、等效应力、等效应变、等效应变速率、最大主应力 6 个状态变量。

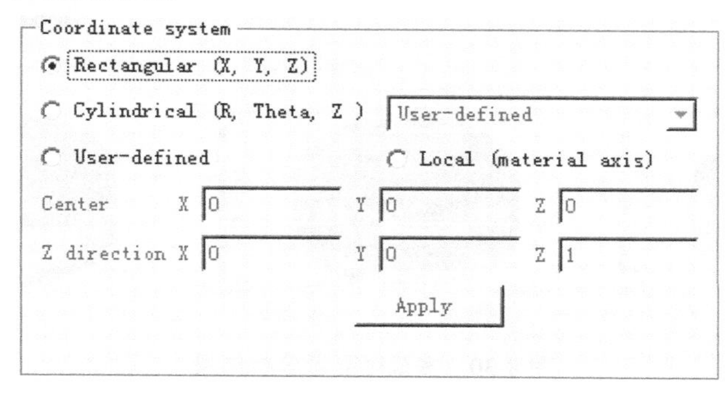

图 8-27　坐标系统设置

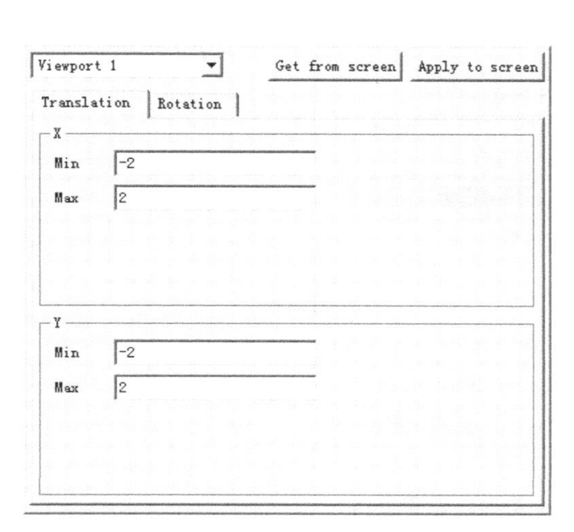

图 8-28　视区大小设置

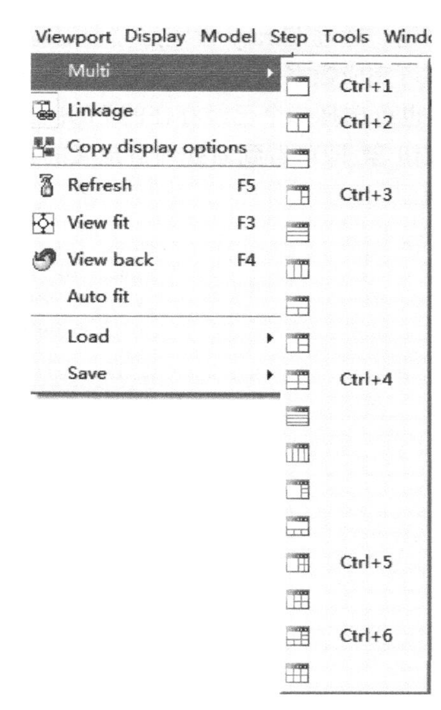

图 8-29　多视区切换菜单

（5）Lighting：设置后处理图形显示窗口的光源，包含光的强弱、颜色和光源类型等。

（6）Color bar：颜色条的位置、大小及颜色的控制，从而影响模型显示区分析结果的显示颜色。

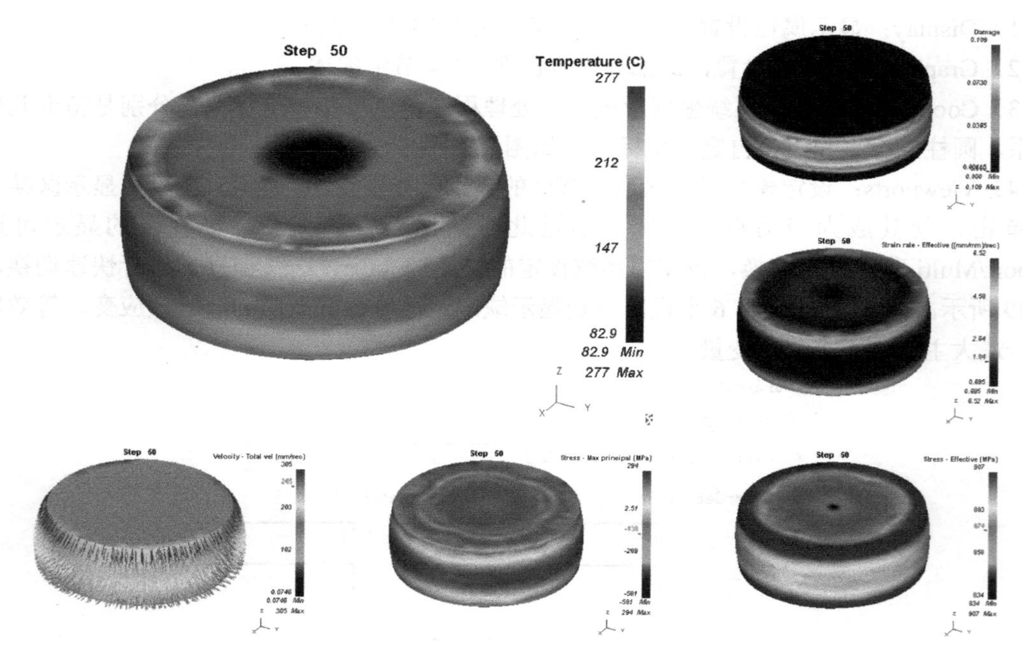

图 8-30　多视区显示分析结果

（7）User Var.：控制用户自定义变量的追踪，如图 8-31 所示。选中有网格的对象，指定节点或单元，通过 library 设定好需要追踪的用户变量，单击 Tracking 标签内的 Track Data 按钮，即可完成数据的生成，保存在 Tracking 标签内的 File 栏指定的文件中，文件类型为.PDB 格式。也可选择一个已经存在的 PDB 文件，追踪方法选择 Use existing PDB 来进行。单击状态变量按钮即可看到后处理自定义的状态变量，如图 8-32 所示，其使用与系统固有的状态变量相同。

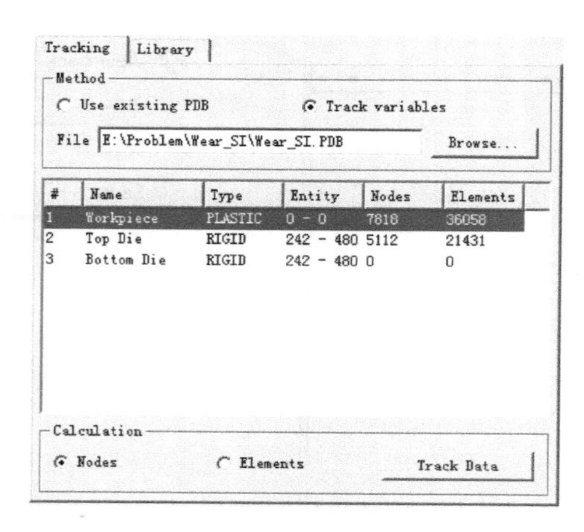

图 8-31　用户定义变量追踪设置窗口

（8）Unit Conv.：控制图表中的单位转换方式，如图 8-33 所示。系统给定了以下四种图表单位显示方法。

Default：默认，即与模拟控制里所设置的单位一致；

SI→Eng：公制转为英制，当选中此项时，具体换算关系会在 Unit Conversion Table 中给出；

Eng→SI：英制转为公制，图 8-33 中不可用表明目前已经是公制单位；
User：按照用户定义单位进行转换。

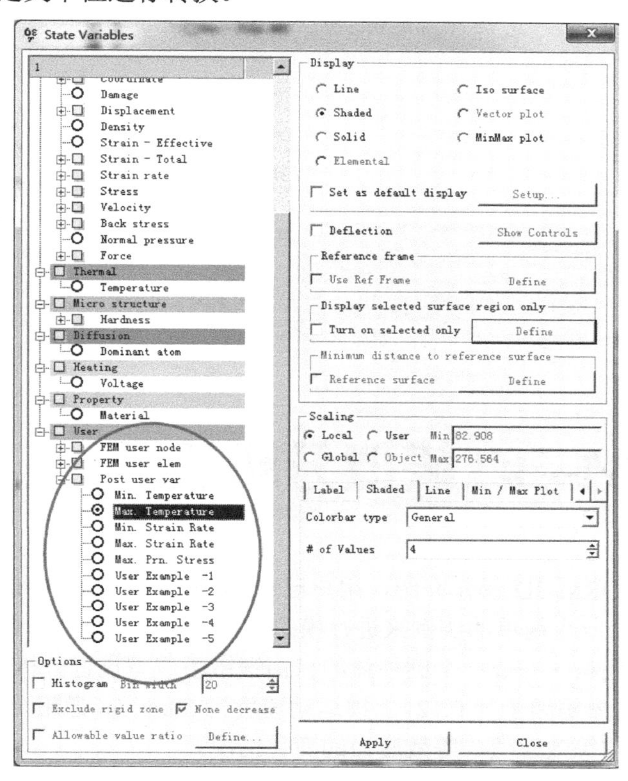

图 8-32　状态变量设置对话框

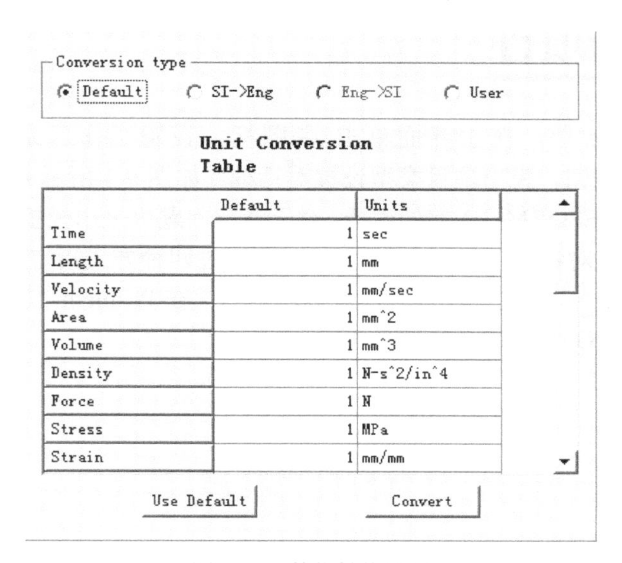

	Default	Units
Time	1	sec
Length	1	mm
Velocity	1	mm/sec
Area	1	mm^2
Volume	1	mm^3
Density	1	N-s^2/in^4
Force	1	N
Stress	1	MPa
Strain	1	mm/mm

图 8-33　单位转换设置

Chapter 9

第9章 DEFORM-3D模拟分析流程

通过前面的 DEFORM-3D 操作介绍，用户已对 DEFORM 软件系统的菜单及各项设置有了一定了解，本章结合一个简单的实例来进行模拟分析。该实例以 DEFORM 软件提供的几何造型功能生成模具和坯料，完成一个圆柱体的自由锻镦粗成型过程分析，其中毛坯材料为45号钢，毛坯与模具间的摩擦因子为0.12，上模运动速度为50mm/s，镦粗至坯料原来高度的1/2，求自由锻过程中毛坯的等效应变、等效应力的变化情况。

9.1 创建新项目

打开 DEFORM 软件，在主界面单击图标，设置工作目录为 C：\DEFORM3D\PROBLEM。单击按钮，弹出项目类型设置对话框（如图9-1所示），选择使用 Deform-3D Preprocessor，即使用 DEFORM-3D 前处理器（对于特定问题可采用模板向导），单击 Next > 按钮进入项目位置设置对话框（如图9-2所示），可通过四种方式指定项目位置，本例不作改变，直接单击 Next > 按钮进入项目名称设置对话框，在 Problem Name 框中输入本项目名称“Upset”，进入 DEFORM-3D 前处理界面。

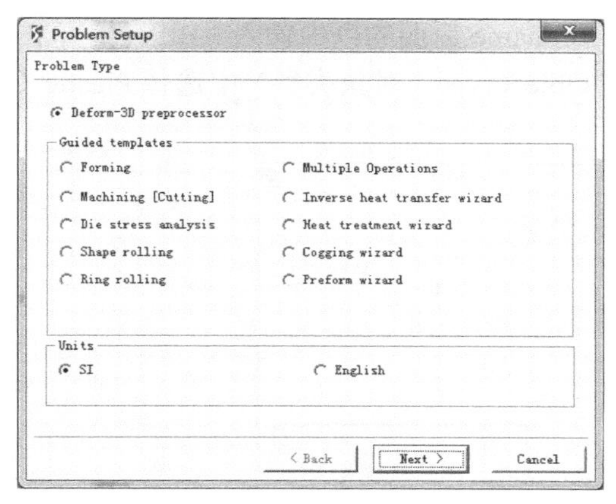

图 9-1　项目类型设置对话框

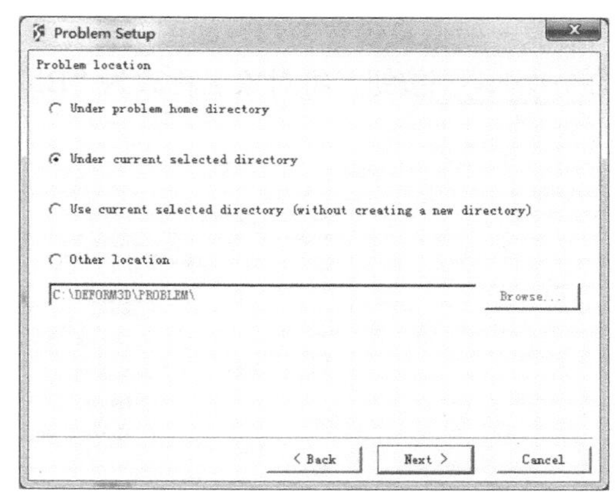

图 9-2　项目位置设置对话框

9.2 设置模拟控制初始参数

首先需要设置的是项目所用单位制。单击 Input/Simulation controls 菜单或单击按钮进入模拟控制对话框，在对话框左侧的栏中选取 Main 窗口，如图 9-3 所示。设定模拟分析标题为“Upset”，操作名为“Upset”，Units 单位制为“SI”，分析模式为“Deformation”，单击 OK 按钮，完成模拟控制的初始设置。

注：除单位制外，其他内容可随时修改。

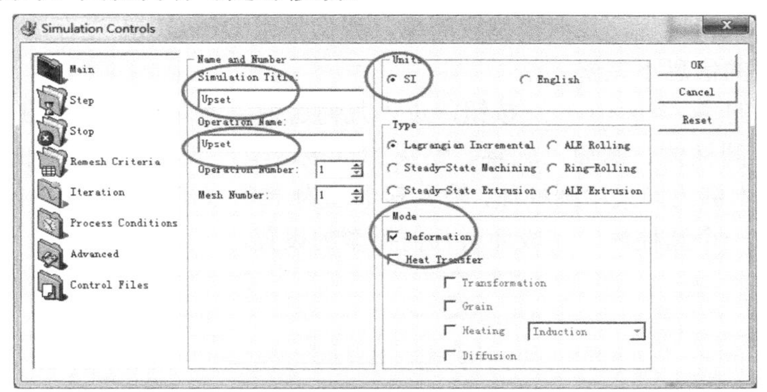

图 9-3　模拟控制初始设置

9.3 创建对象

9.3.1 坯料的定义

在对象设置区看到，系统默认已有一个 Workpiece 对象。单击对象设置区的 General 按钮，进入对象一般信息设置窗口，如图 9-4 所示。在 Object name 后面的框中输入“Billet”，单击其后的 Change 按钮，将对象名称改为“Billet”。在 Object type（对象类型）中选择 Plastic（塑性）。

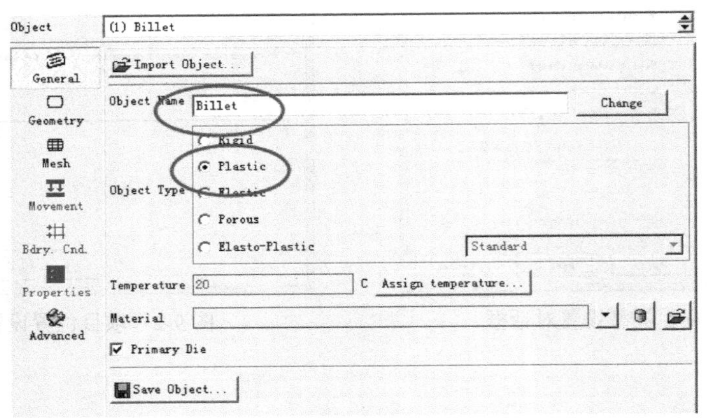

图 9-4　对象一般信息设置窗口

注：系统提供 5 种对象类型，分别为 Rigid（刚性）、Plastic（塑性）、Elastic（弹性）、Porous（多孔材料）和 Elasto-Plastic（弹塑性）。一般来说，在金属锻压成型过程中，模具设置为刚性，坯料设置为塑性，在大多数情况下均可这样设置。

单击对象设置区的 Geometry 按钮，进行对象几何模型的设置，如图 9-5 所示。由于 DEFORM 软件造型功能较差，当所需分析的模型较复杂时，可通过其他造型软件如 UG、Proe 等进行造型，然后导出为.STL 格式，通过图 9-5 所示的 Import Geo... 按钮完成模型的输入。由于本例模拟圆柱体的自由镦粗过程，几何模型较简单，我们采用 DEFORM 进行造型，省去导出导入的麻烦及由此带来的信息不完整。

单击图 9-5 中的 Geo Primitive ... 按钮，进入几何造型单元对话框，如图 9-6 所示。在此窗口可进行长方体、圆柱体、圆筒、轧辊、钻头的直接造型，或者通过给定的二维截面拉伸/回转而成三维模型。本例我们采用圆柱体，输入其半径为 100，高度为 200，单击 Create 按钮，在模型显示区生成一个圆柱体，完成坯料几何模型的设置。

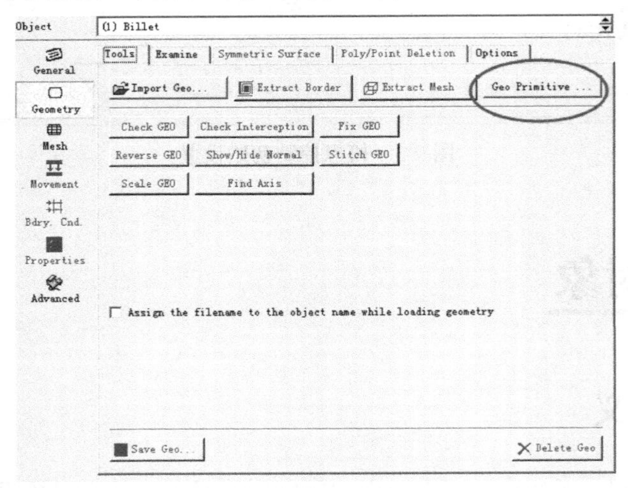

图 9-5　对象几何模型设置窗口

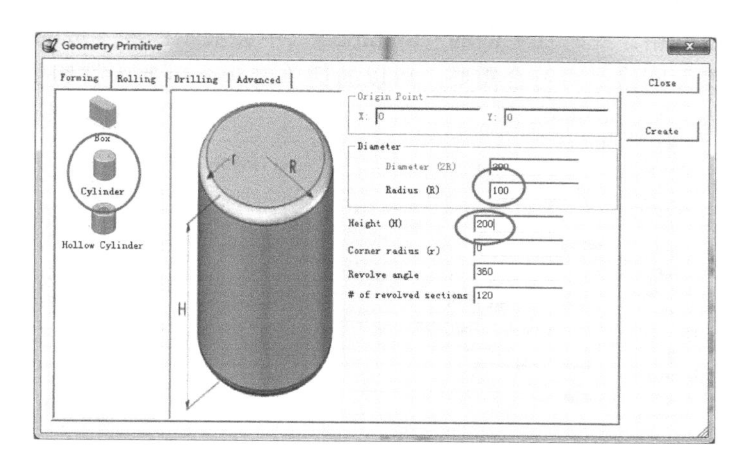

图 9-6　几何造型单元对话框

注：当导入复杂模型后，应通过 Tools 标签内的按钮对其进行检查，若有问题应修复。

9.3.2　上模具的定义

单击对象设置区内的按钮，增加一个对象。在对象树中选中上模具，在 General 标签中设置其对象类型为“刚性”，选中 Primary Die（主模具）。

注：主模具是 DEFORM 特有的一个概念，选中上模具作为主模具的目的是把此对象作为运动的主动对象。

单击对象设置区的 Geometry 按钮，进行上模具几何模型的设置，再单击 Geo Primitive ... 按钮，进入几何造型单元，上模具采用 Box（长方体），输入其长度值为 300，高度值为 50，宽度值为 300，单击 Create 按钮，在模型显示区生成一个长方体，完成上模具几何模型的设置。

9.3.3　下模具的定义

参照上模具的定义方式，生成一个下模具。对象名称为“Bottom Die”，对象类型为“刚性”，不选中 Primary Die（主模具）。同样生成长度值为 300，高度值为 50，宽度值为 300 的长方体作为下模具的几何模型，完成下模具几何模型的设置。

注：由于几何模型的生成都是由默认位置生成，因此上模和下模重叠在一起，并与坯料相交。因此此时还不能直接拿来分析，需对模具和坯料的相对位置进行调整，具体调整在后面讲述。

9.4　网格划分

选中对象树中的 Billet 对象，让其高亮显示，然后单击对象设置区的 Mesh 按钮，弹出网格划分对话框，如图 9-7 所示。对于本例，在 Tools 标签中，通过拖动“Number of Elements”栏中的滑动条，或者在其下的框内直接输入数值，设置单元数量为 8000，单击 Preview 按钮，在坯料的表面上生成网格，此时在上面的“Summary”中会显示已经生成的节点数和表面多边形数。观察此时的表面网格是否符合需要，可以的话单击 Generate Mesh 按钮生成实体网格。

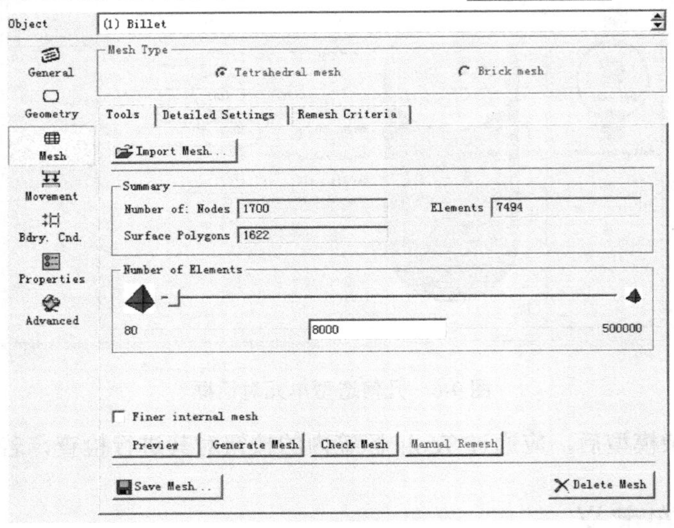

图 9-7 网格划分对话框

网格的生成也可通过 Import Mesh... 按钮导入由其他项目或程序生成的网格数据，系统支持 Nastran、Patran 等有限元前处理软件生成的网格数据。

在 Detailed Settings 标签中可具体地控制网格的生成方式，包含两种方式，分别为 System Setup 和 User Defined，如图 9-8 所示。

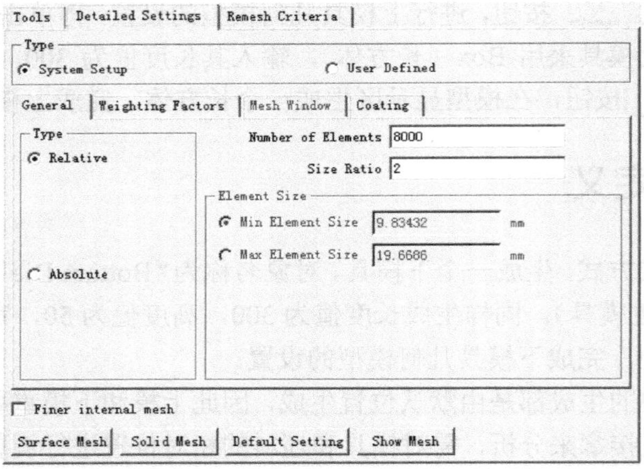

图 9-8 网格划分详细设置

（1）System Setup：利用系统设置功能控制网格生成，具体又有两种类型：Relative（相对网格设置）和 Absolute（绝对网格设置）。

当选择 Relative 时，需要设置 Number of Elements（总的单元数量）和 Size Ratio（同一单元最大边长与最小边长的比值），达到控制网格形状的目的。

当选择 Absolute 时，需要设置 Min Element Size（最小单元尺寸）和 Max Element Size（最大单元尺寸）之一，并结合 Size Ratio 达到控制网格密度的目的。

在 Weighting Factors 标签可通过边界曲率、温度、应变、应变速率的大小调节网格密度，其值越大即温度、应变等变化越快的地方网格密度越高（图 9-9）。

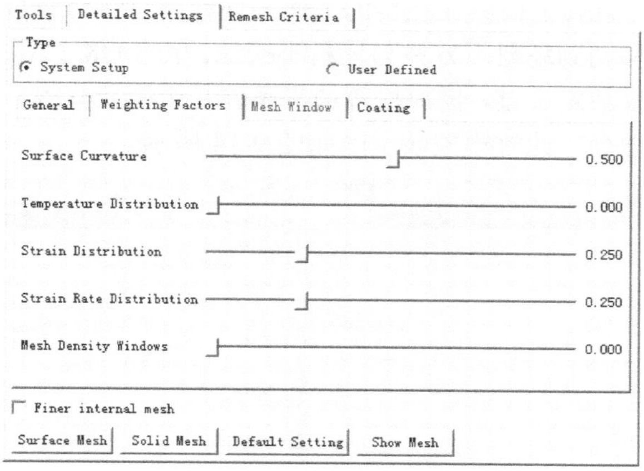

图 9-9　网格划分比重设置

（2）User Defined：用户定义方式生成网格，见图 9-10。通过 Number of Solid Elements 设置总单元数，单击＋按钮，在模型显示区圆柱体坯料的上端面单击，在 Regions 框内则出现“Region（121nodes）-1”，表明上端面有 121 个节点，设置其单元大小相对值为 1。再次单击＋按钮，选取圆柱体坯料的圆柱面，在右方的 Relative Element Size 中输入 5。重复此步骤，设置圆柱体坯料下端面的单元大小相对值为 10，依次单击 Surface Mesh 和 Solid Mesh 按钮，生成网格，如图 9-11 所示。由图可见，上端面网格尺寸较小，密度大；而圆柱面下方由于紧接 Relative Element Size 设置为 10 的下端面，网格稀疏，单元尺寸较大。

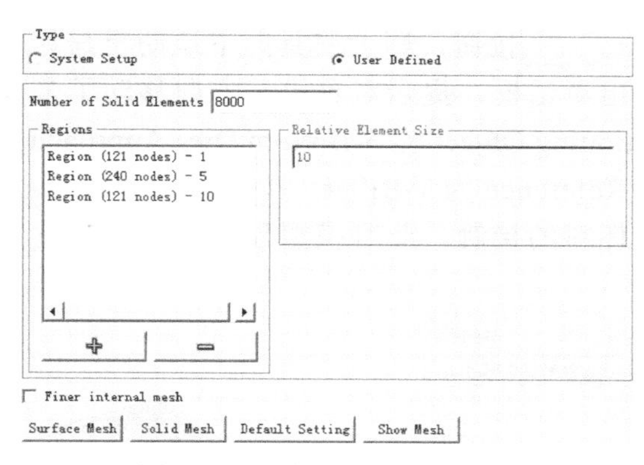

图 9-10　用户定义网格划分设置

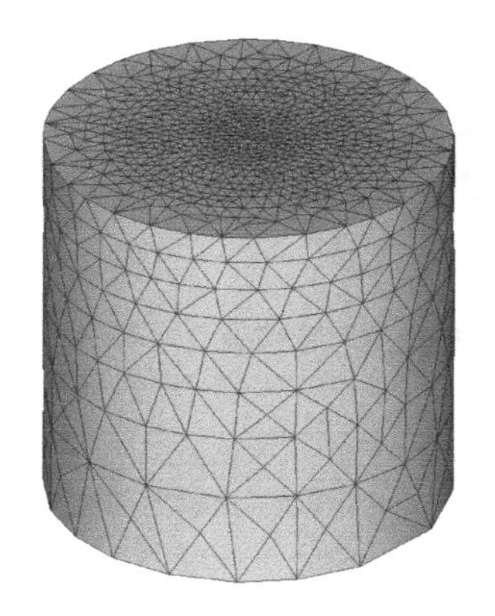

图 9-11　网格划分结果

在 Remesh Criteria 标签中可设置网格重划分准则，这部分内容和 7.3.1 节模拟控制中的网格重划分准则设置相同，此处不再赘述。

9.5 对象位置定义

单击 Input/ Object Positioning 菜单或按钮进入对象位置定义对话框，如图 9-12 所示。在 Positioning object 列表中选择 2-Top Die，Method 选择 Drag，指定 Direction 为+Z 方向，类

型为 Translation，如图 9-13 所示，在模型显示区按住鼠标左键向上移动鼠标，此时上模具会随鼠标的运动而向上移动，直到上模具在坯料的上面与坯料不接触时释放鼠标左键。用同样的方式将 3-Bottom Die 向下移动到坯料下方并与坯料不接触，单击 OK 按钮，会弹出一个提示信息，告诉我们对象位置已经重新定义过，需要检查边界条件是否需要修改。由于本例还没进行边界条件的设置，可以不用理会，此时模型显示区如图 9-14 所示。

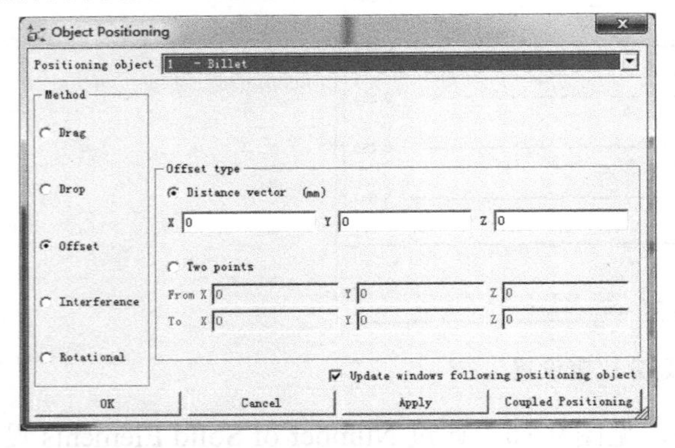

图 9-12 对象位置定义对话框（平移）

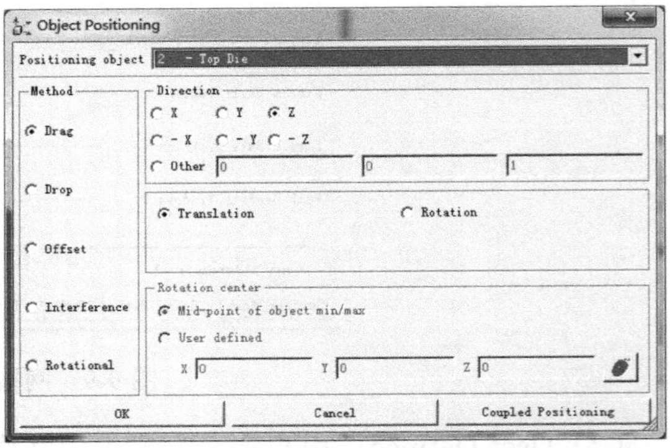

图 9-13 对象位置定义对话框（鼠标拖曳）

对于本例分析而言，只模拟分析圆柱体的自由镦粗过程，从模具与坯料接触时开始分析，因此应设置上模具和坯料、下模具和坯料相接触。重新单击按钮进入对象位置定义对话框，Method 选择 Interference，在 Positioning object 列表中选择 2-Top Die 作为要移动的对象，在 Reference 列表中选择 1-Billet 作为被接触的对象，Approach Direction 设为-Z 方向，如图 9-15 所示，单击 Apply 按钮，则上模具向下运动至与坯料刚刚接触，系统会弹出对话框，提示对象沿某方向移动了多少距离。同样设置 Positioning Object 为 3-Bottom Die，Approach Direction 设为+Z 方向，Reference 为 1-Billet，单击 Apply 按钮，完成下模具与坯料的接触，此时模型显示区对象间位置应如图 9-16 所示。

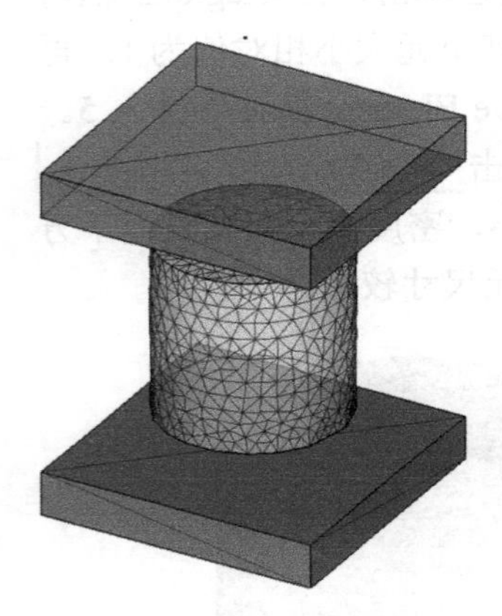

图 9-14 拖曳后对象位置

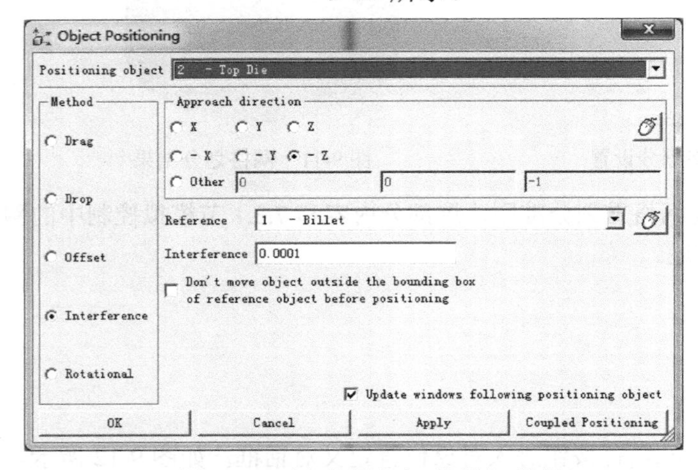

图 9-15 对象位置定义对话框（接触）

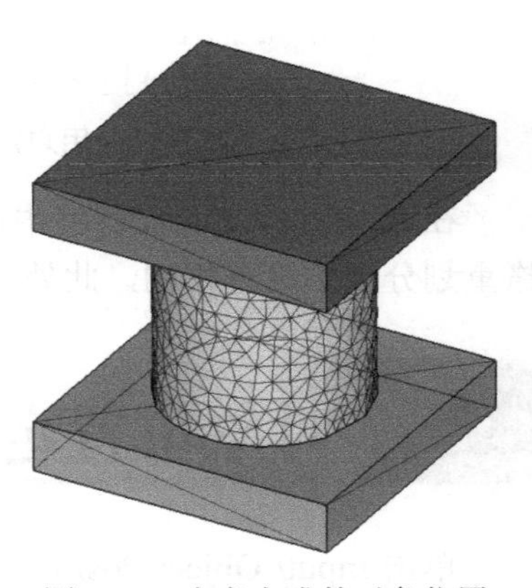

图 9-16 定义完成的对象位置

除了刚刚所用到的 Drag（鼠标拖曳）和 Interference（接触）两种对象位置定义方法，还有 Drop（落入型腔）、Offset（平移）和 Rotational（旋转）三种方法，一般需指定移动方向、旋转轴、旋转中心、平移距离等内容，用户可自行学习。此外，按钮 Coupled Positioning 可以将多个对象绑定一起进行位置调整。

9.6 定义材料

在对象树中选定 Billet 对象，单击对象设置区的 General 按钮，进入对象一般信息设置窗口，如图 9-4 所示。在此对话框的下方 Material 项，框内文字为（undefined)，表明目前材料尚未定义。单击按钮，从系统材料库中读入一种材料，弹出图 9-17 所示材料库对话框。本例材料为 45 号钢，在室温下镦粗，因此可以通过过滤器来查询材料。在 Category（分类）中选择 Steel（钢)，过滤器的 Material Standard（材料标准）选择 AISI 美国标准，在 Application（使用范围）限定为 Cold forming（冷变形)，在 Material label（材料型号）列表中找到 AISI-1045，COLD[70F（20C）]，单击 Load 按钮，完成坯料材料的定义。此时，对象树如图 9-18 所示。

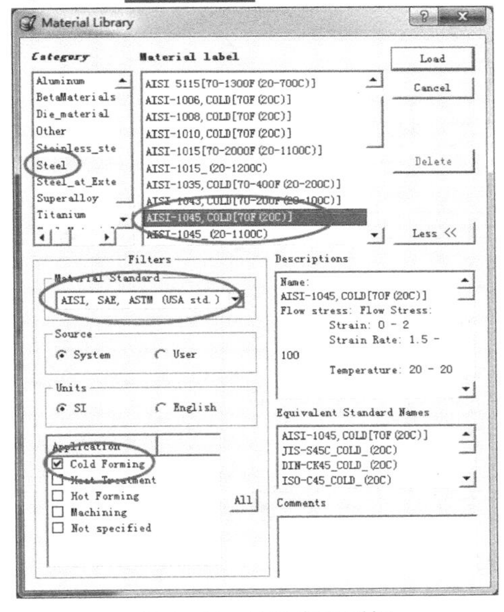

图 9-17　材料库对话框

图 9-18　网格及材料定义完成后的对象树

注： AISI 为美国标准，DIN 为德国标准，JIS 为日本标准，各种标准材料牌号对应关系可在金属材料手册或五金工具书中找到。AISI-1045 对应我国的 45 号钢。COLD 代表材料库内的数据适用于冷成型，70F 代表华氏温度，对应摄氏温度 20℃，两者之间换算公式：华氏温度= 32+摄氏温度×1.8，摄氏温度=(华氏温度−32)÷1.8。

对于上模具和下模具，由于都是刚性体，在镦粗过程中不变形，因此不必划分网格，也无须指定材料。

当从材料库中读入过某种材料之后，单击按钮可快速选择已加载的材料。也可单击从其他项目的数据库或 KEY 文件中读入材料，如图 9-19 所示。还可通过 7.3.2 讲解的方法自定义材料。

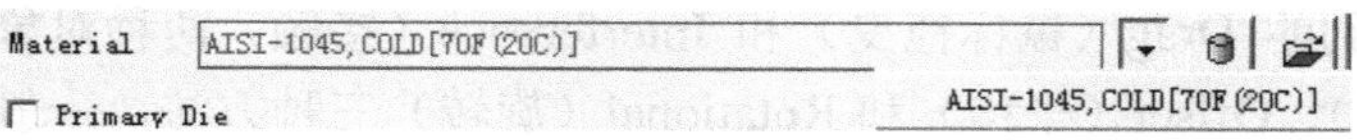

Material AISI-1045, COLD[70F(20C)]

Primary Die AISI-1045, COLD[70F(20C)]

图 9-19 材料快速选择

9.7 定义模具运动方式

在对象树中选定 Top Die 对象，单击对象设置区的 Movement 按钮，进入模具运动设置对话框，如图 9-20 所示。选定运动类型为 Speed（速度），Direction（运动方向）为-Z 方向，速度的定义方式为 Constant（常数），在 Constant values 框内输入速度值为 50mm/s，完成主模具运动方式的定义。本例假定上模具以 50mm/s 的速度匀速向下运动，而下模具不动。

在图 9-20 中，速度还可以定义为与时间有关的函数、与行程有关的函数、其他对象运动速度的一定倍数，可以通过下方的按钮由系统库中读入运动方式，也可单击从其他项目的数据库或 KEY 文件中读入对象运动，或将定义好的运动通过 保存为 KEY 文件，通过保存到系统库中。

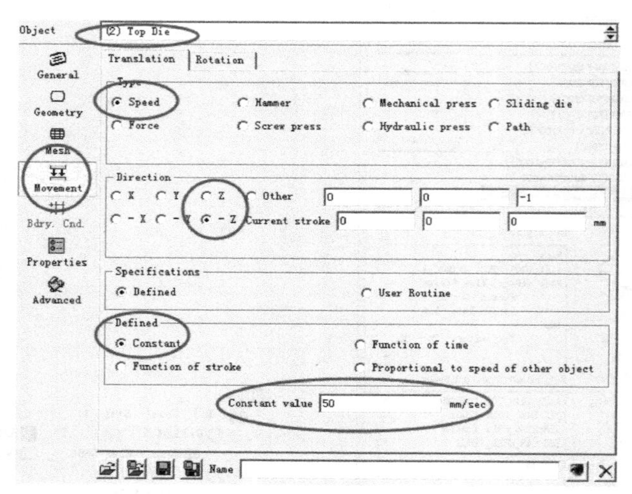

图 9-20 模具运动设置对话框

对象的运动方式分为 Translation（平移）和 Rotation（旋转）两种。平移运动除了速度控制外，还有 Hammer（锤锻）、Mechanical press（机械压力机的循环运动）、Sliding die（滑动模）、Force（通过施加力驱动对象）、Screw press（螺旋压力机）、Hydraulicpress（液压机）。旋转运动可通过 Angular velocity（角速度）和 Torque（转矩）两种方式控制，定义旋转轴及旋转中心，旋转方向满足右手准则。

9.8 定义物间关系

单击 Input/ Inter-Object 菜单或单击按钮，系统自动弹出图 9-21 所示对话框，提示目前尚未定义物间关系，是否希望系统自动添加默认物间关系，此时单击 Yes 按钮生成默认物间关系，弹出物间关系对话框，如图 9-22 所示。由此图可以看出，系统自动添加了两个物间关系，以不变形体上模具和下模具为 Master（主动物），以变形体坯料为 Slaver（从动物）。单击 2-Top Die 和 1-Billet 关系，使其高亮显示，然后单击 Edit... 按钮，进入物间关系数据定义对话框，如图 9-23 所示。选择 Deformation 标签，设置 Friction Type（摩擦类型）为 Shear，单击摩擦因子数值 Value 输入框右侧的 ，从系统给定的几种成型条件下的摩擦因子中选择 Cold forming（Steel dies），其数值为 0.12，显示在 Constant 后面的输入框内。重复上述步骤完成下模具与坯料的物间关系数据定义。单击 按钮，用系统默认值作为接触容差值，然后单击 Generate all 按钮，生成接触，此时在模型显示区，上下模具与坯料接触部分高亮显示，如图 9-24 所示。观察接触是否正确，没有问题即可单击 OK 按钮退出物间关系定义。

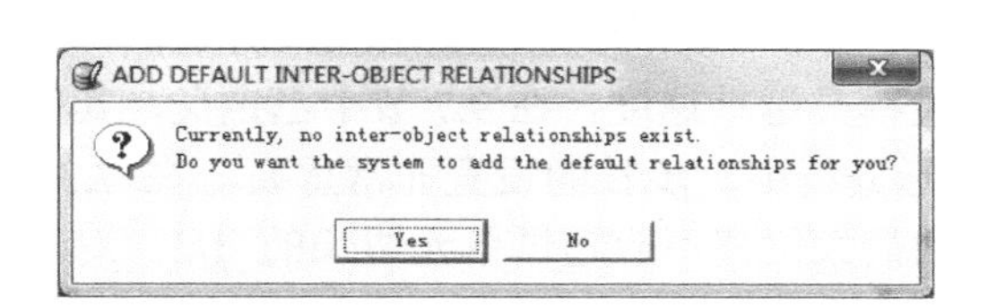

图 9-21　添加默认物间关系对话框

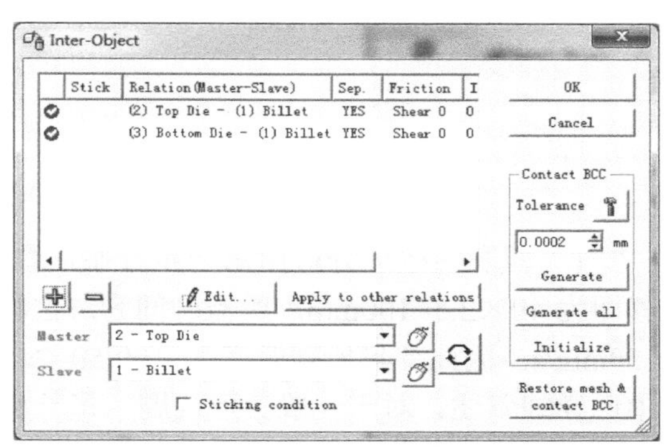

图 9-22　物间关系定义对话框

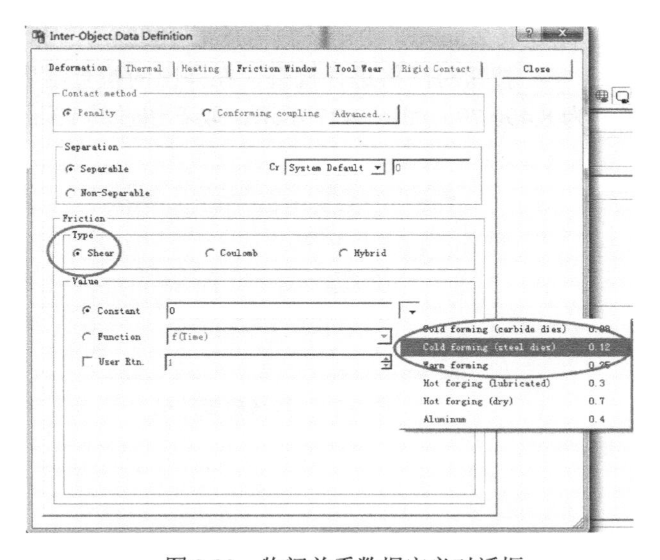

图 9-23　物间关系数据定义对话框

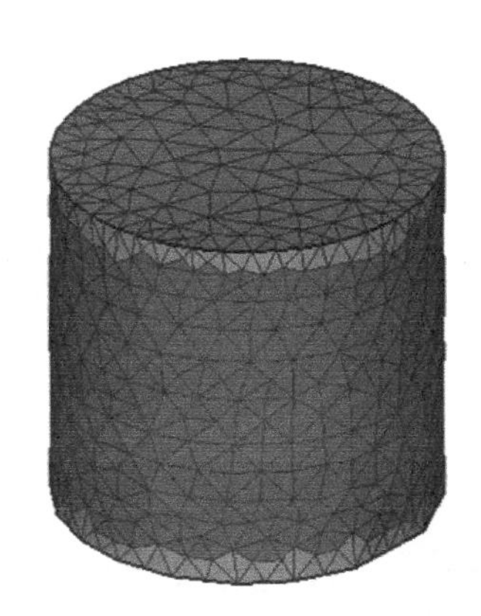

图 9-24　上下模具与坯料生成的接触图示

9.9 设置模拟控制信息

单击 Input/Simulation Controls 菜单或单击 按钮进入模拟控制对话框，单击 Step 按钮，选择 General 标签，定义 Starting Step Number（模拟起始步）为-1，Number of Simulation Steps

（总模拟步数）为 40，Step Increment to Save（存储数据的间隔步数）为 2，Primary Die（主模具）为 2-Top Die，求解步长定义方式为 With Die Displacement（设定每步主模具位移量）为 2.5mm，如图 9-25 所示，单击 OK 按钮完成设置。

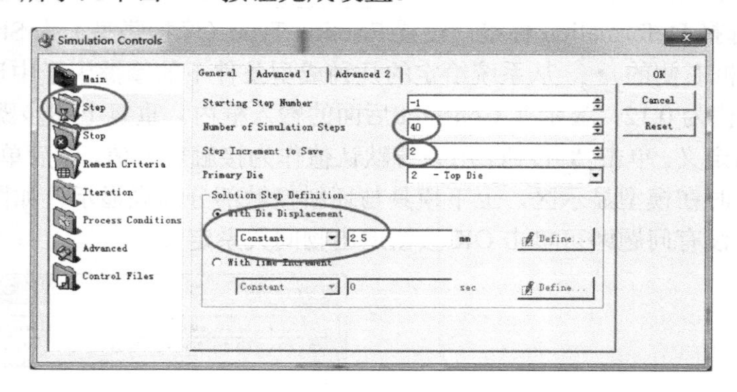

图 9-25 模拟步设置

“-1”即表明模拟分析由第一步开始，数据由预处理写入数据库中。变形完成时主模具总位移即为 40×2.5=100mm，所需时间为总位移除以主模具运动速度，在 9.7 节中已定义，其值为 50mm/s，因此变形所需时间为 100/50=2s。在实际分析中，步长的设置非常重要，在 7.3.1 节中已详细叙述。对于一般变形问题，每一步节点的最大位移不应超过单元边长的 1/3。对于边角变形严重或其他局部严重变形的问题，如飞边成型，步长应选单元最小边长的 1/10。

在本例中，单击测量网格最小单元的边长，目测找到较小的单元进行测量，结果如图 9-26 所示，取稍小于 1/3 的值作为位移步长，此处取 2.5mm。由于坯料需压缩 100mm，因此总模拟步数设为 40。也可通过图 9-7 中的 Check Mesh 按钮对网格进行检查，在弹出的检查结果对话框中，显示 Min Edge Length（最小边长）为 8.490 79，如图 9-27 所示，取不超过其 1/3 作为步长。

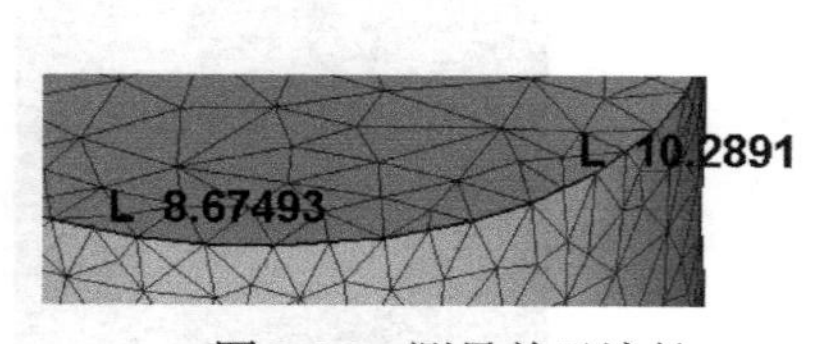

图 9-26 测量单元边长

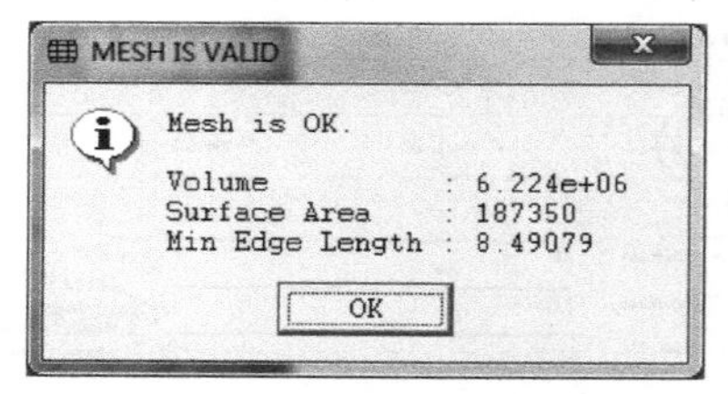

图 9-27 网格检查结果

9.10 生成数据库

选择 Input/ Database 菜单或单击按钮，进入数据库生成对话框。单击 Check 按钮对前处理数据进行检查，检查结果如图 9-28 所示，在图中最下方显示 Database can be generated，表明数据库可以生成，前处理不存在问题，单击 Generate 按钮生成数据库，前处理任务完成，退出前处理界面。

注：本例中有个警告，内容为 Volume compensation has not been activated for object1，其含义为对象 1 即坯料的体积补偿未激活。在变形的模拟过程中，会发生坯料上的节点进入模具几

何模型内部，因此网格经常需要进行重划分，重划分后的网格与前处理生成的网格在体积上总会有所差别，为了避免随着模拟的进行坯料体积越来越少，采用体积补偿来弥补。具体激活方法为：单击对象设置区的 Properties 按钮，在 Deformation 标签中选中某种体积补偿方式即可，单击按钮可自动计算坯料体积，并输入到前面的框中，如图 9-29 所示。

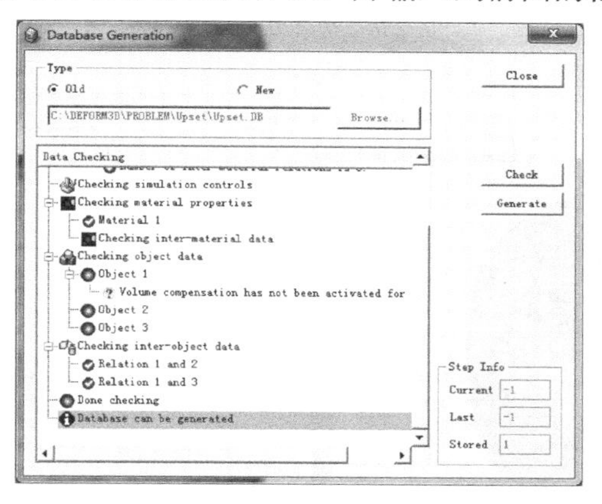

图 9-28　数据库生成对话框

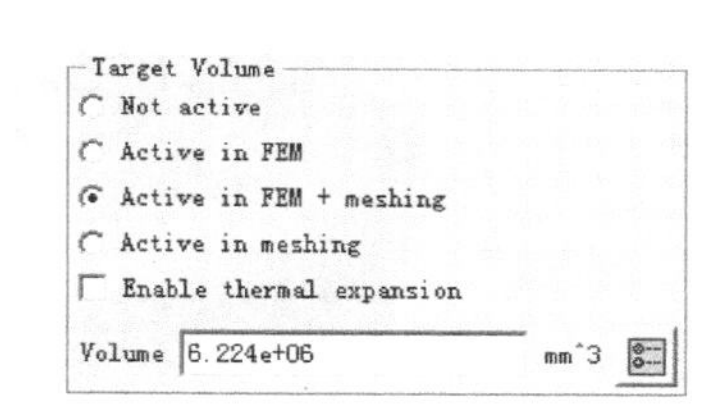

图 9-29　体积补偿设置

9.11 分析求解

在 DEFORM-3D 主界面左侧的工作目录中选中 Upset，选中 Upset.DB，单击 Simulator 模块的“Run”按钮，向系统提交计算任务。任务提交后，在工作目录窗口的 Upset 项目名及数据库文件 Upset.DB 上出现绿色的进度条，代表运算进行中。同时在项目信息窗口有详细的运算信息动态输出，用户可观察运算进行的程度，如有无再划分、是否收敛等重要信息。分析求解完成后，项目名及数据库文件上 Running 文字消失，在项目信息窗口的 Message 标签中系统提示 NORMAL STOP：The assigned steps have been completed，表明求解是正常结束。

9.12 后处理

在 DEFORM-3D 主界面左侧的工作目录中选中 Upset，选中 Upset.DB，单击主菜单后处理部分 Post Processor 中的 DEFORM-3D Post ，进入 DEFORM-3D 后处理模块。

本例任务的目的是查看变形过程中坯料内部的等效应力和等效应变的变化情况。单击对象设置区的按钮，使坯料单独显示。然后在状态变量按钮旁的下拉列表中选取 Strain--Effective ，在模型显示区即显示坯料第一步时的应变分布。单击 ▶ 按钮，可以观察到变形过程中坯料上等效应变的变化情况，变形完成时坯料上等效应变如图 9-30 所示。在对象树中，显示目前状态变量为等效应变 [v] StateVar. : Strain - Effective (mm/mm)，可在上面单击鼠标右键进行隐藏、删除、属性和显示等操作。

本例中我们还想观察坯料最上端圆心、圆柱体中心以及上下中间面与外圆面交点三个位置等效应变随变形的变化情况。此时，可单击点追踪按钮，在弹出的追踪点定义对话框中输入三个点的坐标，如图 9-31 所示，单击 Next > 按钮，再单击 Finish 按钮即弹出 Point Tracking 图表，如图 9-32 所示。若想将数据导出可在图上点右键，在弹出的快捷菜单中选择 Export graph data，指定路径及文件名完成导出，结果如图 9-33 所示。单击按钮退出后处理程序，结束模拟分析任务。

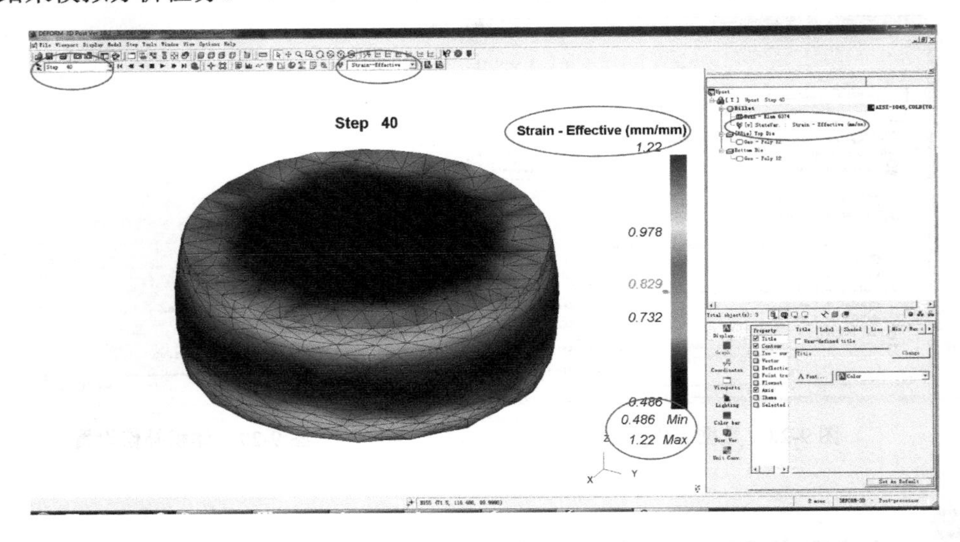

图 9-30 等效应变显示设置

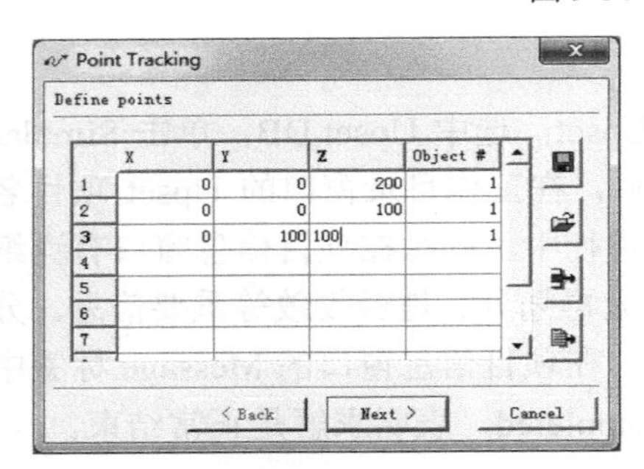

图 9-31 追踪点定义对话框

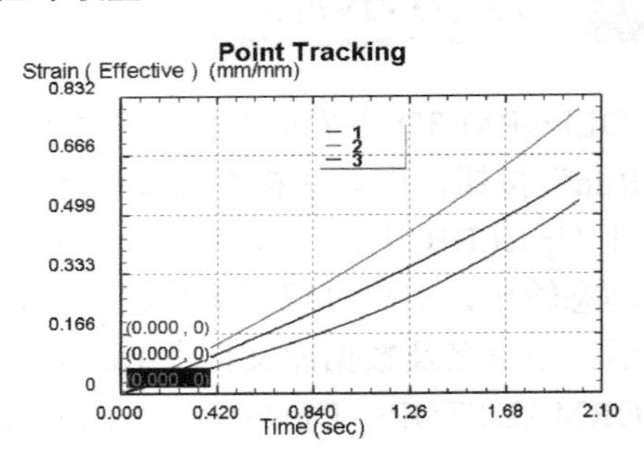

图 9-32 三点等效应变变化图

graph.txt - 记事本

文件(F) 编辑(E) 格式(O) 查看(V) 帮助(H)

Point Tracking
(21 4) 时间

Time	1	2	3
0.000000	0.000000	0.000000	0.000000
0.100000	0.018479	0.032526	0.026143
0.200000	0.036643	0.065873	0.052325
0.300000	0.054704	099438	0.078543
0.400000	0.073248	132618	0.104965
0.500000	0.092202	0.166086	0.131733
0.600000	0.111604	0.200395	0.158950
0.700000	0.131553	0.235739	0.186609
0.800000	0.152348	0.272096	0.214736
0.900000	0.174339	0.309457	0.243392
1.000000	0.197888	0.347786	0.272638
1.100000	0.223161	0.387091	0.302535
1.200000	0.250224	0.427369	0.333142
1.300000	0.279132	0.468628	0.364523
1.400000	0.309955	0.510896	0.396745
1.500000	0.342783	0.554231	0.429887
1.600000	0.377692	0.598741	0.464028
1.700000	0.414827	0.644666	0.499329

应变值

图 9-33 图表数据的导出

第 10 章

DEFORM-3D 分析案例

10.1 方环镦粗模拟

分析流程如下：项目介绍→创建一个新项目→创建对象→坯料的网格化→设置边界条件→对象间的关系设置→完成前处理并进行模拟运算→后处理。图 10-1 是镦粗过程中的模拟图。

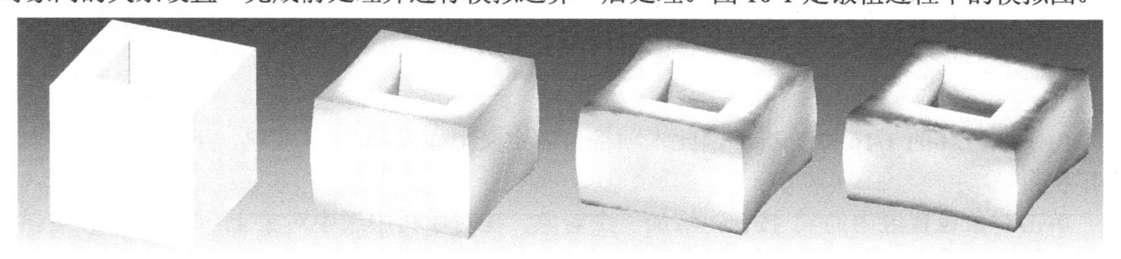

图 10-1　方环镦粗过程模拟

1. 项目介绍

假如模型形状允许，应该尽可能利用模型的对称性，选取能够充分代表整个模型的最小单元进行模拟分析，这样既能节省计算时间又能增加模拟结果的准确性。

本项目要完成的镦粗方环的几何形状如图 10-2 所示，由于此模型对称性较好，我们决定采用整个模型的 1/16 完成模拟分析，并在后处理中将其处理成一个完整的方环。本项目主要向用户展示如何利用对称性。

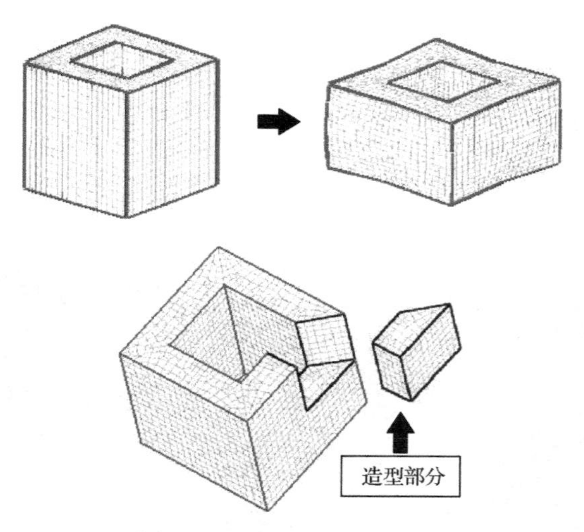

图 10-2 方环镦粗几何模型

2．创建新项目

打开 DEFORM 软件，在 DEFORM 主界面单击图标设置工作目录为 C：\DEFORM3D\PROBLEM。单击按钮，弹出 Problem Setup（项目设置）对话框，选择使用 Deform-3D Preprocessor，单击 Next > 按钮进入项目位置设置对话框，单击 Next > 按钮进入项目名称设置对话框，在 Problem name 框中输入本项目名称“SquareRing”，进入 DEFORM-3D 前处理界面。选择 Input/Simulation Controls 菜单或单击按钮进入模拟控制对话框，在对话框左侧的栏中选取 Main 窗口，设定模拟分析标题为“Square Ring”，设定 Units 单位制为“English”，分析模式为“Deformation”，单击 OK 按钮，完成模拟控制的初始设置。

3．创建对象

由于取方环的 1/16 做分析，因此本项目只需定义上模具和 1/16 坯料，下模具可通过对称操作获得。

单击对象设置区内的按钮，增加一个对象。在对象树中选中对象 1，单击 General 按钮并且将对象名改为“Billet”，将对象类型改为“Plastic”。单击 Geometry 按钮，然后单击 Import Geo... 按钮，导入目录 3D\Labs 下的 SquareRing_Billet.STL 文件，单击 Check GEO 和 Show/Hide Normal 按钮检查几何模型是否完整。

在对象树中单击对象 2，使其高亮显示，单击 General 按钮并且将对象名改为 Top Die，将对象类型改为 Rigid。单击 Geometry 按钮，然后单击 Import Geo... 按钮，导入目录 3D\Labs 下的 SquareRing_TopDie.STL 文件，单击 Check GEO 和 Show/Hide Normal 按钮检查几何模型是否完整。

4．网格划分

在对象树中高亮显示 Billet，然后单击 Mesh 按钮进行网格划分设置。单击 Preview 按钮观察默认设置下网格划分是否合理，观察发现默认设置划分网格尚可，单击 Generate Mesh 按钮生成实体网格，网格划分完成应该有大约 5000 个单元。

5．定义对称边界条件

由于本项目仅仅采用了原模型的 1/16 进行分析，为了保证变形的进行，必须定义对称边界条件，设置对称边界条件的面如图 10-3 所示。

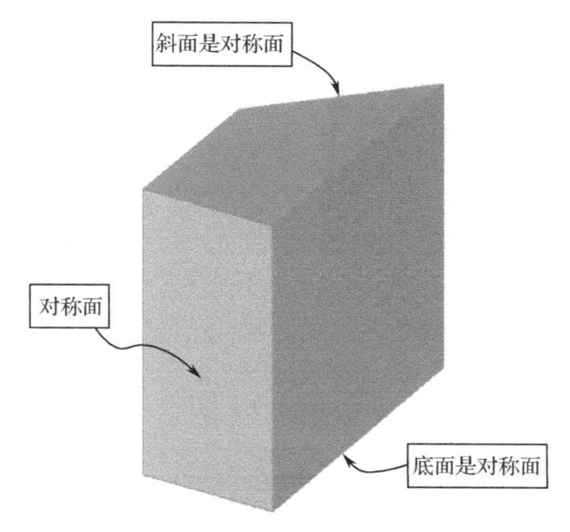

图 10-3　1/16 几何模型对称面

单击 Bdry. Cnd. 按钮，进入边界条件设置对话框，如图 10-4 所示。在此对话框中可以设置节点的对称面、旋转对称面，速度、压力、力、运动、配合、接触等变形边界条件，环境温度、热流等热边界条件。选择 Symmetry Plane 选项，然后在模型显示区单击垂直于 x 轴的面，此表面上的节点会高亮显示，并在对话框中显示此表面的信息，如图 10-5 所示。单击按钮将增加此表面边界条件，此对称面在边界条件对话框中就以该平面的法向（1，0，0）显示。同样方法添加其他两个对称面，三个对称面添加完成后，边界条件对话框应如图 10-6 所示。

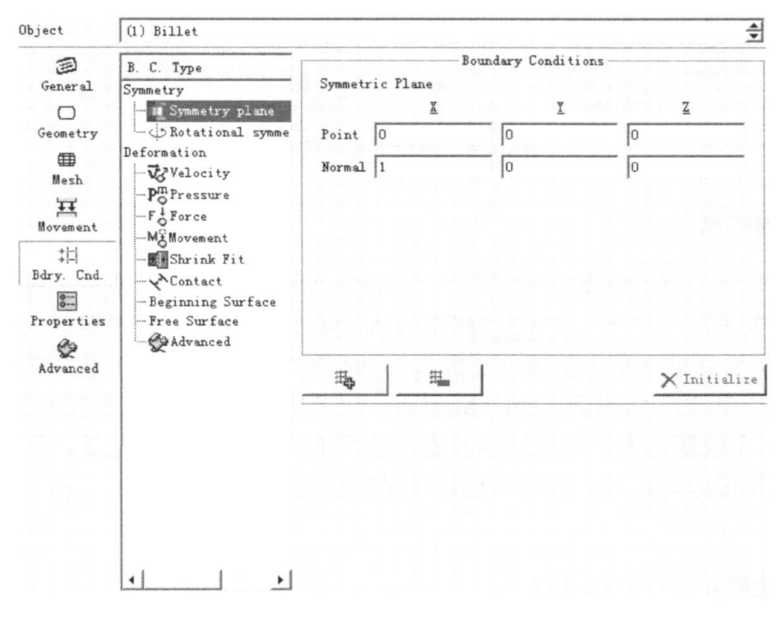

图 10-4　边界条件设置对话框

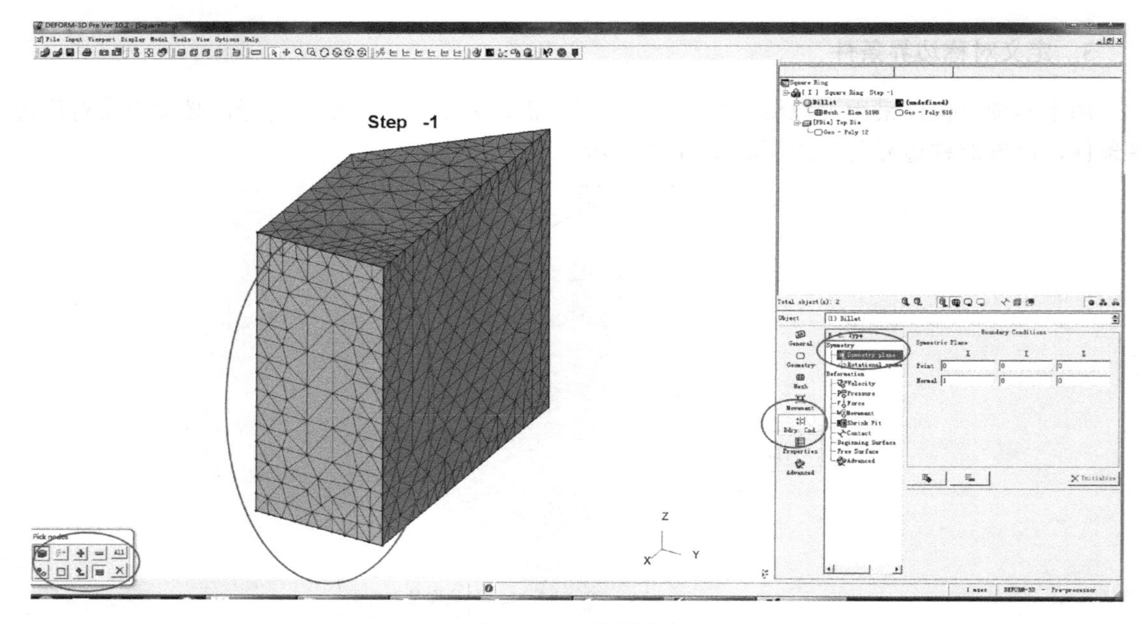

图 10-5 对称面定义

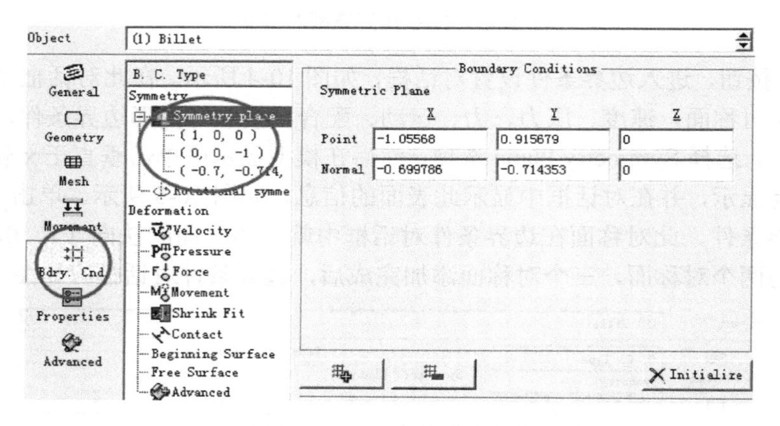

图 10-6 三个对称面的定义

6. 定义物间关系

下面定义上模具与坯料间的接触关系。单击按钮进入物间关系定义对话框，当提示是否添加默认物间关系时，单击 Yes 按钮确认。单击 Edit... 按钮编辑上模具与坯料的接触关系，在弹出的对话框中单击摩擦因子数值 Value 输入框右侧的▾，从系统给定的几种成型条件下的摩擦因子中选择 Cold forming（Steel dies），其数值为 0.12。回到物间关系定义对话框，单击按钮，用系统默认值作为接触容差值，然后单击 Generate all 按钮，生成接触，此时在模型显示区旋转视图即可看到上模具与坯料接触部分高亮显示，单击 OK 按钮退出物间关系定义。

7. 完成前处理并进行模拟计算

在进行数据库生成之前，还需做如下操作。

（1）在对象树中高亮显示 Top Die，然后单击 Movement 按钮，定义上模具沿-Z 方向匀速运动。

（2）在对象树中高亮显示 Billet，单击 General 按钮，单击 General 页面上的按钮，由材料库中找到 AISI-1045，COLD[70F（20C）]材料，单击 Load 按钮，将其指派给 Billet。

（3）选择 Input/Simulation Controls 菜单或单击按钮进入模拟控制对话框，单击 Step 按钮，选择 General 标签，定义 Number of Simulation Steps（总模拟步数）为 30，Step Increment to Save（存储数据的间隔步数）为 2，Primary（主模具）为 2-Top Die。为了设置合适的步长大小，单击按钮测量几个最小单元的边长，短边的平均长度大概是 0.06，因此，With Die Displacement（每步主模具位移量）设为 0.02，单击 OK 按钮完成设置。

单击按钮将 KEY 文件保存。

选择 Input/ Database 菜单或单击按钮，进入数据库生成对话框。单击 Check 按钮对前处理数据进行检查，本项目忽略体积补偿的设置，单击 Generate 按钮生成数据库，前处理任务完成，单击按钮退出前处理界面，返回 DEFORM-3D 主界面。

单击 Simulator 模块的 Run 按钮，向系统提交计算任务。通过 Message 窗口监视模拟进程，确保复选 Auto update 自动更新信息内容。

8．后处理

当模拟计算结束后，选择主菜单后处理部分 Post Processor 中的 DEFORM-3D Post 进入 DEFORM-3D 后处理模块。由于零件实际形状为整个环，而在前面的分析中仅采用了 1/16 模型进行分析，因此在后处理菜单中应该将其完全显示。将模型翻转至能看到完整的坯料，单击后处理界面中的按钮，对分析模型进行镜像操作，选用 Add，按图 10-7 所示操作，先单击 1/16 模型的两个对称面，形成半个方环后，再单击方环的下表面，最后生成整个模型。

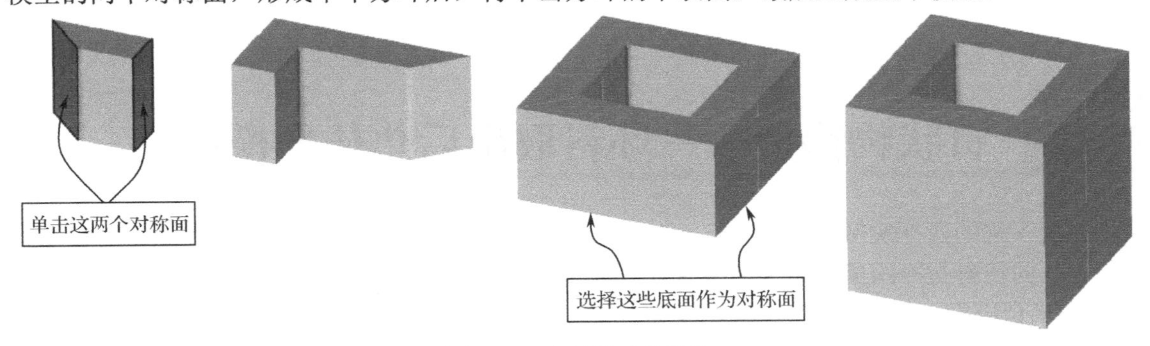

图 10-7　方环的对称操作

当方环显示完整之后，即可进行 DEFORM-3D 后处理操作，显示其等效应力、等效应变等物理量分布情况。单击对象设置区的按钮，使坯料单独显示。然后在状态变量按钮旁的下拉列表中选取 Strain--Effective，在模型显示区即显示坯料第一步时的应变分布。单击 ▶ 按钮，可以观察到变形过程中坯料上等效应变的变化情况，将状态变量切换为 Stress-Effective，观察变形过程中等效应力分布，第 10 步和第 30 步的等效应变、等效应力分布如图 10-8 和图 10-9 所示。

单击按钮退出后处理程序，结束模拟分析任务。

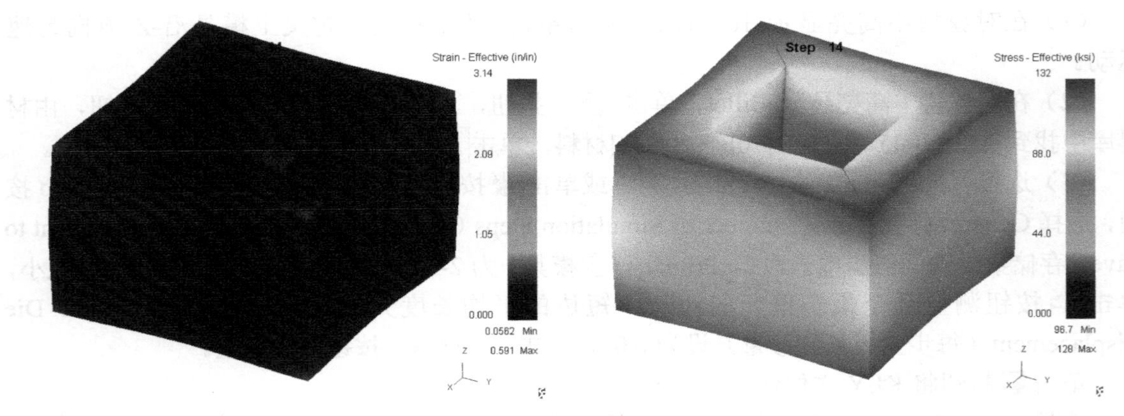

图 10-8　等效应变分布 1

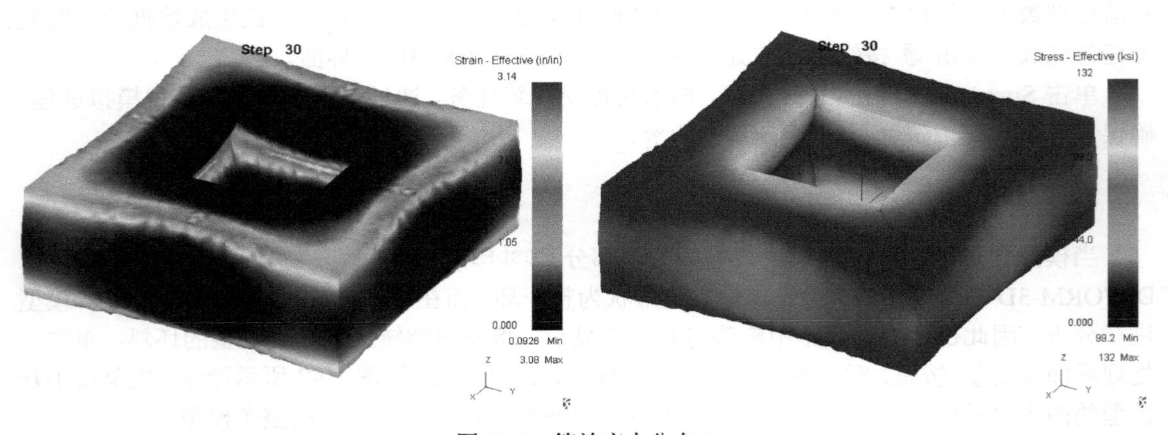

图 10-9　等效应力分布 2

10.2 钉状物锻造——坯料取出后热传导模拟

在接下来的四个实例中，将进行一个钉状物的热锻成型过程模拟。由于是热成型，在变形过程中热的坯料与冷的模具相接触，坯料上温度会动态变化，为了精确模拟实际变形，必须进行热-力耦合模拟。整个变形工艺可分为如下几部分：

（1）坯料由加热炉中取出至放到模具上之前这段时间，与周围环境有热交换，假定这段时间为 10s，在模拟分析中，这是一个单纯的热传导分析。

（2）将坯料放到下模具上，到上模具与坯料接触之前的这段时间这也是一个单纯的热传导分析，只不过坯料与下模具相接触，这段时间为 2s，实例操作说明见 10.3 节。

（3）开始第一次打击成型，需采用热-力耦合模拟，实例操作说明见 10.4 节。

（4）更换模具进行第二次打击成型，同样采用热-力耦合模拟，实例操作说明见 10.5 节。

由于坯料和模具都是轴对称形状，因此可以采用 DEFORM-2D 进行分析。为了获得更佳的可视化效果，这里采用 DEFORM-3D 进行分析，取坯料和模具的 1/4 进行造型，由炉内取出到模具时间段热传导过程模拟结果如图 10-10 所示。

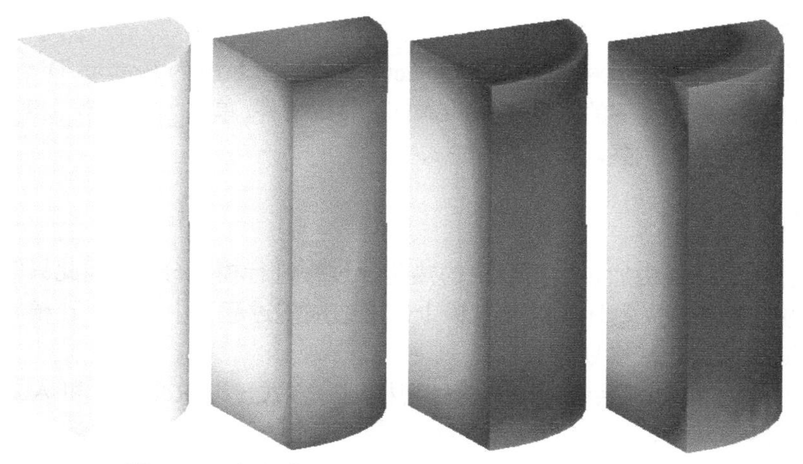

图 10-10　钉状物炉内到模具时间段热传导过程模拟

1．创建新项目

打开 DEFORM 软件，在 DEFORM 主界面单击按钮设置工作目录为 C：\DEFORM3D\PROBLEM。单击按钮，接受默认设置，在 Problem name 框中输入本项目名称“Spike”，单击 Finish 按钮进入 DEFORM-3D 前处理界面。

2．设置模拟控制信息

单击按钮进入模拟控制对话框，设定模拟分析标题为“Spike Forging”，设置 Units 单位制为“English”，设置 Operation Name 为“Transfer from Furnace”，分析模式只选中“Heat Transfer”。

由于本操作模拟由加热炉内取出到模具之间这段时间坯料的散热情况，总时间为 10s，在此过程中模具不运动，因此模拟步长设置不能像 9.9 节中那样设置为模具位移增量，步长需采用与时间有关的函数来定义。将操作分为 50 模拟步，每步时间即为 0.2s。单击 Step 按钮，选择 General 标签，定义 Number of Simulation Steps（总模拟步数）为 50，设置 Step Increment to Save（存储数据的间隔步数）为 10，设置 With Time Increment 为 0.2s。单击 OK 按钮，完成模拟控制设置。

3．创建对象

钉状物的锻造成型需要定义坯料、上模与下模，尽管本节模拟坯料的热传导不需要定义上模和下模，但为了后续锻造模拟的方便，此处也将模具一块导入。

单击对象设置区内的按钮增加对象，直到对象树中有三个对象为止。

（1）坯料定义：高亮显示对象树中的 Object1，单击 General 按钮并且将对象名改为 Billet，将对象类型改为 Plastic。设定坯料由加热炉内取出时的华氏温度值为 2000，单击 Geometry 按钮，然后单击 Import Geo... 按钮，导入目录 3D\Labs 下的 Spike_Billet.STL 文件，单击 Check GEO 和 Show/Hide Normal 按钮，检查几何模型是否完整。

（2）上模定义：高亮显示对象树中的 Object 2，将对象名改为 Top Die，将对象类型改为 Rigid。导入目录 3D\Labs 下的 Spike_TopDie1.STL 文件，单击 Check GEO 和 Show/Hide Normal 按

钮，检查几何模型是否完整。

（3）下模定义：高亮显示对象树中的 Object 3，将对象名改为 Bottom Die，将对象类型改为 Rigid。导入目录 3D\Labs 下的 Spike_BottomDie.STL 文件，单击 Check GEO 和 Show/Hide Normal 按钮，检查几何模型是否完整。

4．网格划分

由于此步骤仅对坯料由加热炉内取出的热传导过程进行模拟分析，因此只需对坯料进行网格划分。在后续模拟步骤（如坯料放到下模上、锻造成型过程）中，为了让模具能够进行传热计算，需要对模具也进行网格划分。

在 DEFORM-3D 前处理系统中，有两种网格划分方式，即 Relative 和 Absolute。Relative 方式是控制总的网格数量，不管对象几何模型复杂还是简单，总的网格数量保持不变。Absolute 方式是控制网格大小，总的网格数量由对象几何模型决定，越大越复杂，网格数目就越多。不管采用哪种方式生成网格，都是通过 Weighting Factors 控制网格在模型中的疏密分布，其默认值对大多数成型都适用。

在前面的实例分析中我们都是采用相对网格划分方法，而绝对网格划分能够得到较准确的结果，这是因为在模拟分析过程中，随着变形的进行，坯料形状会变得复杂，采用绝对网格划分，网格数量会自动增加，计算精度提高。在本节及后续钉状物锻造实例中，我们都采用绝对网格划分方式。采用绝对网格划分方式需要指定 Min Element Size（最小单元尺寸），其值可根据成型模具最小几何形状的尺寸确定。假如成型过程需要多套模具，则应以这些模具中最小几何形状的尺寸确定。

在本项目中，最小位置为第二次打击成型所用上模的圆角处，单击按钮生成一个新对象，导入其几何模型 Spike_TopDie2.STL，使用测量其圆角处沿圆角周向的最小尺寸，如图 10-11 右图所示，最小尺寸大概是 0.08″。取坯料的单元尺寸为此值的一半，即 0.04″ 作为坯料划分网格时的最小单元尺寸。测量完成后在对象树中高亮显示 Object4，单击按钮删除刚创建的对象。

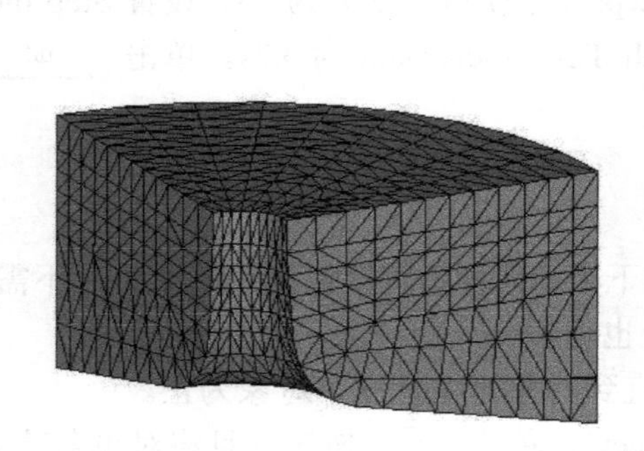
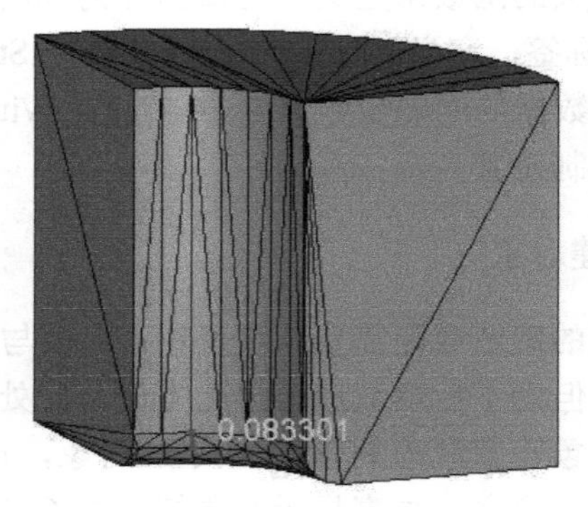

图 10-11　第一次打击和第二次打击成型用上模

在对象树中高亮显示 Billet，然后单击 Mesh 按钮进行网格划分设置。单击 Detailed Settings 标签，把网格划分类型设为 Absolute，设置 Min Element Size 为 0.04，Size Ratio 设为 3，如图 10-12 所示。单击 Surface Mesh 按钮生成表面网格，观察此设置下网格划分是否合理，如果合理单击 Solid Mesh 按钮生成实体网格，完成网格划分设置。

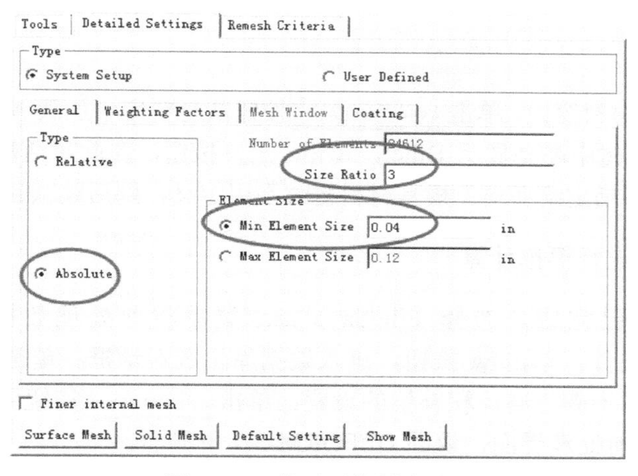

图 10-12　绝对网格划分设置

5. 定义坯料热边界条件

本项目只需定义坯料的热边界条件，高亮显示 Billet 对象，单击 Bdry. Cnd. 按钮，高亮显示 Heat Exchange with Environment 选项，坯料的几何模型会在模型显示区显示。我们需要对暴露在环境中的所有面进行 Heat Exchange with Environment 设置。由于本项目采用 1/4 模型进行分析，因此 1/4 圆柱平行于轴线的两个平面实际上位于物体内部，不必进行此项设置。此时，还可以单击 Environment 进行环境温度的设置，在实际生成中，夏天与冬天环境温度相差较大，本项目采用默认设置值 68。

单击 1/4 圆柱的外圆面、上端面和下端面，这三个面均被选中，以高亮的绿色显示，单击按钮将 Heat Exchange with Environment 边界条件指定给这些面。在边界条件定义对话框上，在 Heat Exchange with Environment 之下会自动显示“Defined”，表明已定义此边界条件。使 Defined 高亮显示，则模型显示区会以绿色显示定义好的表面，如图 10-13 所示。

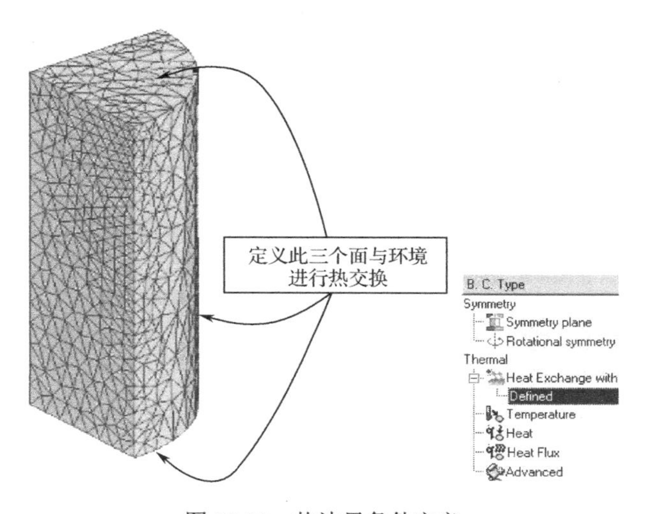

图 10-13　热边界条件定义

6. 定义坯料材料

单击 按钮打开材料窗口，单击 Load from lib. 按钮从材料库中加载 AISI-1025（1800-2200F）材料至项目中。在对象树中高亮显示 Billet，单击 General 按钮，在此对话框的下方 Material 项单击 ▾ 按钮将加载的材料指定给坯料。模具材料暂时不用定义，到后续项目中再完成。

7. 生成数据库并进行模拟计算

至此，项目设置已完成。选择 File/Save as...菜单将前处理数据文件保存为 Spike_FurnaceTransfer.KEY 文件。单击 按钮，进入数据库生成对话框。单击 Check 按钮对前处理数据进行检查，本步骤忽略体积补偿的设置，单击 Generate 按钮生成数据库，前处理任务完成，单击 退出前处理界面，返回 DEFORM-3D 主界面。

单击 Simulator 模块的“Run”按钮，向系统提交计算任务，通过 Message 窗口监视模拟进程。

8. 后处理

当模拟计算结束后，单击主菜单后处理部分 Post Processor 中的 DEFORM-3D Post 进入 DEFORM-3D 后处理模块。单击 按钮选择 Temperature 作为显示变量，在 Scaling 选项中选用 Global，使得在每一步显示时颜色条的上限和下限都保持不变（如果选择 Local，则颜色条的上下限随模拟步的变化而变化），如图 10-14 所示。在颜色条上单击右键，选择 ColorBar type 为 Temperature，如图 10-15 所示，使其温度显示颜色与实际情况符合。单击 ▶ 按钮播放所有模拟步，观察坯料由加热炉取出后与环境的传热情况。单击 ▶| 按钮跳到最后一步，显示结果如图 10-16 所示。单击 按钮退出后处理程序，结束此步分析任务，返回 DEFORM 主界面。

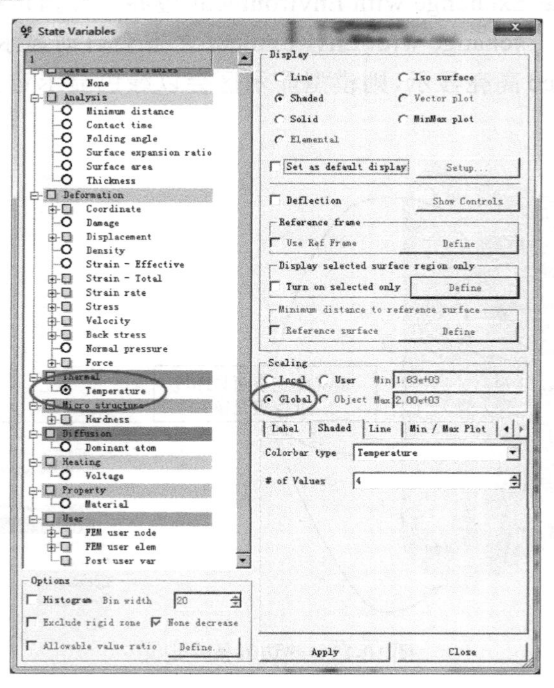

图 10-14　状态变量设置

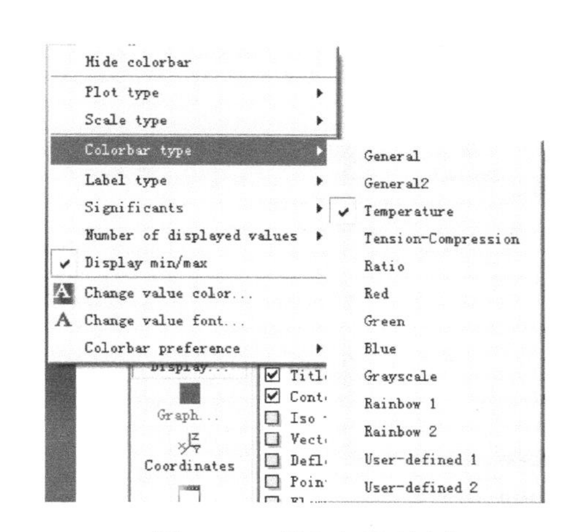

图 10-15　颜色条类型选择

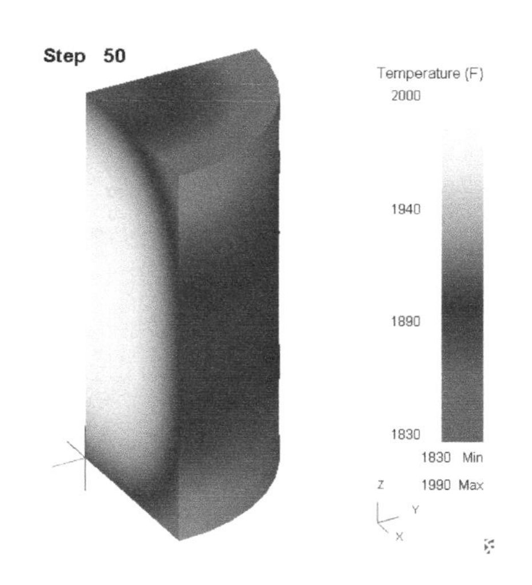

图 10-16　由加热炉内取出后 10s 时的温度场

10.3 钉状物锻造——坯料在下模上停留模拟

在 10.2 节中，坯料由加热炉内取出到放到模具上，对这段时间内与环境的热交换做了模拟分析。在实际中，当坯料放到下模上时，上模还需一定时间才能与坯料相接触，从而使坯料产生变形，这段时间为 2s。本节对这个步骤进行建模模拟，研究坯料与下模接触时的传热情况，模拟结果如图 10-17 所示。由于是在 10.2 节分析的基础上进行，因此需要利用 10.2 节中的分析结果，将 10.2 节中最后的模拟步加载到 DEFORM-3D 前处理器中即可满足需求。

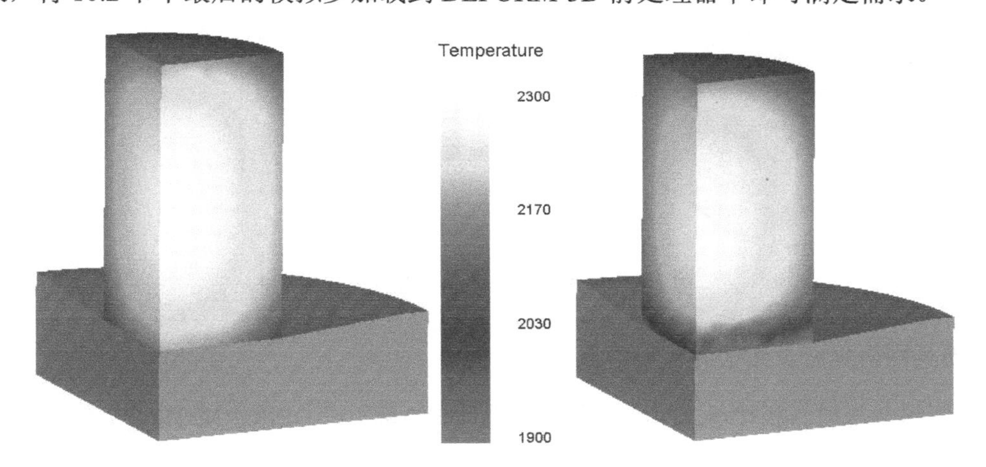

图 10-17　坯料在下模上停留 2s 时的温度场

1. 打开已模拟的项目

DEFORM-3D 主窗口应该是打开的，使 Spike.DB 文件高亮显示，单击 Pre Processor 按钮进入前处理器，系统会弹出一对话框询问打开哪一步数据，在此选择最后一步（第 50 步），如图 10-18 所示，单击 OK 按钮，第 50 步的信息显示在前处理界面中。

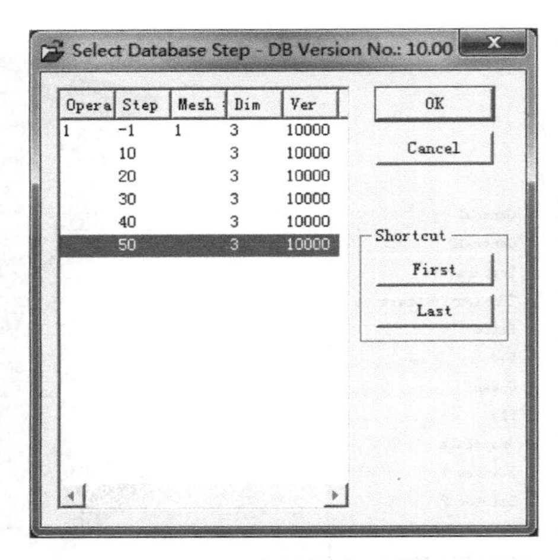

图 10-18　打开已有数据库时模拟步选择

高亮显示坯料，在 General 标签中可以看到，坯料此时的温度值不再是上一节设置的 2000，也不是新建对象的默认值 68，而是 1833～1989° F，表明读入的是经 10.2 节分析过的结果。此时，也可以观察坯料上的温度梯度。单击 Advanced 按钮，单击 Node Data 按钮，在弹出来的对话框中切换到 Thermal 标签，单击 Node Temperature 后的按钮，模型显示区就会显示坯料上的温度分布，如图 10-19 所示。

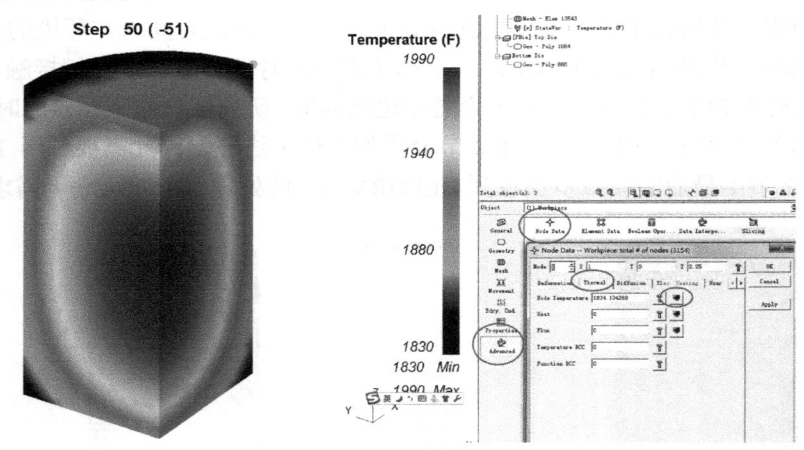

图 10-19　在前处理中显示的模拟结果

2．模具网格划分及热边界条件设置

由于坯料会与模具相接触，因此必须指定模具的温度。在 DEFORM-3D 中，模具温度的设置有两种方式。

（1）模具温度在模拟过程中不变，保持为一常数。此种情况很简单，不用对模具进行网格划分，使模具对象高亮显示，在 General 标签中设置其温度。

（2）模具温度在模拟过程中会产生变化，这样使得分析结果更准确。此时，需要对模具进行网格划分，本步骤即采用此方法。

使对象树中的 Top Die 高亮显示，在 General 标签中将其温度值设置为 300。单击 Mesh 按钮，采用默认设置，单击 Generate Mesh 按钮生成网格。网格划分完成后，单击 Bdry. Cnd. 按钮，高亮显示 Heat Exchange with Environment 选项，选择 Top Die 的上表面、下表面和外圆柱面，单击按钮将 Heat Exchange with Environment 边界条件指定给这些面。

使对象树中的 Bottom Die 高亮显示，在 General 标签中将其温度值设置为 300。单击 Mesh 按钮，采用默认设置，单击 Generate Mesh 按钮生成网格。网格划分完成后，单击 Bdry. Cnd. 按钮，高亮显示 Heat Exchange with Environment 选项，选择 Bottom Die 中除两个对称面外的所有面，单击按钮将 Heat Exchange with Environment 边界条件指定给这些面，如图 10-20 所示。

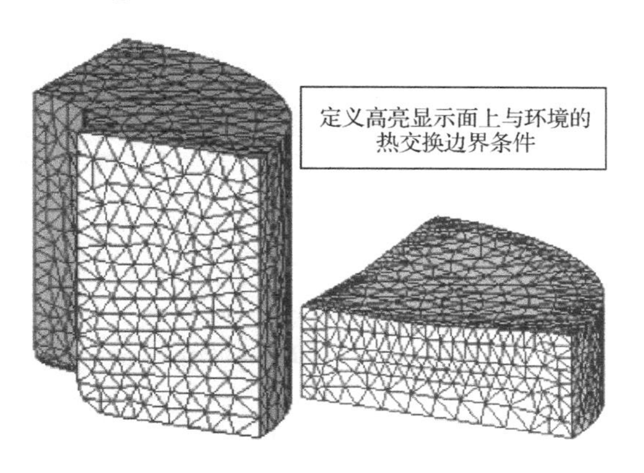

图 10-20　模具上热边界条件的定义

3．定义模具材料

单击按钮打开材料窗口，单击 Load from lib. 按钮在分类列表中选择 Die_material，从材料库中加载 AISI-H-13 热作模具钢至项目中。在材料描述中可以看到 AISI-H-H13 钢的一些塑性变形数据（见图 10-21）。由于本项目中模具设置为刚体，不会产生变形，因此此数据不起作用。

在对象树中高亮显示 Top Die，单击 General 按钮，在此对话框的下方 Material 项单击按钮将 AISI-H-13 材料指定给上模。同样的方式将材料指定给 Bottom Die，如图 10-22 所示。

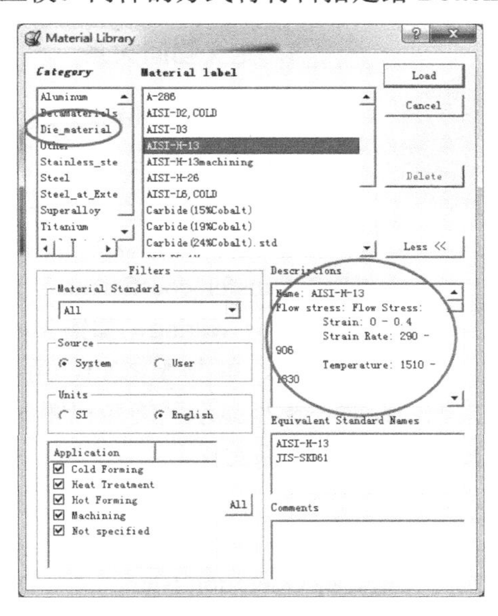

图 10-21　AISI-H-13 钢信息

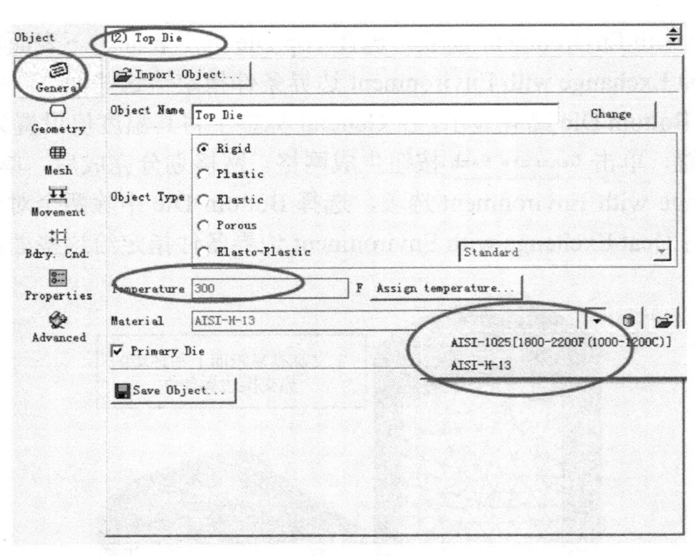

图 10-22　指定 AISI-H-13 钢给上模

在对象树中高亮显示 Billet，单击 General 按钮，在此对话框的下方 Material 项单击▼按钮将加载的材料指定给坯料。模具材料暂时不用定义，到后续项目中再完成。

4. 坯料位置定义

坯料需要放到下模之上，因此需要对其位置进行调整。单击按钮，选择 Interference 方式，指定 Positioning Object 为 Billet，Reference 为 Bottom Die，Approach Direction 为 -Z 方向，单击 Apply 按钮完成位置调整，此时坯料应刚刚与下模相接触，如图 10-23 所示。

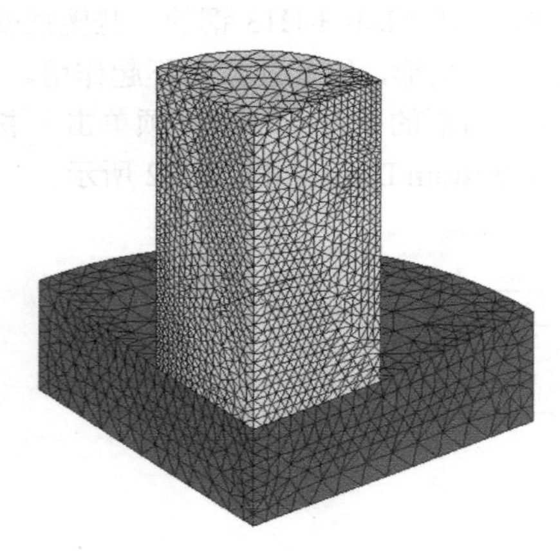

图 10-23　坯料位置调整

5. 定义物间关系

接下来定义坯料与下模具间的接触关系。单击按钮进入物间关系定义对话框，当提示是否添加默认物间关系时，单击 Yes 按钮确认。选择 Bottom Die – Billet 关系，单击 Edit... 按钮，在 Thermal 标签单击 Heat transfer coefficient 定义框内 Constant 右边的▼，选择 Free resting，如图 10-24 所示。回到物间关系定义对话框，单击按钮，用系统默认值作为接触容差值，然后单击 Generate all 按钮生成接触，此时在模型显示区旋转视图即可看到下模具与坯料接触部分高亮显示，单击 OK 按钮退出物间关系定义。

6. 设置模拟控制信息

单击按钮进入模拟控制对话框，将 Operation Name 改为 Dwell，Operation Number 设为 2。坯料会在下模上停留 2s，With Time Increment 仍然设为 0.2s，总的模拟步数就是 2s/0.2s=10

步，因此设置 Number of Simulation Steps 为 10，Step Increment to Save 为 5，如图 10-25 所示。由图可以看到，Starting Step Number 为-51，代表这次在下模停留模拟是由加热炉内取出模拟（模拟步由-1 到 50）的延续，数据文件会自动添加到 Spike.DB 的后面，设置完成单击 OK 按钮退出。

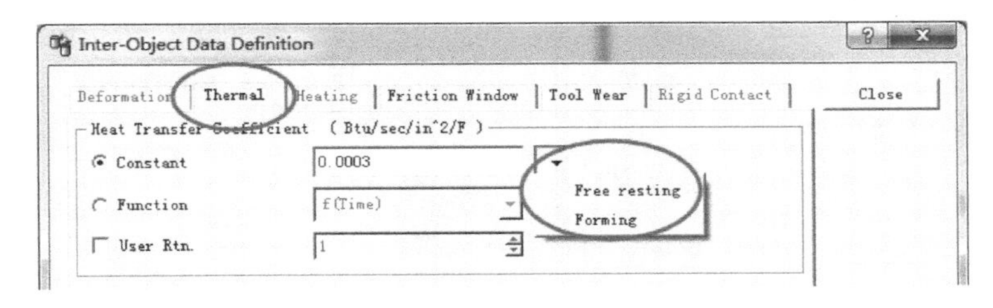

图 10-24　下模与坯料接触关系设置

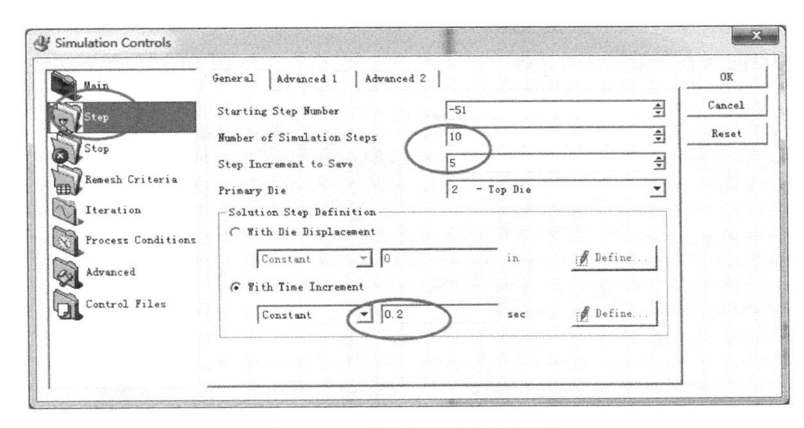

图 10-25　模拟控制步长设置

7. 生成数据库并进行模拟计算

至此，项目设置已完成，选择 File/Save as…菜单将前处理数据文件保存为 Spike_Dwell.KEY 文件。单击 按钮，进入数据库生成对话框。单击 Check 按钮对前处理数据进行检查。由于 Top Die 和 Billet 尚未接触，检查结果会提示对象 1 和 2 之间的热传导系数为 0，可忽略此警告，单击 Generate 按钮生成数据库，前处理任务完成，单击 按钮退出前处理界面，返回 DEFORM-3D 主界面。

单击 Simulator 模块的 Run 按钮，向系统提交计算任务，通过 Message 窗口监视模拟进程。

8. 后处理

当模拟计算结束后，单击主菜单后处理部分 Post Processor 中的 DEFORM-3D Post 进入 DEFORM-3D 后处理模块。单击 按钮选择 Temperature 作为显示变量。在颜色条上单击右键，选择 ColorBar type 为 Temperature。单击 ▶ 按钮播放所有模拟步，观察坯料温度变化情况。在第-51 步坯料会向下移动至与下模接触，从-51 到 60 步，坯料下端温度下降明显。单击 按钮，单独显示坯料。单击 ▶I 按钮跳到最后一步，单击 按钮，在弹出的对话框中输入起点和终点坐标分别为（0，0，1.25）和（0，0，-1），见图 10-26，然后单击 Calculate 按钮，在模型显示区以图表形式显示这两点间温度的变化情况。单击 Graph... 按钮，设置图表的 Y 轴数字格式为 Float，如图 10-27 所示。最终两点间温度分布图表如图 10-28 所示，横坐标为到起点的距离，纵坐标为温度。

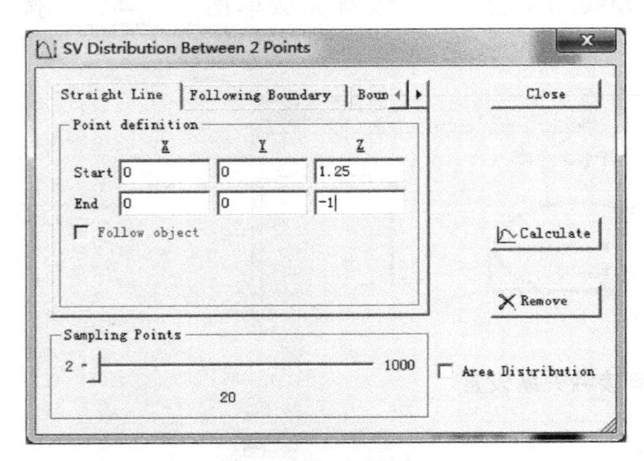

图 10-26　两点间状态变量定义对话框

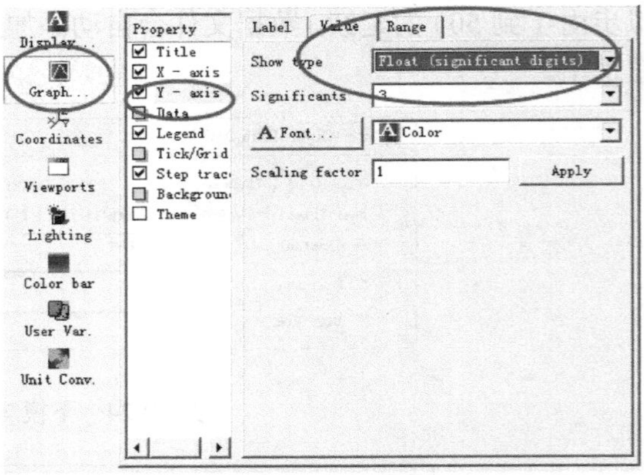

图 10-27　图表属性设置

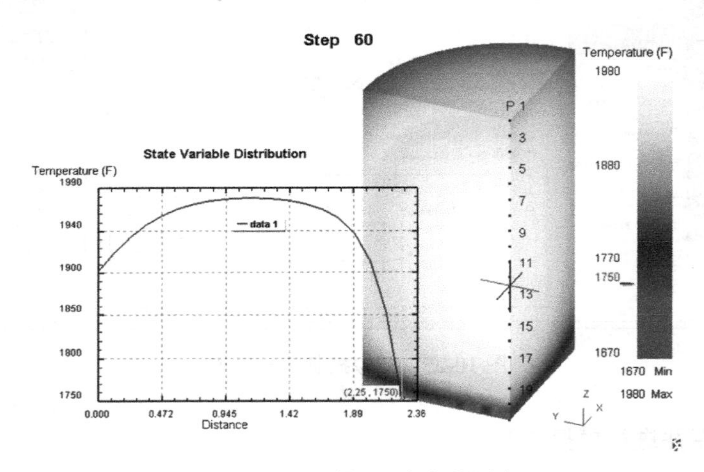

图 10-28　两点间温度变化图表

使 Bottom Die 高亮显示，单击 按钮使下模单独显示，观察下模上温度变化情况，如图 10-29 所示。单击 按钮退出后处理程序，结束此步分析任务，返回 DEFORM 主界面。

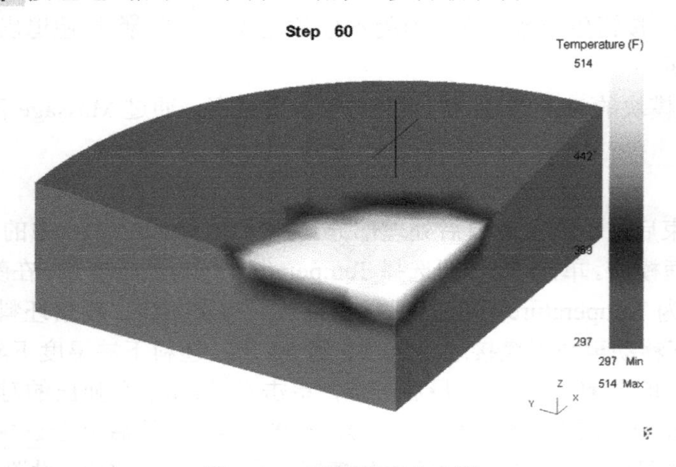

图 10-29　下模温度分布图

10.4 钉状物锻造——第一次锻打成型

在前面的章节中，我们已经对坯料从加热炉内取出到放置在下模上总共 12s 的热交换进行了模拟分析，本节将加载前面的模拟结果并执行第一次锻打成型操作，如图 10-30 所示。

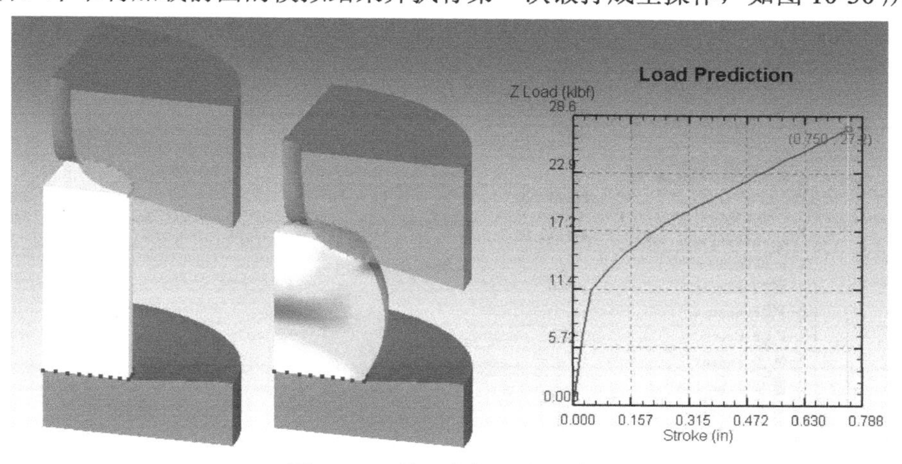

图 10-30　第一次锻打成型模拟

1．打开已模拟的项目

DEFORM-3D 主窗口应该是打开的，使 Spike.DB 文件高亮显示，单击 Pre Processor DEFORM-3D Pre 按钮进入前处理器，选择最后一步（第 60 步），单击 OK 按钮。

2．设置模拟控制信息

单击按钮进入模拟控制对话框，将 Operation Name 改为“Forging Blow 1”，Operation Number 设为 3。激活 Deformation 模式，使得 Deformation 和 Heat transfer 都被选中，我们要进行热-力耦合分析。

单击按钮显示网格，单击按钮测量坯料上最小单元边长，测量结果约为 0.06″，取此值的 1/3～1/2 作为每步模具运动位移量，此处取为 0.025″。在第一次锻打过程中，上模应该向下运动 0.75″，因此总的模拟步数为 0.75/0.025=30。在 Step 标签设置 Number of Simulation Steps 为 30，Step Increment to Save 为 5，由于是 Top Die 运动，因此设置 Primary Die 为 Top Die，在 Solution Step Definition 中采用 With Die Displacement，其值为 0.025″，设置完成单击 OK 按钮退出。

注：当测量完成后屏幕仍会显示测量结果，此时可单击按钮清除测量痕迹。

3．上模位置定义

单击按钮，选择 Interference 方式，指定 Positioning Object 为 Top Die，Reference 为 Billet，Approach Direction 为-Z 方向，单击 Apply 按钮完成位置调整。

4．定义变形边界条件

前面两节对坯料的传热进行模拟，因此只设置了热边界条件。本节要对变形过程进行分析，因此需设置变形边界条件。

（1）坯料：使对象树中的 Billet 高亮显示，单击 Bdry. Cnd. 按钮，高亮显示 Symmetry plane 选项，单击坯料的一个对称面，节点就会以红色显示，单击按钮将 Symmetry plane 边界条件指定给此高亮面。同样对其他对称面执行此操作，操作完成应该有两个对称面信息，如图 10-31 所示。

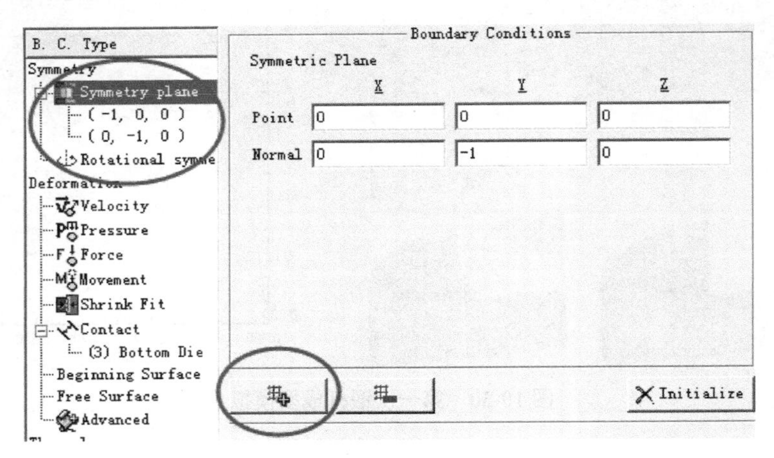

图 10-31　坯料对称面的定义

（2）上模：由于上模是刚体，坯料是塑性体。变形体对称面的定义是施加在网格节点上的，刚体对称面的定义是施加在其几何模型上，因此两者操作不同。使对象树中的 Top Die 高亮显示，单击 Geometry 按钮，高亮显示 Symmetry plane 选项，选择 Symmetric Surface 标签，选择两个对称面，单击 Add 按钮添加对称面定义，对称面以高亮显示，如图 10-32 所示。

（3）下模：使对象树中的 Bottom Die 高亮显示，单击 Geometry 按钮，高亮显示 Symmetry plane 选项，选择 Symmetric Surface 标签，选择两个对称面，单击 Add 按钮添加对称面定义，对称面以绿色高亮显示，如图 10-32 所示。

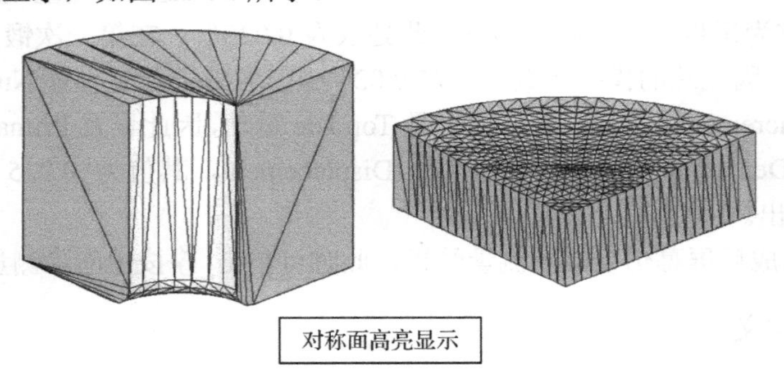

图 10-32　模具对称面的定义

5．定义模具运动

在对象树中高亮显示 Top Die，然后单击 Movement 按钮，定义上模具以 2in/s 沿-Z 方向匀速运动。

6．修订物间关系

单击按钮进入物间关系定义对话框，由于坯料与模具相接触会发生变形，此时需要定义坯料与模具间的摩擦。已有的传热关系也需重新定义，因为变形过程的传热系数与自由状态的传热系数不同。

选择 Top Die – Billet 关系，单击 Edit... 按钮，在 Deformation 标签设置 Friction Type（摩擦类型）为 Shear，单击摩擦因子数值 Value 输入框右侧的，从系统给定的几种成型条件下的摩擦因子中选择 Hot forging（lubricated），其数值为 0.3。在 Thermal 标签单击 Heat transfer coefficient 定义框内 Constant 右边的，选择 Forming，其值为 0.004。返回物间关系定义对话框，单击 Apply to other relations 按钮将刚刚设置完成的物间关系数据复制给其他接触关系。单击按钮，用系统默认值作为接触容差值，然后单击 Generate all 按钮，在上模和下模与坯料接触部分生成接触约束，单击 OK 按钮退出物间关系定义。

7．生成数据库并进行模拟计算

选择 File/Save as...菜单将前处理数据文件保存为 Spike_Blow1.KEY 文件。单击按钮，进入数据库生成对话框。单击 Check 按钮对前处理数据进行检查，忽略体积补偿警告，单击 Generate 按钮生成数据库，前处理任务完成，单击按钮退出前处理界面，返回 DEFORM-3D 主界面。

单击 Simulator 模块的“Run”按钮，向系统提交计算任务，通过 Message 窗口监视模拟进程。

8．后处理

当模拟计算结束后，单击主菜单后处理部分 Post Processor 中的 DEFORM-3D Post 进入 DEFORM-3D 后处理模块。

单击按钮使模具以透明方式显示，单击按钮观察上下模具与坯料的接触情况。单击 ▶ 按钮播放所有模拟步，主要观察坯料在-61～90 步间的温度、等效应变及变形，如图 10-33 所示。由于所要查看的状态变量会变化，可相应地对模型的显示方式进行切换。在观察温度分布时，由于上模、下模和坯料上都有温度分布，因此应当将其网格打开（单击按钮），可将其几何模型关闭（单击按钮）。但是当观察等效应变的分布时，由于模具为刚体，不发生变形，模具等效应变为 0，因此应当显示其几何模型，关闭网格显示。

数值模拟的一个重要方面就是能获取坯料变形所需要的载荷，单击按钮，在 Plot Objects 中只选中 Top Die，*x* 轴设为 Stroke，*y* 轴设为 Z load（图 10-34），单击 OK 按钮，在模型显示区生成载荷-行程曲线图表，如图 10-35 所示。在此图中，可在曲线上任意位置单击，模拟步指示线会自动跳到附近的模拟步，并显示此时的行程及载荷，模具及坯料也自动运动变形至此模拟步。

单击按钮退出后处理程序，结束此步分析任务，返回 DEFORM 主界面。

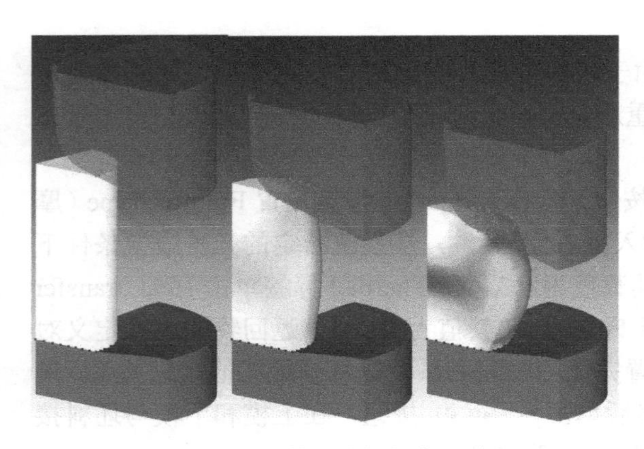

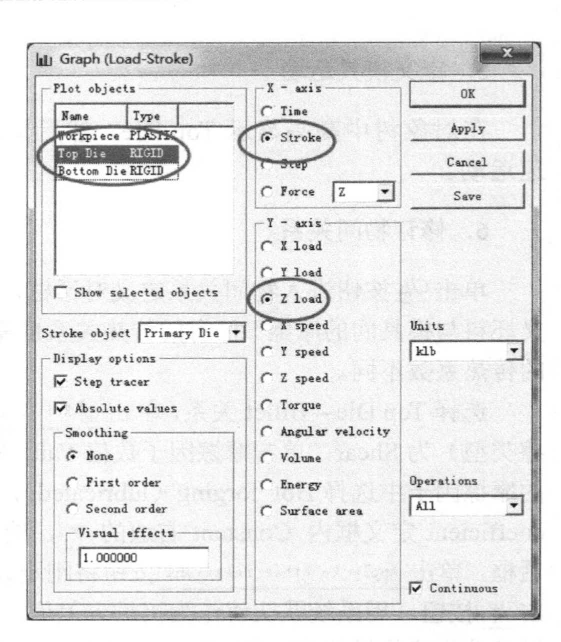

图 10-33 第一次锻打变形过程

图 10-34 载荷-行程图表控制对话框

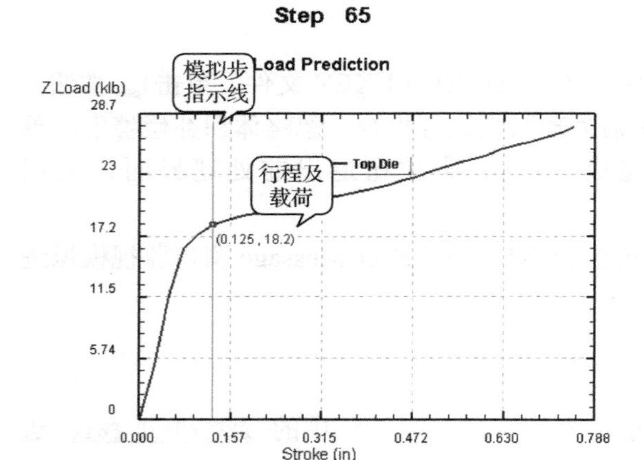

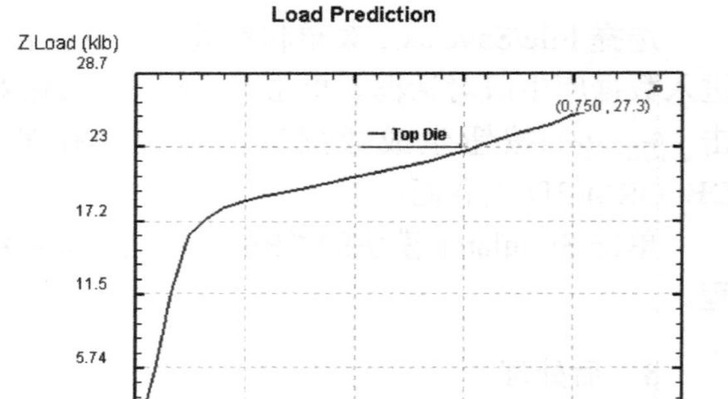

图 10-35 载荷-行程曲线

10.5 钉状物锻造——换模第二次锻打成型

本节将加载前面的模拟结果并导入一个新的模具模型，更换模具执行第二次锻打成型操作，如图 10-36 所示。

1．打开已模拟的项目

DEFORM-3D 主窗口应该是打开的，使 Spike.DB 文件高亮显示，单击 Pre Processor 按钮进入前处理器，选择最后一步（第 90 步），单击 OK 按钮。

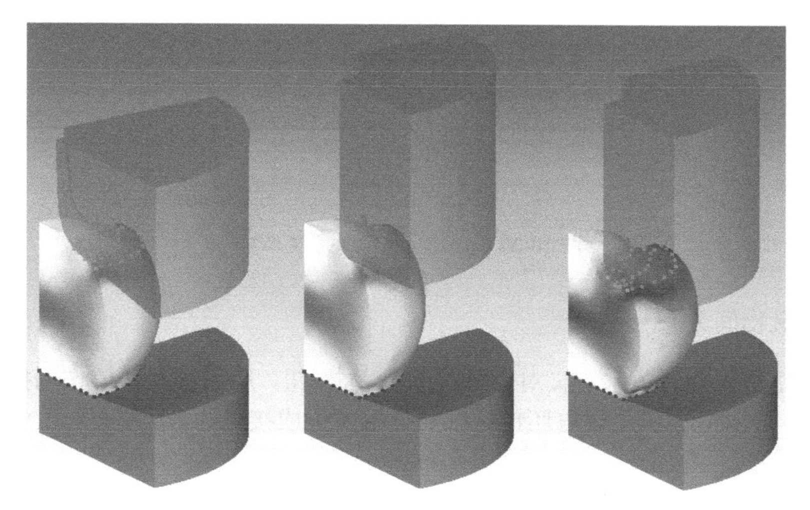

图 10-36　换模第二次锻打成型模拟

2．更换上模

为了第二次锻打成型，需要更换上模，包括上模的几何形状及网格。在对象树中高亮显示 Top Die，单击 Mesh 按钮，然后单击 Delete Mesh 按钮删除上模网格。此时，上模几何模型尚未变化，但网格已删除。接下来，单击 General 和 Import Geo... 按钮，导入目录 3D\ Labs 下的 Spike_TopDie2.STL 文件，新的上模几何模型显示在模型显示区内。单击 Check GEO 和 Show/Hide Normal 按钮检查几何模型是否完整。

单击 Mesh 按钮，采用默认设置，单击 Generate Mesh 按钮生成网格。

单击 General 按钮，在此对话框的下方 Material 项单击▾按钮，将 AISI-H-13 材料指定给新的上模。

3．定义新上模的边界条件

由于更换了上模，因此热边界条件和变形边界条件都需要重新定义。

（1）变形边界条件定义：使对象树中的 Top Die 高亮显示，单击 Geometry 按钮，高亮显示 Symmetry plane 选项，选择 Symmetric Surface 标签，选择两个对称面，单击 Add 按钮添加对称面定义，对称面以高亮显示。

（2）热边界条件：使对象树中的 Top Die 高亮显示，单击 Bdry. Cnd. 按钮，高亮显示 Heat Exchange with Environment 选项，选择新上模除两个对称面外的所有面，单击按钮将 Heat Exchange with Environment 边界条件指定给这些面。

4．上模位置定义

单击按钮，选择 Interference 方式，指定 Positioning Object 为 Top Die，Reference 为 Billet，Approach Direction 为-Z 方向，单击 Apply 按钮完成位置调整。此时，会出现图 10-37 所示对话框，提示有对象发生了移动，接触关系是否需要初始化。单击 Yes 按钮初始化上模与坯料间的接触关系。

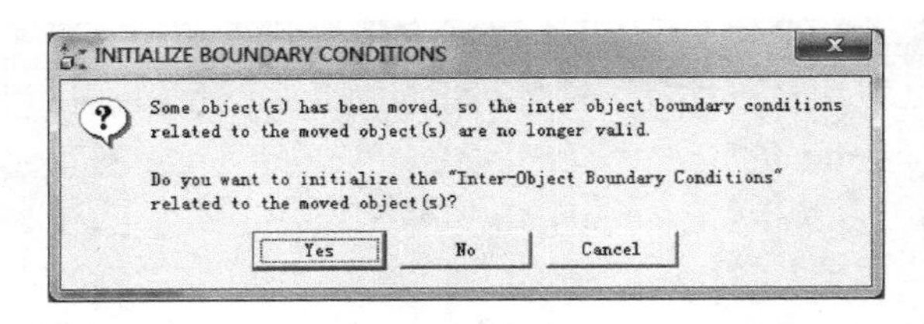

图 10-37 初始化接触关系提示框

5. 重新定义物间关系

单击按钮进入物间关系定义对话框，单击按钮，用系统默认值作为接触容差值，然后单击 Generate all 按钮，在上模与坯料接触部分重新生成接触约束，单击 OK 按钮退出物间关系定义。

6. 设置模拟控制信息

单击按钮进入模拟控制对话框，将 Operation Name 改为 Forging Blow 2，Operation Number 设为 4。在第二次锻打过程中，上模应该向下运动 0.25″。在 Step 标签，设置 Number of Simulation Steps 为 10，其他设置不变，Step Increment to Save 仍为 5，With Die Displacement 值为 0.025″，设置完成单击 OK 按钮退出。

7. 生成数据库并进行模拟计算

选择 File/Save as…菜单将前处理数据文件保存为 Spike_Blow2.KEY 文件。单击按钮，进入数据库生成对话框。单击 Check 按钮对前处理数据进行检查，忽略体积补偿警告，单击 Generate 按钮生成数据库，前处理任务完成，单击按钮退出前处理界面，返回 DEFORM-3D 主界面。

单击 Simulator 模块的 Run 按钮，向系统提交计算任务，通过 Message 窗口监视模拟进程。

8. 后处理

当模拟计算结束后，单击主菜单后处理部分 Post Processor 中的 DEFORM-3D Post，进入 DEFORM-3D 后处理模块。单击按钮使模具以透明方式显示，单击按钮观察上下模具与坯料的接触情况。单击▶按钮播放所有模拟步，主要观察坯料在-91～100 步间的接触点的变化情况（图 10-36）。单击按钮退出后处理程序，结束此步分析任务，返回 DEFORM 主界面。

10.6 齿轮托架锻造模拟

本节将对一个实际产品的成型过程进行模拟，变形示意图如图 10-38 所示。

工艺参数如下所述。

（1）采用机械压力机锻造成型，模具和坯料取 1/12 造型（图 10-39）；

（2）坯料：直径 31.5mm，高度 67mm；

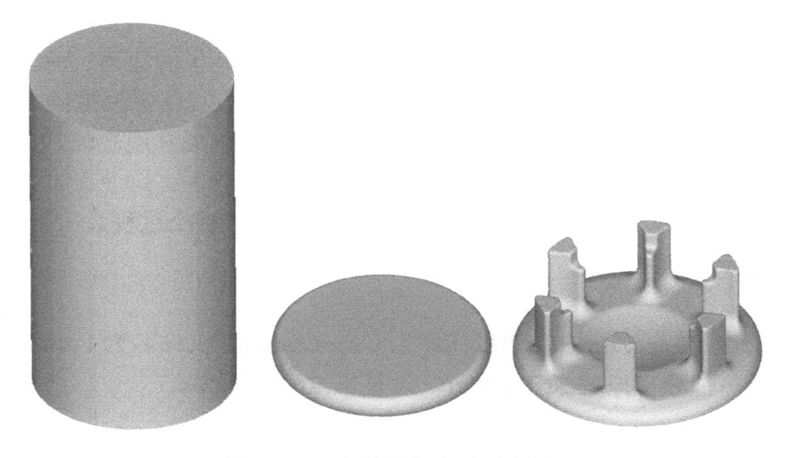

图 10-38　齿轮托架变形示意图

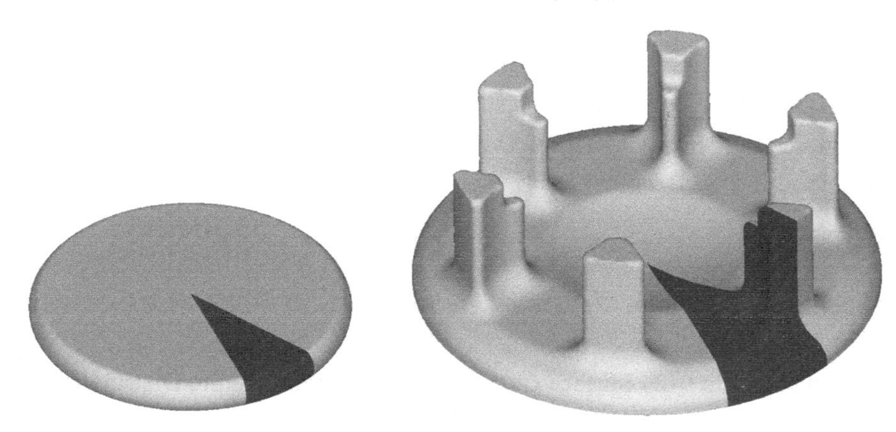

图 10-39　造型所需的 1/12 模型

（3）材料：DIN C35；

（4）加热：1230℃；

（5）模具温度：80℃；

（6）由加热炉内取出到置于模具上时间：7s；

（7）在模具上停留时间：0.7s；

（8）第一次成型操作：镦粗至 9.5mm；

（9）把料送至终锻模中耗时：3s；

（10）第二次成型操作：终锻。

1．项目分析

齿轮托架的成型需要两步，由加热炉内取出到成型前耗时较长。第一步平镦很简单，第二步终锻相对复杂得多，成型结果较难预测，因此有限元模拟就显得非常重要。

根据零件特点，我们提出了三种模拟方案：

（1）在 DEFORM-3D 中模拟整个成型工艺，包含热传导、镦粗和终锻。此种方案模拟设置简单，能较好地观察模拟结果的应力、应变分布。

（2）在 DEFORM-2D 中模拟镦粗，然后将数据导入 DEFORM-3D 中，在 DEFORM-3D 中

模拟最终的挤压。用 DEFORM-2D 模拟镦粗计算速度快，不过需要一个工具软件将 DEFORM-2D 结果导入 DEFORM-3D，也能较好地观察模拟结果的应力、应变分布。

（3）在 CAD 中对镦粗后的坯料进行造型，只在 DEFORM-3D 中模拟第二步成型。这个方法很快，与模拟整个过程相比，需要做的工作更少。但是温度场和应变场的分布是不正确的，该矛盾会影响载荷的计算，在某些情况下还会影响材料流动行为。

在此，我们将采用第一种方法，在 DEFORM-3D 中模拟整个过程。

2．创建新项目

创建一个新项目 Gear_Carrier，模拟标题为 Gear Carrier，操作名为 Furnace Transfer，操作数为 1，仅仅激活热传导模拟 Heat Transfer，设置单位为公制 SI。

3．导入对象

分别导入三个对象几何模型，位于目录 3D\Labs 下。

对象 1：Workpiece，IDS_GC_Billet.stl；

对象 2：Top Die，IDS_GC_Upset_Top.stl；

对象 3：Bottom Die，IDS_GC_Upset_Bot.stl；

坯料是塑性体，其余模具为刚性体。

4．坯料网格划分

由于坯料镦粗后只有 9.5mm，为了保证模拟的准确性，在厚度方向上应至少有 10 个单元，因此单元最大尺寸不得超过 1mm。

设定 Weighting Factors 中的 Surface Curvature 为 0.9，Temperature Distribution 为 0.0，Strain Distribution 为 0.1，Strain Rate Distribution 为 0.1。

对于初始未变形的坯料，将单元尺寸设为 1 即可。因此采用绝对网格划分方法，设置 Max Element Size 为 1mm，Size Ratio 为 1。这样使得模拟初始阶段的网格数量较少，节省计算时间。

随着变形的进行，坯料形状越来越复杂，Size Ratio 为 1 就不能很好地描述此时坯料的模型，因此在初始网格生成后，将 Size Ratio 改为 3，但不要生成新网格。在程序运算过程中进行网格重划分时会自动采用这些设置，即 Size Ratio = 3，Min Size = 0.33mm，Max Size= 1mm。

5．定义坯料边界条件

（1）变形边界条件定义：在两个对称面上都附加 Symmetry plane 边界条件。

（2）热边界条件：将 Heat Exchange with Environment 边界条件指定给除对称面之外的所有面。

6．定义温度及材料

坯料温度设为 1230℃，模具温度设为 80℃，坯料材料为 DIN C35。

7．定义模具运动

零件在机械压力机上成型，压力机行程为 270mm，行程次数为 85 次/min（1.4 次/s）。总的锻造行程将是把高 67mm 的初始坯料镦粗至 9.5mm。压力机连杆长度为 1500mm。

对于上模，设置其运动方式为 Mechanical press（机械压力机）。

注：此操作为热传导模拟，可以不定义模具运动。

8．设置模拟控制信息

设置 Number of Simulation Steps 为 14，Step Increment to Save 为 2，With Time Increment 值为 0.5s，即总的时间为 7s。

9．生成数据库并进行模拟计算

保存并生成数据库，退出前处理进行模拟计算。

10．模拟停留操作

（1）设定模拟控制信息：Operation Name 为 Dwell，Operation Number 为 2，Number of Simulation Steps 为 7，With Time Increment 值为 0.1s。

（2）移动坯料：将坯料向下移动到与下模接触。

（3）定义物间关系：定义坯料与下模的自由热传导系数为 1，可通过点取 Free rest（自然接触状态，即坯料与模具接触但尚未承受压力）获得，并生成接触约束。

（4）保存并生成数据库，退出前处理进行模拟计算。

11．镦粗成型模拟

（1）设定模拟控制信息：Operation Name 为 Upset，Operation Number 为 3。激活变形（在复选框中选中），保证变形和热传导全部被选中。设置 Topdie（上模）为主模具。对于简单的镦粗操作，100 步足够。锻锤打击为 57.5mm，设置 Number of Simulation Steps 为 120，With Time Increment 为 0.5mm/步，Step Increment to Save 为 10。

当设置运动控制的时候，假定压力机已经向下运动了 270mm 中的 212.5mm，在压力机停止运动前还应向下运动 57.5mm，因此设置主模具位移控制停止数值为 z 方向 270mm。

（2）移动上模：将上模向下移动到与坯料接触。

（3）修改物间关系：对所有物间关系指定摩擦因子 Hot forging（lubricated）为 0.3，接触热传导系数 Forming 为 5，生成所有接触。

（4）激活体积补偿：在 Properties 激活体积补偿，使用坯料体积作为目标体积。保存并生成数据库，退出前处理进行模拟计算。

12．送入终锻前热传导模拟

设定模拟控制信息：Operation Name 为 Transfer2，Operation Number 为 4，设置 Number of Simulation Steps 为 6，With Time Increment 为 0.5s，Step Increment to Save 为 2。保存并生成数据库，退出前处理进行模拟计算。

13．终锻成型模拟

Operation Name 为 Finish，Operation Number 为 5。

对于终锻操作，需要导入新的模具几何模型。

上模：IDS_GC_Finish_Top.STL

下模：IDS_GC_Finish_Bot.STL

对于每个几何模型，在 Geometry 按钮下的对称面列表中指定两个对称面。重新设置运动控制和模拟控制，对于一个比较复杂的锻造模拟，200 时间增量步是比较合理的。设置运动停止力载荷为 1.0×10^6N。

生成数据文件，运行模拟。

参 考 文 献

[1] 余汉清，陈金德. 金属塑性成型原理[M]. 北京：机械工业出版社，2007.

[2] 彭颖红. 金属塑性成型仿真技术[M]. 上海：上海交通大学出版社，1999.

[3] 李尚健. 金属塑性成型过程模拟[M]. 北京：机械工业出版社，2002.

[4] 谢水生，李雷. 金属塑性成型的有限元模拟技术与应用[M]. 北京：科学出版社，2008.

[5] 中国锻压协会. 锻造工艺模拟[M]. 北京：国防工业出版社，2010.

[6] 刘建生，陈慧琴，郭晓霞. 金属塑性加工有限元模拟技术与应用[M]. 北京：冶金工业出版社，2003.

[7] 李传民，王向丽，闫华军，等. DEFORM5.03 金属成型有限元分析实例指导教程[M]. 北京：机械工业出版社，2007.

[8] 王广春. 金属体积成型工艺及数值模拟技术[M]. 北京：机械工业出版社，2010.

[9] 张莉，李升军. DEFORM 在金属塑性成型中的应用[M]. 北京：机械工业出版社，2009.

[10] 余世浩，朱春东. 材料成型 CAD/CAE/CAM 基础[M]. 北京：北京大学出版社，2008.

反侵权盗版声明